Ædificare

Revue publiée avec le soutien du Bureau de la recherche architecturale,
urbaine et paysagère du Ministère de la culture et de la communication
(*via* le laboratoire *Architecture, Territoire et Environnement*
de l'École nationale supérieure d'architecture de Normandie)
et de l'Association francophone d'histoire de la construction

2020 – 2, n° 8

Ædificare

Revue internationale
d'histoire de la construction

Sous la direction de Philippe Bernardi,
Robert Carvais et Valérie Nègre

PARIS
CLASSIQUES GARNIER
2022

ISBN 978-2-406-12913-4
ISSN 2557-3659

SOMMAIRE

COMPTES ANTIQUES DANS LE TEXTE /
ANCIENT ACCOUNTING IN TEXT

COMMENTAIRES /
COMMENTS

COMPTES RENDUS / *REVIEWS*

COMPENDIA

ÉDITORIAL

Pour un dictionnaire d'histoire
de la construction

La construction signe la présence humaine manifeste, outillée, qui valorise une civilisation. Viollet-le-Duc est un des tout premiers a l'avoir montré dans son *Dictionnaire* qui couvre la période du XIe au XVIe siècle et qu'il nous semblerait nécessaire de prolonger jusqu'au XXe siècle. Tel est notre propos.

Pour l'ingénieur Bernard Forest de Bélidor, professeur à l'École militaire de Paris, en 1729, « la main d'œuvre, savoir, la maçonnerie, la charpenterie, la menuiserie, la serrurerie, etc. le choix, la préparation et l'emploi des matériaux [font] l'objet essentiel de la construction[1]. » Vicq d'Azyr, médecin, au nom de la Commission des arts de la République de l'an II (1794) y intègre la peinture, la sculpture et l'architecture, ces *arts de l'histoire* expressions figuratives de la construction monumentale « dans la vue de prolonger le souvenir des actions utiles et de faire vivre longtemps la mémoire des bienfaiteurs de l'humanité que les arts sont invités à répandre sur la route des temps des monuments divers[2]. »

L'histoire de la construction témoigne, complète, collabore au défrichement de savoirs longtemps délaissés – histoires de la santé, du confort, des pollutions, des ambiances – dont l'intégralité – au sens mathématique – fait aujourd'hui de l'Histoire, une discipline académique trop souvent glorieuse. Pour l'ingénieur Louis Vicat, inventeur des chaux hydrauliques artificielles, vers 1816, l'histoire des constructions[3] est

---

1   Bernard Forest de Bélidor, *Dictionnaire portatif de l'ingénieur*, Paris, 1755, p. 175.
2   Félix Vicq d'Azyr, *Commission temporaire des arts. Instruction sur la manière de conserver, dans toute l'étendue de la République tous les objets qui peuvent servir aux arts, aux sciences et à l'enseignement*, Paris, an II, p. 60.
3   Vicat ne semble pas distinguer la construction des constructions : l'histoire de la construction est somme des histoires de chaque construction.

surtout nécessaire parce qu'elle « se compose du chapitre des succès et de celui des fautes : peut-être le dernier, quand il est sincère, offre-t-il plus d'intérêt que l'autre, c'est du moins l'effet qu'a produit en nous le détail des évènements où l'homme, aux prises avec les agents de la nature, a tristement succombé. Les leçons d'une expérience funeste se gravent dans l'esprit en caractères ineffaçables ; les succès inspirent de la confiance et portent à la présomption, de là à la témérité et aux catastrophes qui en sont les suites, il n'y a qu'un pas[4]. »

LES ENCYCLOPÉDIES

Moins d'un siècle sépare Bélidor de Vicat. Un siècle bouleversant les paysages, les horizons, les mœurs, les villes, les toitures, les matériaux, les alliages... Signes de changement de et dans la société, les néologismes bourgeonnent à la fin du XVIIIᵉ siècle en France comme dans les pays en voie d'industrialisation : technique, technologie, travaux publics, canton, territoire, fonctionnaire, utilité publique, service public, agence vicinale, entrepreneur, réseau... Tous ces mots visent des rapports nouveaux entre le citadin qui se politise et ses milieux – ambiance, atmosphère, hygroscopie, lumière, etc. Pour les académiciens de Paris, comme pour la Société de gens de Lettres, les meilleurs moyens d'acquérir cette nouvelle culture savante est de réunir « sous un même point de vue les connaissances acquises par successions de temps... Qu'il sorte du sein des académies, quelqu'homme qui descende dans les ateliers, qui y recueille les phéno-mènes des arts, et qui nous les expose dans un ouvrage qui détermine les artistes à lire, les philosophes à penser utilement, et les grands à faire enfin un usage utile de leur autorité et de leurs récompenses » espèrent Diderot, D'Alembert et Condorcet en publiant l'*Encyclopédie ou diction-naire raisonné*, comme ceux, contemporains des *Descriptions des arts* que publie l'Académie des sciences de Paris « animée de l'amour du bien public »... qui fait, en 1761, « de pressantes invitations aux citoyens de s'unir à elle pour la description des arts, afin qu'en réunissant sous un

---

4   Louis Vicat, *Pont de Souillac sur la Dordogne. Moyens employés pour foncer les pieux*, Souillac, 1824.

même point de vue les connaissances acquises par succession de temps, on pût les conduire à leur perfection, ou du moins les mettre à l'abri des révolutions qu'ils ont éprouvées si souvent. Le public a pris à cœur ces invitations[5] ».

Pour l'Académie, les *Descriptions*, sont donc un conservatoire des arts et des métiers ; pour les encyclopédistes, il s'agit « d'exposer autant qu'il est possible l'ordre et l'enchaînement des connaissances humaines[6] » : deux positions complémentaires, une somme.

LES NOUVEAUX OUTILS PÉDAGOGIQUES

La fin du XIXe siècle multiplie les supports pour mémoriser les constructions : ouvrages techniques, dictionnaires, collections, revues, périodiques, manuels ; des aide-mémoires très illustrés, détaillés, reliés, qui tapissent les murs du bureau du maître d'œuvre. Un appétit culturel qui vise à reconnaître le patrimoine bâti, avant de le restaurer, connaître les qualités et les défauts, les propriétés mécaniques des matériaux nouveaux – zinc, acier, aluminium, lamellé, bétons armés, verre, colle – et à représenter très clairement et avec exactitude toutes les parties de la construction pour faciliter l'exécution sur le chantier. Dans le bâtiment, le second œuvre ne cesse de se démultiplier pour assurer le confort bourgeois. Pour Siegfried Giedion, la mécanisation prend les commandes des travaux publics.

À l'orée du XXe siècle, l'architecte, l'ingénieur civil ou militaire, l'entrepreneur, doivent connaître aussi l'essentiel de la distribution électrique, la connexion des divers réseaux souterrains – gaz, eau potable, assainissement, téléphone, pneumatique, vide ordure – les raccordements, la coordination du chantier dont il est le maître, les assurances. Des formations de hauts niveaux sont transmises par la lecture souvent fastidieuse de calculs, d'abaques. Des concepts – servitude, utilité,

---

5   Académie des sciences, « Descriptions des arts et métiers, faites ou approuvées par Messieurs de l'Académie royale des sciences de Paris », *L'Art du plombier et du fontainier*, Paris, 1761, p. v.

6   *Encyclopédie ou dictionnaire raisonné des arts et métiers*, par une société de gens de Lettres, 1, 1750, p. iv.

élasticité, temporalité – et des catégories émergentes – frottement, confort, réseau, énergie, risque, ossature, échelle, norme – de la pensée constructive – émergent, sont analysés et mis en relation, hiérarchisés, corrélés, discutés pour dégager des spécificités discrètes – verticalité, exactitude, légèreté, uniformité.

La somme des savoirs du bâtisseur nouveau – mais apprenti ancien – qu'est l'entrepreneur ou l'agence, dépasse l'entendement. Voici la bibliographie des ouvrages déposés au Conservatoire National des Arts et Métiers relatifs à la construction – la plupart disponibles par internet sur le Cnum (Conservatoire numérique des arts et métiers), publiés entre 1830 et 1890[7], soit au moins 30 000 pages. Le seul moyen de réduire le

---

7   Guillaume Abel-Blouet, *Traité théorique et pratique de l'art de bâtir de Jean Rondelet. Supplément.* Paris, 1868, 2 t. ; Jean-Pierre-Joseph d'Arcet, *Collection de mémoires relatifs à l'assainissement des ateliers, des édifices publics et des habitations particulières*, Paris, 1847 ; Paul-Joseph Ardan, *Études théoriques et expérimentales sur l'établissement des charpentes à grande portée*, Metz, 1840 ; Charles Armengaud, *L'ouvrier-mécanicien. Guide de mécanique pratique*, Paris, 1857 ; Édouard Arnaud, *Cours d'architecture et de constructions civiles*, Paris, 1920-1923, 4 vol. ; Eugène Aucamus, *Fumisterie, chauffage et ventilation*, Paris, 1898 ; Pierre Chabat, *Dictionnaire des termes employés dans la construction*, Paris, 1875-1876, 2 vol. et supp. 1878, 1 vol. ; Théodore Château, *Technologie du bâtiment…*, Paris, 1880, 2 vol. ; *Cyclopedia of Architecture, Carpentry and Building*, Chicago, American Technical Society, 1908, 3 vol. (en réalité 10 vol.) ; Henri-Jean-Baptiste Davenne, *Recueil méthodique et raisonné des lois et règlements sur la voirie, les alignements et la police des constructions*, Paris, 1830, 2 vol. ; Joseph-Marie-Anne Dégousée et Charles Laurent, *Guide du sondeur ou Traité théorique et pratique des sondages*, Paris, 2 éd. 1886 ; Charles-Louis-Gustave Eck, Recueil de machines appropriées à l'art de batir, et à diverses opérations de l'industrie, Paris, 1840 ; *Encyclopédie d'architecture, revue mensuelle des travaux publics et particuliers*, (Eugène-Emmanuel Viollet-le-Duc, directeur), Paris, Veuve Morel, 1871-1892 ; Collection *Encyclopédie des travaux publics*, fondée par Marc Clément Lechalas, Paris, 1884 ; M. Fleurigeon, « Vocabulaire technologique », *Code de la grande et petite voirie*, Paris, 1821, p. 271-299 ; Louis-Benjamin Francœur, François Étienne Molard, Louis Sébastien Le Normand et al., *Dictionnaire technologique ou nouveau dictionnaire universel des arts et métiers, et de l'économie industrielle et commerciale.* Paris, 1821-1832. 10 vol. ; Charles de Freycinet, *Traité de l'assainissement industriel*, Paris, 1869 ; Charles Laboulaye, *Dictionnaire des arts et manufactures*, Paris, 1845-1847, 2 vol. ; Baldwin Latham, *Sanitary engineering ; a guide to the construction of works of sewerage*, Londres, 1878 ; François Liger, *Dictionnaire historique et pratique de la voirie, de la construction, de la police municipale et de la contiguïté*, Paris, 1867 ; Henri Porée et Achille Livache, *Traité des manufactures et ateliers dangereux et insalubres*, Paris, 1872 ; *London's Encyclopædia of Cottage, Farm and Villa Architecture*, Londres, 1832 ; Ministère de l'Intérieur, *Instruction et programme pour la construction des maisons d'arrêt et de justice*, Paris, 1841 ; Morel, A. *Dictionnaire des termes employés dans la* construction, Paris, 1875-1876, 2 vol. ; Nosban, *Nouveau manuel complet du menuisier*, 1857, 2 vol. ; Gustave Oslet, *Traité de charpente en bois et en fer*, Paris, 1898, 3 vol. ; David de Penanrun, *Les architectes et leurs rapports avec les propriétaires, les entrepreneurs et les tiers dans les travaux particuliers et publics*, Paris, 1892 ; Paul Planat,

savoir sans trop perdre de connaissances, est de supprimer les longues démonstrations déductives, simplifier les dessins, éviter les fréquentes répétitions, synthétiser ; en somme, de concentrer sa mémoire, de définir clairement le vocabulaire.

Concluons simplement que les dictionnaires et encyclopédies condensent et codifient les savoirs nouveaux en regard des sens anciens devenus obsolètes. Leur lecture réclame une grande concentration, de l'attention, voire un service documentaire. Les principaux ouvrages sont des collections.

CONSERVER, PROTÉGER ET INNOVER : UNE FORTE DEMANDE

Les constructions dressées aux XIXᵉ et XXᵉ siècles doivent être particulièrement étudiées pour leurs usages pluriels et multiples (remise, puis écurie, atelier, garage, réparation, pressing), leur maintenance et leur conservation (câbles d'installation électrique ou téléphonique) dans un environnement spécifique (station-service, terrain de camping). Dans leurs fondations, leurs distributions, leurs évolutions internes, leurs diversités on y décèle des concepts, des catégories, de nouveaux métiers, des marchés, des droits, des usages non fondés, de nouvelles couches sociales, des innovations (peintures, mastics, plaques, multicouches), les matériaux (matières plastiques), les structures (autoroute, engin de

Encyclopédie de l'Architecture et de la construction, Paris, 1888, 7 vol. ; Paul Planat, *Pratique de la mécanique appliquée à la résistance des matériaux*, Paris, 1898 ; Paul Planat, *Cours de construction civile*, Paris, Ed. Société Centrale des Architectes. 1881 ; Antoine Chrysostome Quatremère de Quincy, *Dictionnaire historique d'architecture*, Paris, 1832, 2 vol. ; Théodore Ravinet, *Dictionnaire hydrographique*, Paris, 1824 ; Théodore Ravinet, *Code des Ponts et chaussées et des mines*, Paris, 1828 ; Henri Ravon et G. Collet-Corbinière, *Dictionnaire juridique et pratique de la propriété*, Paris, 1895 ; Léon Renier *Encyclopédie moderne. Dictionnaire abrégé des sciences, des lettres, des arts, de l'industrie, de l'agriculture et du commerce*, Paris, 2ᵉ éd., 1861-1866, 17 vol. ; Léonce Reynaud, *Traité d'architecture*, Paris, 1894, 2 vol. ; Jean Bernard Tarbé de Vaulxclairs, *Dictionnaire des Travaux Publics civils, militaires et maritimes*, Paris, 1835 ; Émile Trélat, *Questions de salubrité*, Paris, 1903 ; Eugène Viollet Le Duc, *Dictionnaire raisonné de l'architecture française du XVᵉ au XVIᵉ siècle*. Paris, 1868.

chantier, éclairage public, chauffage individuel). Le tiers des constructions européennes est édifié entre 1930 et 1970.

De toutes ces entrées de la construction (près de 3 000 mots), on ne connaît ni les liens, ni les fabriques, ni les points de vente, ni les moyens de remplacer ou réparer, ni les métiers associés, ni les périodiques techniques, ni la préfabrication. Un désert.

Trop souvent les maîtres à penser l'architecture de la modernité ont voué les constructions des rivaux aux gémonies et affirmé que la nouvelle architecture dont ils étaient les promoteurs figurait ailleurs. Les mêmes ont incendié de leurs plumes les quelques maisons de bois pour tendre les fers des nombreux types de béton (alumineux ou à prise rapide, cyclopéen, armé, de bambou, précontraint) et en faire le matériau le moins durable. Ils ont adopté les façades en verre, un quotidien du voyeurisme et un gâchis énergétique. À ces *a priori* se joignent les constructions industrielles, changeantes selon le métier exercé, la fortune de l'occupant ; les hangars, boutiques, auvents, galetas, trop pauvres pour être décrits et étudiés, ne sont pas au programme des Beaux-Arts « civils ». La baraque « maison de guerre » est industrialisée dès 1792 par l'armée révolutionnaire ; 20 000 baraques dites Adrian en 1917, 500 000 Qonsets par an aux USA en 1944. Quant à la construction métallique, longtemps réduite à une histoire héroïque d'ingénieurs, elle a engendré de nouveaux matériaux antirouille, plus résistants, plus légers : acier, aluminium, zinc, cuivre… Surtout, elle tire parti des sciences appliquées comme la mécanique des milieux continus, la géotechnique, la rhéologie, de la très grande précision mécanique, des articulations, de l'application des matières plastiques et surtout de l'électricité. Ces manifestes et manifestations industriels que sont les expositions universelles vulgarisent ces innovations. À ces nouveaux paysages de la Reconstruction correspondent de nouveaux vocabulaires, de nouvelles structures que bien peu d'entre nous connaît. Un travail de Titans, européen, érudit, synthétique, dont seul, un dictionnaire collectif multilingue mettrait en relief les termes et les sens nouveaux.

CONCLUSION

Ce dictionnaire encyclopédique que quelques historiens, architectes, ingénieurs parisiens esquissons depuis une dizaine d'années, s'adresse à celles et ceux qui veulent bâtir, restaurer, réhabiliter, inventorier, comparer, évaluer, comprendre une construction ancienne, un pan-de-bois, une charpente métallique, un logement moderne. Il doit servir d'outil aux experts en architecture (industrielle), aux ingénieurs du génie civil et urbain, aux officiers d'intendance, aux conservateurs du patrimoine, aux enseignants-chercheurs et aux praticiens de la construction. Il doit être un référent européen culturel pour les archivistes, les bibliothécaires, les documentalistes, les historiens d'art, des techniques, des sciences.

André GUILLERME
Professeur émérite d'histoire
des techniques au CNAM
Vice-président de l'Association
francophone d'histoire
de la construction

EDITORIAL

For a Dictionary of the History of Construction

Construction serves as a manifest sign of the presence of human beings, equipped with tools, which enhances a civilisation. Among the first to demonstrate this was Viollet-le-Duc, whose *Dictionary* covers the period from the 11th to the 16th century, and which we feel should be extended to the 20th century. Herein lies our objective.

In 1729, the engineer Bernard Forest de Bélidor, Professor at the École militaire de Paris, suggested that "workmanship, namely, masonry, carpentry, joinery, locksmithing, etc., as well as the selection, preparation and use of materials [are] the essential components of construction".[1] On behalf of the *Commission des arts de la République*, in its second year (1794) the doctor Vicq d'Azyr included painting, sculpture and architecture as *historical arts* which constitute figurative expressions of monumental construction, "with a view to prolonging – throughout the course of history – the memory of useful actions and the benefactors of humanity through various monuments."[2]

The history of construction bears witness to, completes, and helps clarify areas of knowledge that have long been neglected. This includes, for instance, the history of health, comfort, pollution, and the environment – the mathematical completeness of which establishes history as an often glorious academic discipline. Around 1816, the engineer Louis Vicat, inventor of artificial hydraulic lime, made the point that the history of constructions[3] is necessary above all because it "sets out a full catalogue of successes and faults: the latter, when truthfully recorded, are perhaps of more interest

---

1   Bernard Forest de Bélidor, *Dictionnaire portatif de l'ingénieur*, Paris, 1755, p. 175.
2   Félix Vicq d'Azyr, *Commission temporaire des arts. Instruction sur la manière de conserver, dans toute l'étendue de la République tous les objets qui peuvent servir aux arts, aux sciences et à l'enseignement*, Paris, an II, p. 60.
3   Vicat does not seem to distinguish construction from constructions themselves: the history of construction is taken as the sum of the histories of each individual construction.

than the former. That is, at least, how we come to learn of the details of
the failings to which man, at the mercy of nature, has sadly succumbed.
The lessons from such disastrous experiences are indelibly engraved in
our minds; successes inspire confidence and lead to presumption, which is
only a short step away from temerity and the disasters to which it leads."[4]

THE ENCYCLOPEDIAS

Less than a century separated Bélidor from Vicat. This was a century
that led to dramatic changes in landscapes, horizons, customs, towns,
roofs, materials, and alloys. Such developments were the mark of changes
in and of society. At the end of the 18th century, both in France and other
countries undergoing industrialization, neologisms sprang up: technics,
technology, public works, county, territory, official, public utility, public
service, vicinal agency, contractor, network, and so on. These words all
refer to the new relationship between the politicizing city-dweller and
his or her environment – ambiance, atmosphere, hygroscopy, lighting,
and so on. For the academics of Paris, as for the *Société de gens de Lettres*,
the best means of mastering this new scholarly culture was to bring
together "under a single point of view the knowledge acquired through
the passage of time... Let someone emerge from the bosom of the academies who will go down into the workshops, collect the phenomena
of the arts, and expose them to us in a work that will determine artists
to read, philosophers to think usefully, and the great ones to finally
make a useful use of their authority and their rewards" Such was the
hope of Diderot, D'Alembert and Condorcet when publishing the
Encyclopédie or dictionnaire raisonné. Such an aim also drove the publication
of the *Descriptions des arts* by the Academy of Sciences of Paris in 1761,
"animated by the love of public good". The Academy "urged citizens
to join it in describing the arts, so that by bringing together under a
single point of view the knowledge acquired through the passage of
time, they could be brought to perfection, or at least protected from

---

4   Louis Vicat, *Pont de Souillac sur la Dordogne. Moyens employés pour foncer les pieux*, Souillac,
     1824.

the revolutions they have so often experienced. The public has taken these invitations to heart."[5]

For the Académie, the *Descriptions* therefore serve as a conservatory of arts and crafts; for the encyclopedists, what mattered was to "expos[e] as far as possible the order and sequence of human knowledge".[6] These positions were complementary, in short, a unit.

NEW EDUCATIONAL TOOLS

The end of the 19th century witnessed a proliferation of media for committing constructions to memory: technical works, dictionaries, collections, reviews, periodicals, manuals; elaborately illustrated, detailed, bound aide-mémoires that lined the walls of the master builder's office. This was the mark of a cultural appetite to truly appreciate built heritage before restoring it, to understand its qualities and defects, to identify all the mechanical properties of new materials – zinc, steel, aluminum, laminated materials, reinforced concrete, glass, glue – and to clearly and accurately represent all the parts of the construction to facilitate execution on the site. In the building industry, finishing touches were constantly being added to ensure the comfort of the bourgeoisie. For Siegfried Giedion, mechanisation was taking over public works.

At the dawn of the 20th century, the architect, civil or military engineer, and contractor also needed to understand the essentials of electrical distribution, how the various underground networks were connected – gas, drinking water, sewage, telephones, pneumatics, waste disposal – as well as how the building site for which he was responsible was connected and coordinated, and insurance. A high level of training was transmitted by the often tedious reading of calculations and charts. Concepts – such as that of easement, utility, elasticity, and temporality – and emerging categories – e.g., friction, comfort, network, energy,

5   Académie des sciences, « Descriptions des arts et métiers, faites ou approuvées par Messieurs de l'Académie royale des sciences de Paris », *L'Art du plombier et du fontainier*, Paris, 1761, p. V.
6   *Encyclopédie ou dictionnaire raisonné des arts et métiers*, par une société de gens de Lettres, 1, 1750, p. IV.

risk, framework, scale, standard – of constructive thinking emerged, were analysed, related, hierarchised, correlated, and discussed in order to draw out discrete specific features – verticality, accuracy, lightness, and uniformity.

The sum of knowledge possessed by the new builder – in fact an experienced apprentice – that is, the contractor or agency, is beyond comprehension. The bibliography of works deposited at the Conservatoire National des Arts et Métiers relating to construction - most of which are available on the internet *via* the CNUM (*Conservatoire numérique des arts et métiers*), published between 1830 and 1890,[7] covers

7   Guillaume Abel-Blouet, *Traité théorique et pratique de l'art de bâtir de Jean Rondelet. Supplément.*
     Paris, 1868, 2 t.; Jean-Pierre-Joseph d'Arcet, *Collection de mémoires relatifs à l'assainissement des ateliers, des édifices publics et des habitations particulières*, Paris, 1847; Paul-Joseph Ardan, *Études théoriques et expérimentales sur l'établissement des charpentes à grande portée*, Metz, 1840; Charles Armengaud, *L'ouvrier-mécanicien. Guide de mécanique pratique*, Paris, 1857; Édouard Arnaud, *Cours d'architecture et de constructions civiles*, Paris, 1920-1923, 4 vol.; Eugène Aucamus, *Fumisterie, chauffage et ventilation*, Paris, 1898; Pierre Chabat, *Dictionnaire des termes employés dans la construction*, Paris, 1875-1876, 2 vol. et supp. 1878, 1 vol.; Théodore Château, *Technologie du bâtiment...*, Paris, 1880, 2 vol.; *Cyclopedia of Architecture, Carpentry and Building*, Chicago, American Technical Society, 1908, 3 vol. (in fact 10 vol.); Henri-Jean-Baptiste Davenne, *Recueil méthodique et raisonné des lois et règlements sur la voirie, les alignements et la police des constructions*, Paris, 1830, 2 vol.; Joseph-Marie-Anne Dégousée et Charles Laurent, *Guide du sondeur ou Traité théorique et pratique des sondages*, Paris, 2 éd. 1886; Charles-Louis-Gustave Eck, Recueil de machines appropriées à l'art de batir, et à diverses opérations de l'industrie, Paris, 1840; *Encyclopédie d'architecture, revue mensuelle des travaux publics et particuliers*, (Eugène-Emmanuel Viollet-le-Duc, directeur), Paris, Veuve Morel, 1871-1892; Collection *Encyclopédie des travaux publics*, fondée par Marc Clément Lechalas, Paris, 1884; M. Fleurigeon, « Vocabulaire technologique », *Code de la grande et petite voirie*, Paris, 1821, p. 271-299; Louis-Benjamin Francœur, François Étienne Molard, Louis Sébastien Le Normand et al., *Dictionnaire technologique ou nouveau dictionnaire universel des arts et métiers, et de l'économie industrielle et commerciale*. Paris, 1821-1832. 10 vol.; Charles de Freycinet, *Traité de l'assainissement industriel*, Paris, 1869; Charles Laboulaye, *Dictionnaire des arts et manufactures*, Paris, 1845-1847, 2 vol.; Baldwin Latham, *Sanitary engineering; a guide to the construction of works of sewerage*, Londres, 1878; François Liger, *Dictionnaire historique et pratique de la voirie, de la construction, de la police municipale et de la contiguïté*, Paris, 1867; Henri Porée et Achille Livache, *Traité des manufactures et ateliers dangereux et insalubres*, Paris, 1872; *London's Encyclopædia of Cottage, Farm and Villa Architecture*, Londres, 1832; Ministère de l'Intérieur, *Instruction et programme pour la construction des maisons d'arrêt et de justice*, Paris, 1841; Morel, A. *Dictionnaire des termes employés dans la construction*, Paris, 1875-1876, 2 vol.; Nosban, *Nouveau manuel complet du menuisier*, 1857, 2 vol.; Gustave Oslet, *Traité de charpente en bois et en fer*, Paris, 1898, 3 vol.; David de Penanrun, *Les architectes et leurs rapports avec les propriétaires, les entrepreneurs et les tiers dans les travaux particuliers et publics*, Paris, 1892; Paul Planat, *Encyclopédie de l'Architecture et de la construction*, Paris, 1888, 7 vol.; Paul Planat, *Pratique de la mécanique appliquée à la résistance des matériaux*, Paris, 1898; Paul Planat, *Cours de construction civile*, Paris, Ed.

at least 30,000 pages. The only way to reduce knowledge without losing too much is to eliminate long deductive demonstrations, simplify drawings, avoid frequent repetition, and synthesise; in short, to concentrate one's memory and to define terms in the clearest manner possible.

Let us simply conclude that dictionaries and encyclopedias condense and codify new knowledge in relation to old meanings that have become obsolete. Reading them requires a great deal of concentration, attention, and even a documentation service. The main works are collections.

CONSERVING, PROTECTING, AND INNOVATING: A MATTER OF THE UTMOST IMPORTANCE

When studying the buildings erected in the 19th and 20th centuries, it is particularly important to pay attention to their multiple uses (as a shed, then as a stable, workshop, garage, repair shop, or dry cleaning facility, for example), and their maintenance and conservation (through electrical or telephone installation cables) in a specific environment (such as a service station or campsite). Their foundations, distribution, internal evolution and diversity reveal interesting concepts, categories, new trades, markets, rights, unfounded uses, new social layers, innovations (e.g., paints, mastics, plates, multi-layers), materials (plastics), and structures (motorways, construction equipment, public lighting, individual heating). One third of European buildings were constructed between 1930 and 1970.

Société Centrale des Architectes. 1881; Antoine Chrysostome Quatremère de Quincy, *Dictionnaire historique d'architecture*, Paris, 1832, 2 vol.; Théodore Ravinet, *Dictionnaire hydrographique*, Paris, 1824; Théodore Ravinet, *Code des Ponts et chaussées et des mines*, Paris, 1828; Henri Ravon et G. Collet-Corbinière, *Dictionnaire juridique et pratique de la propriété*, Paris, 1895; Léon Renier *Encyclopédie moderne. Dictionnaire abrégé des sciences, des lettres, des arts, de l'industrie, de l'agriculture et du commerce*, Paris, 2ᵉ éd., 1861-1866, 17 vol.; Léonce Reynaud, *Traité d'architecture*, Paris, 1894, 2 vol.; Jean Bernard Tarbé de Vaulxclairs, *Dictionnaire des Travaux Publics civils, militaires et maritimes*, Paris, 1835; Émile Trélat, *Questions de salubrité*, Paris, 1903; Eugène Viollet-le-Duc, *Dictionnaire raisonné de l'architecture française du XVᵉ au XVIᵉ siècle*. Paris, 1868.

For all these construction entries (which total nearly 3,000 words), we know neither the links between them, nor their factories, points of sale, means of replacement or repair, associated trades, technical periodicals, or method of prefabrication involved. This constitutes a veritable gap in our knowledge.

All too often, the masters of modern architecture have condemned the buildings of their rivals to oblivion and claimed that the new architecture they were promoting already existed elsewhere. The same people have condemned the few wooden houses in order to reinforce, with metal, the many different types of concrete (aluminous or quick-setting, cyclopean, reinforced, bamboo, and pre-stressed) and make it the least sustainable material. They have employed glass facades, promoting a daily form of voyeurism and energy wastage. They have also promoted industrial constructions, which vary depending on the trade practised and the fortune of the occupant: sheds, shops, awnings and galetas, too lowly to be studied, do not feature on the programme of the "civil" Beaux-Arts. The "war house" barrack was industrialised as early as 1792 by the revolutionary army; 20,000 so-called Adrian barracks in 1917; 500,000 Qonsets per year in the USA in 1944. Metal construction, on the other hand, long reduced to a heroic story of engineers, has generated new materials that are rustproof, more resistant, and lighter: steel, aluminium, zinc, copper, etc. Above all, it benefits from applied sciences such as the mechanics of continuous media, geotechnics, rheology, high mechanical precision, joints, the application of plastics, and, above all, electricity. These innovations were popularised by the industrial manifestos and events of the World Fairs. These new landscapes of the Reconstruction were accompanied by new vocabularies, and new structures about which little is known. This was a work of Titans, a European, erudite, synthetic feat the terms and meanings of which could only be covered by a multilingual, collective dictionary.

CONCLUSION

This encyclopedic dictionary, which a number of historians, architects and engineers in Paris have been working on for the past ten years, will be of interest to anyone wishing to build, restore, renovate, make an inventory of, compare, evaluate and understand an old building, a timber frame, a metal structure, or a modern dwelling. It should serve as a tool for (industrial) architectural experts, civil and urban engineers, stewards, heritage curators, teachers-researchers, and construction practitioners. It is intended to provide a European cultural reference for archivists, librarians, documentalists, art historians, historians of technology, and scientists.

André GUILLERME
Emeritus Professor of the History of
Technology at the CNAM
Vice President of the Association
francophone d'histoire
de la construction

DOSSIER

COMPTABILITÉS DE LA CONSTRUCTION

Thème coordonné par
Michela Barbot (CNRS – IDHE.S-ENS Paris-Saclay, UMR 8533)
et Virginie Mathé (Université Paris-Est Créteil – CRHEC, EA 4392)

INTRODUCTION

Prendre en compte les comptes : tel est le souhait à l'origine de la constitution de ce dossier sur les comptabilités de la construction. Le pluriel « comptabilités » est ici utilisé dans un sens très large : en ne nous limitant pas aux écritures comptables *stricto sensu* – registres, bilans, livres-journaux –, nous avons fait le choix de nous intéresser à tout document ou pièce justificative – listes, inventaires, devis ou estimations – susceptible d'être utilisé à des fins de gestion, de certification ou de prévision des flux financiers engendrés par les activités de construction[1].

Sources très fécondes, ces documents ont donné lieu à des recherches sur le financement des édifices et les prix, sur les artisans et les commanditaires, sur les matériaux et leur approvisionnement, sur l'organisation du monde du bâtiment ; mis en regard des édifices ou de leurs vestiges, ils en enrichissent la compréhension ; ils en sont même parfois la seule trace[2]. Ce n'est pas l'approche que privilégient les pages qui suivent : la comptabilité de la construction y est envisagée comme un objet d'étude en elle-même. Il ne s'agit pas, en d'autres termes, de considérer ces documents comme des réservoirs d'informations, mais d'interroger les enjeux et les critères sous-jacents à leur fabrication, à leur conservation et à leur usage.

---

1 Le choix d'une définition aussi large de « comptabilité » est également partagé par une série d'études récentes, par exemple celles qui sont réunies dans Marco Bianchini, Marco Cattini, Marzio Achille Romani (dir.) « Rendiconti, misure, "maneggi". Una prospettiva storica sulla contabilità (XVI-XIX secolo) », numéro à dossier de *Cheiron. Materiali e strumenti di aggiornamento storiografico*, n° 51, 2009.

2 Les études s'appuyant sur les comptes de construction sont particulièrement nombreuses. On en trouvera des références dans les pages qui suivent. Pour une vue d'ensemble, voir Antonio Becchi, Robert Carvais, Joël Sakarovitch (dir.), *L'histoire de la construction : relevé d'un chantier européen / Construction history : Survey of a European building site*, Paris, Classiques Garnier, 2018, et, dans une perspective d'histoire économique, Simonetta Cavaciocchi (éd.), *L'edilizia prima della Rivoluzione Industriale. Atti della Settimana di Studi dell'Istituto Internazionale di Storia economica F. Datini di Prato*, Florence, Le Monnier, 2005.

En 2010, le premier éditorial de la revue en ligne *Comptabilité(s),
revue d'histoire des comptabilités* soulignait qu'une telle démarche était
neuve : « ce n'est que depuis peu, et encore trop rarement, que les
enquêtes portent sur les documents eux-mêmes et sur les conditions
de leur production[3] ». Ce constat est particulièrement valable pour les
comptabilités de la construction, qui n'ont été investies que de façon
limitée par ce genre de questionnements. S'il nous a paru essentiel de
proposer des pistes pour combler cette lacune, le présent dossier est aussi
né d'un sentiment de curiosité.

Spécialistes de la Grèce ancienne et de la France et de l'Italie modernes,
nous avons été frappées, au gré de rencontres scientifiques et de lec-
tures, par la variété des comptes de la construction à travers le temps,
l'espace et les milieux. Tablettes mésopotamiennes en argile, stèles
grecques inscrites de petites lettres serrées, rouleaux de papyrus égyp-
tiens, codices médiévaux en parchemin, feuilles de papier volantes ou
réunies en cahiers de divers formats, registres où se mêlent l'imprimé
et le manuscrit, données informatisées : les supports sont divers et
témoignent des degrés variables du soin apporté à la matérialité des
comptes[4]. La diversité des manières de rédiger ces documents suggère
aussi la grande hétérogénéité de leurs possibles usages.

À ces pratiques écrites s'ajoutent celles qui n'ont guère laissé de traces
parce qu'elles passaient par les objets, comme des bâtons de taille[5],
ou par l'oral. Nous échappe aussi ce qui a été inscrit sur des supports
périssables – à moins d'un hasard, heureux pour les archéologues et
les historiens, comme les incendies qui ont cuit des tablettes d'argile.
Pour ce qui est de la diversité des supports et des pratiques d'écriture,
les comptabilités de la construction ne présentent pas de spécificités
par rapport à celles qui sont tenues dans d'autres secteurs d'activité.

---

3   « Éditorial », *Comptabilité(S). Revue d'histoire des comptabilités* [En ligne], n° 1, 2010 (URL :
     http://journals.openedition.org/comptabilites/60, consulté le 29 août 2021).
4   Pour la période médiévale, voir notamment le dossier « Approche codicologique des
     documents comptables du Moyen-Âge », *Comptabilité(S). Revue d'histoire des comptabilités*
     [En ligne], n° 2, 2011 (URL : https://journals.openedition.org/comptabilites/364, consulté
     le 29 août 2021).
5   Pour un état des lieux, voir Ludolf Kuchenbuch, « Les baguettes de taille au Moyen Âge :
     un moyen de calcul sans écriture ? », in Natacha Coquery, François Menant, Florence
     Weber (dir.), *Écrire, compter, mesurer. Vers une histoire des rationalités pratiques*, Paris, Éditions
     de l'École normale supérieure, 2006, p. 113-142.

Ce dossier ne prétend pas apporter des éléments de réponse à toutes les questions que pose l'existence des comptes de construction ni donner un état des lieux exhaustif des recherches actuelles à ce propos : il réunit six études de cas, quatre notices donnant à lire et expliquant des comptes antiques et le commentaire d'un procès-verbal d'expertise rédigé au début du XVIIIe siècle. Bien que cela soit en partie la conséquence des hasards de la diffusion de l'appel à contributions, il ne nous semble pas étonnant que quatre des six études concernent le Moyen Âge et plus particulièrement les XIVe et XVe siècles. Si un tel résultat est révélateur de l'existence d'une documentation médiévale particulièrement foisonnante, il traduit aussi des degrés différents d'avancement de l'historiographie. Par leurs études sur les chantiers, surtout à partir des années 1970-1980, les spécialistes de l'époque médiévale ont largement contribué à définir le champ disciplinaire de l'histoire de la construction en adoptant notamment une perspective économique et sociale. Plus récemment, ils ont, plus que les historiens d'autres périodes, consacré leurs travaux à la place de l'écrit dans le gouvernement des villes et des royaumes : les écritures comptables, ce qu'elles révèlent de la *literacy* et de la *numeracy* des sociétés et des enjeux politiques et économiques de leur élaboration et de leur utilisation, tiennent une part importante dans ces recherches[6].

Les cas présentés dans les pages qui suivent offrent une plus grande diversité géographique que chronologique : les six enquêtes qui composent la section monographique du numéro portent sur des lieux aussi variés que les États de Bourgogne – Dijon et Arras –, Londres, Ascoli Piceno, Malte et l'Algérie coloniale, tandis que les cinq commentaires de sources s'intéressent aux mondes grec, romain et mésopotamien ainsi qu'au cas parisien. Les durées et les espaces couverts sont envisagés ici à plusieurs échelles. Cependant qu'Hervé Mouillebouche propose d'examiner sur plus de 125 ans l'élaboration des comptes relatifs à l'hôtel ducal de Dijon, les autres études mettent l'accent sur des périodes plus restreintes

---

6　Voir les travaux fondamentaux de Michael Clanchy, *From Memory to Written Record. England, 1066-1307*, Londres, Blackwell, 1979 ; Paolo Cammarosano, *Italia medievale. Struttura e geografia delle fonti scritte*, Rome, Carocci, 1991 ; Pierre Chastang, *Lire, écrire, transcrire. Le travail des rédacteurs de cartulaires en Bas-Languedoc (XIe-XIIIe siècles)*, Paris, CTHS-Histoire, 2001 ; Paul Bertrand, *Les écritures ordinaires. Sociologie d'un temps de révolution documentaire (1250-1350)*, Paris, Éditions de la Sorbonne, 2015. Sur les aspects plus proprement économiques, voir en dernier lieu Laurent Feller, « Les écritures de l'économie au Moyen Âge », *Revue historique*, n° 693-1, 2020, p. 25-65, qui introduit ses réflexions par un parcours historiographique.

correspondant au temps des chantiers, souvent quelques décennies, voire sur une seule année comme le fait Virginie Mathé pour un compte délien de 207 av. J.-C. Si Matthieu Scherman centre son propos sur la pièce où les Salviati tiennent leurs comptes dans leur maison londonienne, Mohammed Hadjiat s'intéresse à plusieurs places fortes d'Algérie, tandis que la plupart des auteurs se consacrent à un ou deux édifices en particulier.

Cette collection de cas a pour but d'inviter la lectrice et le lecteur à la comparaison. L'un des principaux fils rouges qui lient ces contributions est ainsi l'adoption d'une approche résolument pragmatique des sources, qui s'appuie, à son tour, sur un travail de contextualisation de chaque corpus documentaire étudié[7].

Ce travail de contextualisation montre tout d'abord le rôle central que les instances collectives – et au sens large publiques – jouent dans la fabrication et dans la conservation des documents comptables. Les chantiers considérés dans ce dossier relèvent de la construction et de l'entretien de sièges du pouvoir politique (palais, hôtel ducal), d'édifices religieux (sanctuaires, basiliques, cathédrales), d'ouvrages militaires, de routes et d'une halle commerciale, tandis que les immeubles et les bâtiments à usage privatif y sont beaucoup moins représentés. Une telle disparité renvoie à la dimension fortement politique que les comptes édilitaires revêtent dans tous les contextes analysés ici.

Mieux conservées et plus systématiquement organisées que les sources privées[8], les comptabilités tenues par les institutions publiques et reli-

---

7   Cette approche est bien illustrée par les travaux suivants : Simona Cerutti, « Histoire pragmatique, ou de la rencontre entre histoire sociale et histoire culturelle », *Tracés. Revue de Sciences humaines*, n° 15, 2008 [En ligne] (URL : https://journals.openedition. org/traces/733, consulté le 29 août 2021) ; Simona Cerutti, Isabelle Grangaud, « Sources et mise en contexte. Quelques réflexions autour des conditions de la comparaison », in François Brayard (dir.), *Des contextes en histoire*, Paris, La Bibliothèque du Centre de Recherches Historiques, 2013, p. 91-104 ; *Eaed.*, « Sources and Contextualization : Comparing Eighteenth-Century North African and Western European Institutions », *Comparative Studies in Society and History*, n° 59, 2017, p. 5-33.

8   Sur les différences qui séparent la documentation institutionnelle et la documentation privée et sur les manières possibles de traiter ces deux familles de sources, voir les réflexions méthodologiques proposées par Jean-Pierre Bardet, Pierre Chaunu, Gabriel Désert, Pierre Gouhier, Hugues Neveux, *Le bâtiment : enquête d'histoire économique. Maisons rurales et urbaines dans la France traditionnelle*, Paris, Éditions de l'EHESS, 2002 (ed. orig. 1971) ; Pierre Couperie, Emmanuel Le Roy Ladurie, « Le mouvement des loyers parisiens de la fin du Moyen Âge au XVIIIᵉ siècle », *Annales. Économies, Sociétés, Civilisations*,

gieuses entretiennent une relation très étroite avec la notion de bien commun[9]. Les opérations édilitaires menées sous l'égide de ces institutions participent en effet à part entière à la traduction de cette forme idéale de gouvernement. Non seulement ces initiatives répondent à des impératifs symboliques ou somptuaires[10], mais elles peuvent aussi représenter de véritables mesures anticycliques expressément conçues pour faire repartir l'économie et occuper la main-d'œuvre lors des phases de crise ou de stagnation[11]. En engageant d'importants moyens matériels, humains et financiers, ces opérations supposent la mise au point d'une série de procédures techniques et d'instruments administratifs et imposent le

---

n° 4, 1970, p. 1002-1023 ; Jean-François Chauvard, « Pour en finir avec la pétrification du capital : investissements, constructions privées et redistribution dans les villes de l'Italie moderne », *Mélanges de l'École française de Rome. Italie et Méditerranée*, n° 119-2, 2007, p. 427-440.

9 Sur le concept aristotélicien de bien commun et ses reformulations médiévales, cf. Matthew S. Kempshall, *The Common Good in the Late Medieval Political Thought : Moral Goodness and Political Benefit*, Oxford, Oxford University Press, 1999 ; Élodie Lecuppre-Desjardin, Anne-Laure Van Bruaene (dir.), *De bono communi. The Discourse and Practice of Common Good in the European City (13th-16th centuries)*, Turnhout, Brepols, 2010 ; Giacomo Todeschini, « Participer au Bien Commun : la notion franciscaine d'appartenance à la Civitas », in Patrick Boucheron, Nicolas Offenstadt (dir.), *L'espace public au Moyen-Âge. Débats autour de Jurgen Habermas*, Paris, PUF, 2011, p. 99-118.

10 À titre d'exemples, voir, respectivement pour l'Antiquité gréco-romaine et pour le Moyen-Âge, Barbara Schmidt-Dounas, *Geschenke erhalten die Freundschaft. Politik und Selbstdarstellung im Spiegel der Monumente*, Berlin, Akademie Verlag, 2000 ; A. Zuiderhoek, *The Politics of Munificence in the Roman Empire*, Cambridge, Cambridge University Press, 2009 ; Anne-Valérie Pont, *Orner la cité. Enjeux culturels et politiques du paysage urbain dans l'Asie gréco-romaine*, Bordeaux, Ausonius, 2010 ; T. Leslie Shear, *Trophies of Victory. Public Building in Periklean Athens*, Princeton, Princeton University Press, 2016 ; Patrick Boucheron, *Le pouvoir de bâtir. Urbanisme et politique édilitaire à Milan (XIVe-XVe siècles)*, Rome, École française de Rome, 1998 ; Patrick Boucheron, Jean-Philippe Genet (dir.), *Marquer la ville : signes, traces, empreintes du pouvoir (XIIIe-XVIe siècle) : actes de la conférence organisée à Rome en 2009 par le LAMOP en collaboration avec l'École Française de Rome*, Paris-Rome, Publications de la Sorbonne-École Française de Rome, 2014.

11 C'est ce qui est montré, pour l'Italie et pour les Pays-Bas sous l'Ancien Régime, par Giuseppe Papagno, Marzio Achille Romani, « Una cittadella e una città : il Castello Nuovo Farnesiano (1589-1597) », in Annalisa Guarducci (éd.), *Investimenti e civiltà urbana. Atti della Settimana di Studi dell'Istituto Internazionale di Storia economica F. Datini di Prato*, Florence, Le Monnier, 1989, p. 199-270 ; Heidi Deneweth, « The economic situation and its influence on building and renovating in Bruges during the 16th-18th centuries », *Mélanges de l'École française de Rome. Italie et Méditerranée*, n° 119-2, 2007, p. 531-544. À propos des chantiers des ducs de Ferrara, Guido Guerzoni parle ouvertement de « politiques économiques pré-keynesiennes » : ainsi Guido Guerzoni, « Assetti organizzativi, tecniche gestionali e impatto occupazionale delle fabbriche ducali estensi nel Cinquecento », in Simonetta Cavaciocchi, *op. cit.*, p. 771-802.

contrôle et l'enregistrement des nombreuses activités menées pour leur réalisation[12]. Tenir une comptabilité, c'est mesurer, administrer et prévoir, mais aussi rendre compte, c'est-à-dire informer et justifier : c'est précisément cette exigence de certification et de légitimation qui anime la plupart des commanditaires des documents ici analysés, tel l'*Account of Disbursements made out of Funds granted by Her majesty Adelaide, the Queen Dowager* pour la construction de la pro-cathédrale anglicane Saint-Paul de La Vallette étudié par Guillaume Dreyfuss.

L'examen des aspects matériels de la production et de la réception de ces documents invite à ne pas séparer la forme et le contenu : soucieux de mesurer et d'enregistrer des éléments permettant de documenter les activités qui se déroulent sur les chantiers, les rédacteurs des comptes inscrivent leur raisonnement au sein de logiques et de temporalités qui peuvent changer sensiblement en fonction de l'ampleur, des finalités et de la nature des opérations concernées. Loin d'être de simples exécuteurs des souhaits et des exigences des commanditaires, ceux qui tiennent des comptes détiennent la responsabilité et le pouvoir performatif[13] de collecter les informations, de les sélectionner et de les ordonner, de les chiffrer, mais aussi de les rendre lisibles, voire de leur donner une apparence solennelle. Les besoins auxquels répond la tenue des comptes et qui expliquent l'effort humain et financier non négligeable consenti à cette tâche apparaissent alors comme multiples. Ils peuvent être économiques et administratifs : il s'agit de gérer les ressources, la main-d'œuvre et le financement, dans l'immédiateté du chantier de construction, comme le montre Pierre Villard pour les quelques textes relatifs à l'édification de Dūr-Šarru-kīn, ou à moyen terme, comme le souligne Sylvie Rougier-Blanc en analysant deux tablettes de Pylos qui sont probablement des listes de matériaux de rechange. Le compte ne se dresse pas qu'au moment des travaux ou a posteriori, pour établir un bilan des actions effectuées ou analyser les marchés du travail et

---

12   Voir, à ce propos, Patrick Boucheron, Marco Folin (dir.), *I grandi cantieri del rinnovamento urbano. Esperienze italiane ed europee a confronto (secoli XIV-XVI)*, Rome, École française de Rome, 2011.

13   Sur la dimension performative des techniques et des instruments comptables, dans une perspective de sociologie historique, voir Ève Chiapello, Carlos Ramirez (dir.), « La sociologie de la comptabilité », numéro à dossier de *Comptabilité-Contrôle-Audit*, nº 10-3, 2004, et Ève Chiapello, « Accounting and the birth of the notion of capitalism », *Critical Perspectives on Accounting*, nº 18-3, 2007, p. 263-296.

des produits ; il peut être prévisionnel et servir à étayer une demande de financement ou à établir les budgets pour éviter leur dépassement. La production de cette documentation répond aussi aux exigences de contrôle et anticipe les développements judiciaires susceptibles d'affecter le chantier : de la Grèce antique au Paris moderne en passant par la Bourgogne médiévale, artisans, architectes, maîtres d'œuvre, administrateurs et maîtres d'ouvrage sont liés par un réseau de contrats et de contraintes juridiques et institutionnelles.

Plusieurs des contributions suivantes soulignent enfin les significations sociales que revêt la tenue des comptes. Pour conserver la mémoire des bâtisseurs, c'est-à-dire surtout de ceux qui ont décidé et financé la construction, il existe sans aucun doute des moyens plus efficaces et davantage perceptibles que les comptes : on pense par exemple aux dédicaces et aux listes de donateurs inscrites sur les édifices, aux noms mêmes de ces derniers. Il n'empêche que les comptes peuvent être investis d'une certaine manière d'une volonté de garder une trace de ces opérations exceptionnelles. Ce qui nous est parvenu est une toute petite partie des écrits comptables produits à la faveur des chantiers et laisse bien souvent dans l'ombre la masse de chiffres et de mots notés plus ou moins à la hâte et quotidiennement par les différentes personnes impliquées dans la construction. Le soin apporté à l'élaboration et à la conservation de stèles de pierre ou de registres de parchemin, pour s'en tenir à la Grèce antique et au monde médiéval, serait l'indice qu'il importe aux constructeurs et aux générations qui les ont suivis au fil du temps de transmettre un monument, au sens propre, du chantier. Ainsi, pour l'inscription de la *via Cecilia*, une des très rares sources latines relatives à un chantier de construction, Pauline Ducret invite à ne pas en négliger la fonction de célébration du jeune magistrat qui s'est chargé de ces travaux. L'existence de comptes bien tenus manifeste le bon gouvernement, qui exige de ceux qui le servent une telle acribie. Mais elle n'est pas seulement imposée par le haut : elle est aussi un moyen pour ceux qui rédigent ou copient les comptes d'affirmer leur savoir et leur savoir-faire, et partant leur importance sociale[14].

---

14 Delphine Gagey, *Écrire, calculer, classer. Comment une révolution de papier a transformé les sociétés contemporaines (1800-1940)*, Paris, La Découverte, 2008, montre bien comment on est passé à la fin du XIXᵉ siècle et au début du XXᵉ siècle, aux États-Unis et en Europe, d'un monde où la lenteur d'exécution et le souci esthétique accordé aux documents administratifs et

Les études ici réunies confirment la richesse et la multiplicité des dispositifs matériels qui peuvent être concrètement mobilisés pour atteindre ces objectifs. Listes, inventaires, tableaux, quittances, rôles fiscaux, dessins sont autant de supports et de pièces annexes qui témoignent de l'aspiration à rendre compte au mieux de la singularité de chaque chantier. Francesca Rognoni le souligne en examinant comment sont mesurés les flux de main d'œuvre et de matériaux qui alimentent parallèlement les chantiers de la cathédrale et du château fort d'Ascoli Piceno au XVIe siècle : les instruments et les techniques utilisés par les officiers en charge de la comptabilité finissent par s'adapter complètement aux rythmes et aux spécificités propres à chacune de ces opérations. Plusieurs des contributions traitent ainsi de la question de la normalisation des pratiques comptables[15]. À l'encontre de la comptabilité commerciale, qui fait l'objet d'un effort de systématisation pédagogique assez précoce – nous pensons notamment aux nombreux manuels pour négociants qui circulent dans l'espace européen depuis le Moyen Âge[16] –, les savoirs inscrits dans les comptes édilitaires semblent rester plus longtemps des savoirs éminemment pratiques, liés à la singularité et à l'irréductibilité de chaque chantier, et de ce fait plus réfractaires à toute forme de normalisation. Ainsi, il n'est pas surprenant de découvrir qu'encore au XVIIIe siècle, malgré les nombreuses tentatives qui se succèdent pour codifier les techniques de toisé[17], les procès-verbaux des experts des bâtiments parisiens, dont Robert Carvais donne ici un exemple significatif, font état d'une grande diversité de techniques de calcul et d'estimation[18]. Pour autant, une certaine uniformisation des pratiques d'écriture se constate au sein d'un même espace administratif. Ainsi,

---

comptables étaient des garanties de leur validité à un monde où importent bien plus la productivité et le traitement d'une masse toujours grandissante de données.

15 Voir aussi Olivier Mattéoni, Patrice Beck (éd.), *Classer, dire, compter. Discipline du chiffre et fabrique d'une norme comptable à la fin du Moyen Âge*, 2015, notamment la présentation en introduction par Olivier Mattéoni, « Discipline du chiffre et fabrique d'une norme comptable à la fin du Moyen Âge », p. 9-27.

16 Voir, à ce propos, Franco Angiolini, Daniel Roche (dir.), *Cultures et formations négociantes dans l'Europe moderne*, Paris, Éditions de l'EHESS, 1995 ; Jacques Bottin, Pierre Jeannin, *Marchands d'Europe. Pratiques et savoirs à l'époque moderne*, Paris, Éditions Rue d'Ulm, 2002.

17 Voir, à ce propos, Robert Carvais, « Mesurer le bâti parisien à l'époque moderne. Les enjeux juridiques et surtout économiques du toisé », *Histoire urbaine*, n° 43, 2015, p. 31-53.

18 Pour une comparaison avec le cas italien, voir Michela Barbot, Robert Carvais, « Les livres techniques sur le toisé et l'estimation en France et Italie (XVIe-XIXe siècle) : circulations,

tirant parti de l'approche codicologique, Mathieu Béghin révèle les effets de convergence que l'adoption d'un même modèle de registre et la mise en page standardisée qui l'accompagne produisent dans les techniques comptables des architectes et des officiers de la cour d'Arras pendant le XIVe siècle. Plutôt que de refléter des emprunts ou des transferts du monde du commerce à celui de la construction, ces processus de standardisation semblent davantage liés au degré de développement bureaucratique des administrations, à l'existence de protocoles et de règles procédurales minimales, dont les degrés de liberté ou de contrainte sont en large partie dictés par la valeur probatoire et judiciaire qui leur est accordée[19].

En attirant l'attention sur le processus d'édification du bâtiment plus que sur son résultat, l'histoire de la construction a mis en lumière le travail des artisans. Parallèlement à d'autres études récentes ou en cours[20], ce dossier vise à donner à voir d'autres travailleurs indispensables pour le chantier : les administrateurs, les comptables. Dans la majorité des contextes, ils se distinguent des commanditaires, des artisans et des architectes, bien qu'ils puissent s'appuyer sur l'expertise de ces deux derniers corps de métier. Même dans les mondes grec et romain où ces charges sont assumées par des citoyens désignés tout spécialement, leurs écrits attestent la maîtrise de compétences poussées et d'un professionnalisme certain. Dans les pages suivantes, plusieurs remarques sur les mots qu'ils emploient révèlent leur degré de connaissance et de compréhension des aspects techniques de la construction d'une part, du contexte économique, social et culturel dans lequel le chantier s'inscrit d'autre part. Cela laisse deviner les contacts étroits qu'ils entretiennent avec les concepteurs et les constructeurs, mais aussi avec d'autres administrateurs et comptables. Le chantier de construction est donc bien une

---

continuités et ruptures », in Liliane Hilaire Pérez, Valérie Nègre (dir.), *Le livre et les techniques avant le XXe siècle. À l'échelle du monde*, Paris, CNRS Éditions, 2016, p. 199-216.

19 La valeur probatoire des écritures comptables est ouvertement reconnue par plusieurs statuts régionaux et communaux de l'Italie moderne et médiévale : pour le cas lombard, voir Michela Barbot, « Incertitude ou pluralité ? Les conflits sur les droits fonciers et immobiliers dans la Lombardie d'Ancien Régime », in Alice Ingold, Julien Dubouloz (dir.), *Faire la preuve des droits sur le sol. Droits et savoirs en Méditerranée (Antiquité-Temps modernes)*, Rome, École Française de Rome, 2011, p. 275-301.

20 Voir Sandrine Victor, *Le chantier au pied de la lettre. Organisation administrative des chantiers royaux catalans (Géronès - Roussillon, fin XVe-début XVIe siècle)*, mémoire inédit présenté dans le cadre de l'"Habilitation à Diriger des Recherches en histoire médiévale, Université Paris 1 Panthéon-Sorbonne, 2021.

entreprise collective. Nous avons appris à ne pas résumer celle-ci aux seuls noms du commanditaire ou de l'architecte et à voir derrière les pierres, les briques, les tuiles, les pièces de bois et de métal les hommes qui les ont extraites ou fabriquées, transportées et mises en œuvre. Les pages suivantes invitent à porter nos regards sur ceux, anonymes ou non, qui ont laissé de leur travail des lignes de comptes parfois difficiles à déchiffrer, souvent arides à lire, mais qui permettent de saisir la somme des savoirs et des savoir-faire nécessaires à la construction.

Michela BARBOT
Laboratoire IDHE.S, CNRS
École normale supérieure
Paris-Saclay

Virginie MATHÉ
Université Paris-Est Créteil,
Centre de recherche en histoire
européenne comparée

LES COMPTES DE CONSTRUCTION
DE L'HÔTEL DUCAL DE DIJON

Le « palais des ducs et des États de Bourgogne », qui abrite aujourd'hui la mairie et le musée des Beaux-Arts de Dijon, a conservé plusieurs éléments de l'hôtel médiéval des ducs de Bourgogne : la tour de Bar construite par Philippe le Hardi en 1366, des traces de la galerie de la duchesse Marguerite de Bavière (1417-1419), les cuisines, le logis neuf et la tour astronomique bâtis par Philippe le Bon de 1434 à 1457 (fig. 1). Ces éléments conservés, mais aussi la partie disparue de l'hôtel médiéval, peuvent être étudiés grâce aux très nombreuses mentions de travaux et de chantiers copiées dans les registres de comptes du bailliage de Dijon[1], ainsi que dans quelques cahiers de comptes de chantier spécifiques. Mais ces comptes constituent, par eux-mêmes, un autre monument, tout aussi curieux et intéressant que le premier, et qui a rarement retenu l'attention des historiens. À côté des registres de comptes du bailliage, identifiés depuis longtemps, quelques pièces comptables conservées par hasard (quittances, certifications, mandements…) permettent de mieux comprendre le mode de rédaction de ces registres.

---

1   Archives départementales de la Côte-d'Or (ADCO : sauf précisions contraires, toutes nos cotes proviennent de ce fonds) B 4 418 à B 4 515.

Fig. 1 – L'hôtel ducal de Dijon en 1700. À gauche, le logis neuf, qui est encore conservé aujourd'hui derrière une façade moderne. À droite la Chapelle-le-Duc, future Sainte-Chapelle, détruite en 1795, (Bibl. univ. Sorbonne, ms. 1501/3, « premier projet de Mansart » cl. Bibl. Sorbonne).

PRÉSENTATION GÉNÉRALE
DES COMPTES BOURGUIGNONS

La précision et le bon état de conservation des comptes des princi-pautés des ducs de Bourgogne (duché et comté de Bourgogne, Flandre, Artois, Hainaut et Brabant) constituent, selon le mot de W. Paravicini, un « embarras de richesses[2] ». La magistrale présentation qu'en ont donnée R.-H. Bautier et J. Sornay[3] ne dispense pas de décrire plus précisément

---

2 Werner Paravicini, « L'embarras de richesses : comment rendre accessibles les archives financières de la maison de Bourgogne-Valois », *Académie royale de Belgique, Bulletin de la classe des lettres*, t. 7, 1996, p. 21-68.

3 Robert-Henri Bautier, Jeanine Sornay, *Les sources de l'histoire économique et sociale du Moyen Âge. 2 vol. I; 1, les États de la maison de Bourgogne, archives centrales de l'État bourguignon,*

le système d'enregistrement qui a présidé à la conservation des comptes de construction et d'entretien de l'hôtel ducal de Dijon.

La comptabilité ducale se met en place avec l'office de receveur dès la fin du XIIIe siècle[4]. Mais la plupart des comptes antérieurs à 1350 ont disparu. Les plus anciens comptes conservés, le « mémorial de Robert II » et le registre des auditeurs des comptes de 1303-1309, concernent le train ducal et ne font aucune allusion à l'entretien ou l'édification des bâtiments[5]. À partir du principat d'Eudes IV (1315-1349), la production comptable se diversifie, avec des registres spécifiques pour les dépenses de l'hôtel du prince, et d'autres pour enregistrer les recettes et dépenses des châtellenies, puis des bailliages. Il est probable que la première construction de l'hôtel ducal par Eudes IV, à partir de 1343, a été enregistrée dans les premiers comptes du bailliage de Dijon, mais ces registres précoces ne sont pas conservés.

En revanche, après 1350, les registres de comptes conservés sont particulièrement nombreux. La chambre des comptes de Dijon, crée en 1386 pour vérifier ces comptes, impose des normes rédactionnelles de plus en plus précises[6]. Ces documents se présentent sous la forme de codex de parchemin, soigneusement réglés et invariablement organisés en une partie recette et une partie dépense. Au XIXe siècle, ces cahiers ont été réassemblés avec plus ou moins de bon sens dans des reliures d'égales largeurs, qui donnent un aspect faussement uniforme à une série parfois hétérogène.

La comptabilité qui se met en place avec l'arrivée des Valois est une comptabilité de type personnel. À tous les niveaux (châtellenies, bailliages, gruerie, recette générale de Bourgogne), les recettes sont prises en charge par des receveurs, qui en assument la responsabilité sur leur propre

1384-1500, *archives des principautés territoriales. Les principautés du sud*. Paris, CNRS, 2001.

4   John Bartier, *Légistes et gens de finances au* XVe *siècle. Les conseillers des ducs de Bourgogne Philippe le Bon et Charles le Téméraire*. Bruxelles, Palais des académies, 1955, p. 34 *et sq.* Jean Richard, *Les ducs de Bourgogne et la formation du duché, du* XIe *au* XIVe *siècle*, Paris, les Belles Lettres, 1954. p. 412 *et sq.*

5   Le « mémorial de Robert II » (ADCO, B 312) est un petit volume de papier qui couvre les années 1275-1280, édité dans Henri Jassemin, *Le mémorial des finances de Robert II, duc de Bourgogne (1273-1285)*, Paris, Picard, 1933. Registre des auditeurs des comptes de 1303 à 1309 : BM Dijon, ms 1 105.

6   Édouard Andt, *La chambre des comptes de Dijon à l'époque des ducs de Valois*. Bordeaux, imp. Cadoret, 1924. Jean-Baptiste Santamaria, *La chambre des comptes de Lille de 1386 à 1419. Essor, organisation et fonctionnement d'une institution princière*. Turnhout, Brepols, 2012.

fortune[7]. Ces receveurs ne sont pas des officiers consciencieux et compétents, mais plutôt des financiers, qui doivent apporter une importante caution avant leur prestation de serment, et qui espèrent bien pouvoir conjuguer le service du prince avec leurs propres intérêts. Ils procèdent aux levées des recettes dont le montant se répète d'années en années, et doivent également mettre en paiement toutes les charges qui ont été assises sur leurs recettes, notamment l'entretien des bâtiments. Dans ces conditions, la tentation est grande pour les receveurs de détourner des fonds, soit en cachant des recettes, soit en exagérant les dépenses. Les registres de comptes, qui sont des « comptes rendus au duc », sont donc, non pas tant un outil d'enregistrement des recettes et des dépenses, mais un outil de contrôle de la gestion des receveurs. Les chambres des comptes qui auditionnent les registres mènent contre les receveurs de véritables procès accusatoires. Les registres de comptes servent donc autant à prouver la bonne foi du receveur qu'à savoir ce qui a été reçu et dépensé[8].

La première série de comptes qui concerne des dépenses liées à l'hôtel de Dijon est constituée par les 15 volumes de Dimanche de Vitel, receveur général du duché de Bourgogne de 1352 à 1367[9]. Il exerce son office tout d'abord pour la reine Jeanne de Boulogne, régente du duché, puis pour le roi Jean à la mort du jeune duc Philippe de Rouvres, puis pour Philippe le Hardi à partir de 1364[10]. Ces premiers comptes conservés, qui constituent selon le mot d'Ernest Petit « la plus étonnante et la plus ignorée des chroniques[11] », sont alors l'unique comptabilité du duché en dehors des comptes de châtellenie. Les dépenses se ventilent d'une part entre le fonctionnement de « *l'hostel* », c'est-à-dire de la cour, et d'autre part celui des cinq bailliages constituant le duché. C'est au registre du bailliage de Dijon, sous la rubrique « œuvres », que l'on trouve les premières mentions de réparations à l'hôtel de Dijon.

7　　Jean Rauzier, *Finances et gestion d'une principauté au XIVe siècle. Le duché de Bourgogne de Philippe le Hardi* (1364-1384), Paris, ministère de l'économie et des finances, 1996, notamment p. 20-29.

8　　Jean-Baptiste Santamaria, *op. cit.*, p. 169 et suiv.

9　　Nomination : ADCO, recueils de Peincedé, t. 2, p. 516. Sur sa carrière, voir Ernest Petit, *Histoire des ducs de Bourgogne de la race capétienne*, Dijon, Lamarche puis Darantière, 1885 à 1905, 9 vol, t. 9, p. 25 ; Barthélémy-Amédée Pocquet du Haut-Jussé, « Les chefs des finances ducales de Bourgogne », *Mémoires de la société pour l'histoire du droit bourguignon*, t. 4, 1937, p. 5-77, p. 14-16.

10　De 1353 (B 1 394) à 1397 (B 1 424) ; lacune en 1363.

11　Petit, *op. cit.*, t. 9, p. 25.

En mai 1367, sans doute sous la pression de l'augmentation budgétaire, Philippe le Hardi fusionne les comptes de « *l'hostel* » et ceux du duché dans les mains d'un unique trésorier, mais il en soustrait la comptabilité des bailliages[12]. Chaque receveur de bailliage perçoit alors ses recettes propres, sur lesquelles sont ponctionnées ses dépenses.

Les comptes du bailliage de Dijon sont perdus de 1368 à 1370. Mais, dès 1371, les sources permettent de voir que l'entretien de l'hôtel de Dijon est assis sur la recette du bailliage. La situation de Dijon est donc un peu particulière. En effet, partout dans le duché, les bâtiments sont à la charge des châtelains, qui sont contrôlés par des baillis mais qui rendent des comptes particuliers pour les recettes et les dépenses de la châtellenie. À Dijon, l'entretien des bâtiments de l'hôtel du duc ne dépend pas d'un châtelain, comme ceux de Talant, Chenôve ou La Perrière, mais directement du bailli et de sa recette.

Au sein même du bailliage, les travaux de quelque importance font généralement l'objet d'un compte particulier. La chartreuse de Champmol, aux portes de la ville, qui était un chantier d'une ampleur exceptionnelle, a bénéficié d'une structure financière indépendante, ce qui a assuré sans doute la parfaite conservation de ses comptes[13]. La Chapelle-le-Duc constitue également, juste à côté de l'hôtel ducal, un chantier autogéré, avec ses propres ressources et son propre personnel, dont le détail n'entre pas en général dans les comptes du bailliage[14].

Pour les grands travaux de l'hôtel, les officiers de la chambre des comptes nomment un commis chargé du suivi financier de la construction. On sait par exemple qu'Élie de Lantenay, prêtre, était « commis » ou « gouverneur » des œuvres de la tour Neuve (future tour de Bar) de 1364 à 1372[15]. Gillet Renain a tenu les comptes de la reconstruction de la cuisine de 1434 à 1446 :

---

12 Pocquet du Haut-Jussé, *op. cit.*, p. 28.

13 Compte spécial de construction conservé dans le fonds de la chambre des comptes : B 11 670 à B 11 675.

14 Comptes de 1383-1395 : G 1 211 ; comptes de 1395-1412 : G 1 212. Le compte de 1387 a été relié avec ceux du bailliage (B 4 430 bis) et celui de 1388 est copié à la suite du compte du bailliage de la même année (B 4 429, f° 44 r° à 53 r°).

15 B 1 416, f° 75 v° (1364) : « *A monseigneur Elie de Lanthenay prestre ordonné seur l'ouvrage de la nouvelle tour faite es hostelz de monseigneur le duc à Dijon* ». B 1 435-1, f° 60 r° (1371, comptes généraux) : « *A messire Helie de Lantenay, prestre commis à faire certains ouvraiges en l'ostel et en la chapelle de monseigneur à Dijon* ». B 4 419, f° 18 v° (1372) : « *Pour chaux [...] neant cy, que monseigneur Elie de Lanthanin les ay prisses en son compte par devers les autres hostelx de monseigneur* ». B 4 422 (1376) : « *Messire Elie de Lantenay, jadis gouverneur desdiz ouvraiges* ».

Le 23ᵉ jour d'avril après Pasques 1439, au grant bureaul de la chambre des comptes de Dijon, messires desdiz comptes en la presence de Loys de Visen, receveur general de Bourgoingne, ont avisé et ordonné que Gilet Renain qui desja est commis par Monseigneur à contreroler les ouvraiges de la cuisine de mondit seigneur à Dijon et autres gros ouvraiges, contrerolera les menus ouvraiges qui sont à faire audit hostel[16].

Les comptes de Gillet Renain sont recopiés en deux exemplaires, dont l'un est envoyé au duc qui réside dans ses provinces des Pays Bas :

A Jacotin le Wathier [...] pour avoir par leur ordonnance copié et escript en parchemin le compte des ouvraiges faiz tant de la maçonnerie, charpenterie, couverture d'ardoise et plomberie comme de tous les autres ouvraiges qui ont esté neccessaires de faire en la tour que darrierement l'en a faicte en l'ostel de mondit seigneur à Dijon, pour icellui double qui contient 24 fueillez envoier devers mondit seigneur, lequel compte ledit receveur a rendu en la chambre des comptes de mondit seigneur à Dijon. Pour ce, par mandement de messeigneurs desdits comptes [...] 2 fr[17].

Enfin, Oudot le Bediet, qui était receveur du bailliage, fut aussi nommé commis du logis neuf construit de 1450 à 1456, avec charge d'en rendre un compte séparé :

Audit Oudot le Bediet, receveur que dessus, la somme de 4 000 fr. qui lui ont esté ordonné à bailler de sa recepte ordinaire pour convertir es ouvraiges de la maison neufve que l'on fait presentement en l'ostel de mondit seigneur le duc à Dijon, et par vertu de ladicte ordonnance lesdits 4 000 fr. sont cy passés en despence audit receveur par telle condition que, en son compte qu'il rendra desdis ouvraiges, il sera tenu d'en faire recepte et despenses par la maniere qu'il appartiendra[8].

Oudot était lui-même secondé par le contreroleur Pierre Daridel, chargé de la paye des ouvriers engagés à la journée[18]. Alors que tous les comptes des commis ont disparu, seul l'un des comptes de ce contreroleur, rédigé sur papier, a été conservé[19].

---

16 B 4 489, fᵒ 72 vᵒ (1436).
17 B 4 496, fᵒ 59 vᵒ.
18 B 4 501, fᵒ 83 vᵒ (1450) : « *Perrenet Daridel, contrerolleur des ouvraiges que l'en fait presentement en l'ostel de mondit seigneur à Dijon* ».
19 B 341.

LES COMPTES DES RECEVEURS
DU BAILLIAGE DE DIJON

ÉTAT DE LA SÉRIE

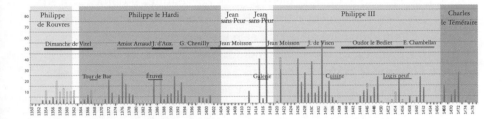

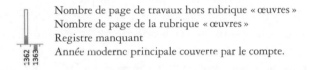

FIG. 2 – Répartition des comptes conservés pour le bailliage de Dijon,
et nombre de pages de travaux par compte.

Nombre de page de travaux hors rubrique « œuvres »
Nombre de page de la rubrique « œuvres »
Registre manquant
Année moderne principale couverte par le compte.

Sur une période de 120 ans, de 1353 à 1473, 75 comptes du bailliage de Dijon sont conservés, soit 62,5 % de la collection (fig. 2)[20]. Des 15 comptes généraux de Dimanche de Vitel (du 1er novembre 1352 au 1er novembre 1367), il manque uniquement l'année 1363. Les années de transition entre les comptes généraux et les comptes de bailliage (1368-1370) sont perdues. Les premiers receveurs du bailliage de Dijon (Jean Douay et Humbelot Martin) ne semblent pas donner entière satisfaction, puisqu'ils restent en poste quelques années seulement. Leur successeur, Amiot Arnaud, tient les comptes régulièrement de juin 1374 à octobre 1384, mais ses 5 derniers comptes sont manquants. La fin du principat de Philippe le Hardi est couverte par les comptes de Jean d'Auxonne

---

20   En général aux ADCO, de B 1 394 à B 1 424, et B 4 418 à B 4 517. Le compte de 1453 (B 4 502 bis) a intégré ce fonds après la rédaction de l'inventaire sommaire de J. Garnier. Le compte de 1421 est conservé à la BnF : ms. fr. 8 259.

(1384-1390), Jean de Fontaine (1390 – février 1392) et Guillaume Chenilly (février 1392 – 1401). Tous ces comptes prennent leur exercice au 1er novembre, et l'on déplore des lacunes pour les années 1395-1397.

Jean Moisson rendit 28 comptes de 1401 à 1428. Ce fut le receveur le plus longtemps en fonction, puisqu'il exerça sa charge sous Philippe le Hardi, Jean sans Peur puis Philippe le Bon. Mais c'est aussi dans cette série que l'on déplore les plus grandes lacunes : 10 ans de 1402 à 1411 et 6 ans de 1418 à 1425, si bien que des 28 volumes produits, il n'en reste que 8 et le fragment d'un 9e. Pour l'année 1409, 6 quittances ou certifications viennent partiellement remplacer le compte perdu[21]. Ces registres manquants concernent notamment les années de transition entre Philippe le Hardi et Jean sans Peur (1404) puis entre Jean sans Peur et Philippe le Bon (1419). Les passations de pouvoir ont peut-être entraîné des incertitudes qui pourraient expliquer la dispersion des archives comptables.

Pendant le long principat de Philippe le Bon (1419-1467), l'office de receveur du Dijonnais fut successivement confié à Jean de Visen (8 comptes de 1429-1346), Oudot le Bediet (18 comptes de 1439 à 1456), puis Étienne Chambellan (6 comptes de 1457 à 1463). Les pertes se situent surtout dans les premières et les dernières années du principat.

En accédant au duché, Charles le Téméraire entreprit une réforme ambitieuse, mais peu réaliste, de la recette des duché et comté de Bourgogne. Pour réduire les frais de gestion, il décida de supprimer la recette générale de Bourgogne et de refondre les recettes particulières en douze grandes circonscriptions. Mais la réforme eut pour seul effet de bloquer toutes les ressources financières de Bourgogne, et le duc fut rapidement contraint d'y renoncer[22]. Les comptes du bailliage ont un peu soufferts de ce désordre. Arnolet Machécot, qui avait accepté la charge de receveur du bailliage élargi de Dijon, ne put rendre ses comptes la première année, ni se faire rembourser les frais engagés, notamment pour la réfection de la tour de la Terrasse. Après l'abolition de la réforme, il rendit des comptes réguliers pour l'ancien bailliage, en 1470, 1471 et 1472, et c'est seulement à cette date qu'il put rédiger le premier compte de 1468, et se faire rembourser les frais qu'il avait alors avancés.

---

21 B 311.
22 Pierre Cockshaw, « Heurs et malheurs de la recette générale de Bourgogne », *Annales de Bourgogne*, 1969, t. 41, p. 147-271, ici p. 254.

Les comptes de transition Charles / Louis XI sont également perdus, et quand à nouveau on retrouve un receveur (désormais royal) à la recette du Dijonnais, les registres de comptes sont d'une nature bien différente. Réduits à quelques folios, ils se contentent de donner les chiffres généraux de l'année et n'entrent plus dans les détails des travaux qui fournissaient à l'historien sa provende.

STRUCTURE DES COMPTES DU BAILLIAGE DE DIJON

D'un receveur à l'autre, le classement des dépenses reprend quasiment toujours les mêmes rubriques, selon un ordre presque invariant. Ce plan-type, que l'on retrouve dans tous les bailliages du duché et du comté[23], montre que la chambre des comptes parvient à imposer un véritable modèle, qui lui permet de rationaliser et d'optimiser l'audition des comptes. Ce « style » est aussi l'héritage de son histoire, dont la valeur référentielle croît avec l'âge. Ainsi, après la tentative de réforme des comptes en 1468[24], le receveur Arnolet Machécot présente en 1470 un nouveau registre « *en suivant l'ordre ancienne*[25] ».

Les premières rubriques de cet ordre ancien sont invariablement « Fiefs et aumônes / Pensions, dons et gages à temps / Gardes de châteaux, de maisons et de "pars" / Gages d'officiers », et enfin la rubrique « œuvre faite » ou « *œuvre faite ou temps de ce present compte* » qui devient « *euvres et reparations* » à partir de 1412.

La suite de la partie « dépenses » admet plus de variations. On y trouve, à un emplacement et avec un contenu variable, les « dépenses communes » et les « deniers bailliés à gens qui en doivent compter ». Les neuf premiers comptes de Dimanche de Vitel, de 1353 à 1361 se terminent invariablement par des « menues parties », qui contiennent le détail des travaux signalés dans la rubrique « œuvre ». Mais cette louable pratique ne fut pas conservée par ses successeurs.

---

23 Sylvie Bepoix, Fabienne Couvel, Matthieu Leguil, « Entre exercice imposé et particu-larismes locaux. Étude codicologique des comptes de châtellenie des duché et comté de Bourgogne de 1384 à 1450 », *Comptabilités* [En ligne], 2 | 2011, mis en ligne le 23 mai 2011, consulté le 14 février 2015.

24 B 4 512.

25 B 4 513, f° 1 r°.

LES DÉPENSES DES « ŒUVRES ET REPARATIONS »

En toute logique, on devrait trouver toutes les dépenses de construction et d'entretien sous la rubrique « œuvres faites ». Mais la logique des receveurs du bailliage n'est pas toujours celle des historiens et il est souvent nécessaire de lire l'ensemble du compte pour y retrouver tout ce qui touche à la construction. Ainsi, Dimanche de Vitel inscrit dans les « œuvres » un simple résumé des travaux et il rejette le détail en fin de volume dans les « menues parties ». Il mentionne les 300 £ de provision pour les travaux de la Chapelle-le-Duc dans les « pensions, dons et gages » de 1353 à 1359, puis il les passe après cette date dans les « deniers bailliés à personnes qui en doivent compter ». Les dépenses de la construction de la tour de Bar ne sont jamais mentionnées dans les « œuvres faites », mais dans les « deniers bailliés à personnes qui en doivent compter[26] », ou dans les « dépenses communes ». Chez tous les receveurs, les travaux de décor, notamment les quittances des peintres et des verriers ainsi que les travaux de nettoyage, sont souvent inscrits en dépenses communes[27]. De 1450 à 1460, alors que le chantier du logis neuf bat son plein, la rubrique « ouvrages et réparations » porte régulièrement la mention « néant pour le présent compte », ou « *Neant, car nulz n'en y sont esté faiz que doyent estre mis en ce compte*[28] ». En effet, les réparations courantes sont alors passées sur le compte du chantier du logis neuf, qui est tenu sur un registre séparé. Certains travaux, qu'on a oublié d'inscrire dans les comptes du chantier, se retrouvent à la charge des comptes du bailliage. Oudot le Bediet les inscrit alors non dans les « ouvrages et réparations », rubrique dans laquelle il n'a sans doute droit à aucune dépense, mais dans « dépenses communes », où l'entorse à l'orthodoxie comptable est moins visible.

Quand les travaux ne concernent que quelques réparations isolées, les quittances de la rubrique « œuvres » sont recopiées sans ordre précis. Pour les comptes les plus volumineux, les dépenses d'œuvres sont souvent

---

26   B 1 424, fᵒ 35 vᵒ (1367) : « *A monseigneur Elie de Lanthenay prestre ordonné sur les ouvrages de la tour que l'on fait nueve entre la sale de Monseigneur et la chapelle, pour le chappitre de ladite chappelle et la chambre des comptes, pour denier à li bailliez sur lesdiz ouvrages à pluseurs foiz et par pluseurs quittances dont les dates et les sommes qu'elles contiennent sont escriptes en la fin de ce livre, pour tout : 2 206 florins.* »

27   B 4 423, fᵒ 34 (1377) : les travaux de peintures de Jean de Beaumets sont passés en dépenses communes.

28   B 4 502, fᵒ 49 rᵒ (1451).

ventilées en sous-rubriques. Dans de nombreux comptes (1353-1370), le classement se fait par chantier (hôtel de Dijon, chambre des comptes, château de Talant…) Certains comptes (1376, 1379, 1391…) regroupent les quittances par corps de métier, privilégiant ainsi un enregistrement social, au détriment de la lisibilité chronologique du chantier. L'ordre des métiers ne suit pas une norme fixe, mais il y a tout de même une habitude de commencer par les maçons et les charpentiers et de rejeter à la fin les serruriers et les cordiers. D'autres receveurs ont trié les quittances par date (comptes de 1371, 1385 à 1390, 1412…) Certains, plus ambitieux, s'essaient à un double niveau de classement, par chantier et par date. Dans tous les cas, le compte commence avec une volonté de rigueur, et se termine avec les inclassables et les oubliés.

Dans le long compte de construction de 1417, les 82 pages de dépenses de construction sont organisées selon deux niveaux de tri : un niveau principal pour séparer les comptes de la nouvelle galerie construite pour Marguerite de Bavière des autres chantiers, et à l'intérieur de chaque section un second niveau par corps de métier, soit :

> Galerie :
> Achat de bois / Clavins et lattes / Ais / Archiers / Cloux / Tielles, quarrons et fretieres / Perriers / Charretons / Maçons / Chaulx / Ouvriers de bras / Sarruriers / Verriers / Corde / Ouvriers de bras.
> Autres ouvrages :
> Achat de bois/ Aissaunes/ Clavins/ Tielles/ Archiers / Sarrurier/ Perriers / Charreton/ Verriers et plomb/ Cloux et chaulx / Ouvriers de bras/ Carrons/ Recouvreur/ Achat de bois/ Sarruriers / Chappuis

On remarque que les deux sections suivent une même logique (bois, fer, pierre, autres…) avec néanmoins une certaine souplesse, voire des maladresses, puisque quelques rubriques reviennent plusieurs fois. La taxonomie comptable n'a donc pas tout à fait la belle rigueur des traités de scolastique.

Quand les comptes de travaux sont externalisés, il faut parfois s'armer de patience pour en retrouver les mentions dans les comptes de bailliage. Les 2 206 florins dépensés en 1367 pour la tour de Bar sont passés en « deniers bailliés à gens qui en doivent compter[29] ». Pour le logis neuf, les 4 000 francs annuels sont signalés en 1454 dans les

---

29   B 1 424, f° 35 v° (voir ci-dessus).

dépenses communes[30], mais l'année suivante, ils sont rayés de cette rubrique et ajoutés en surcharge dans les « deniers bailliés à gens qui en doivent compter[31] ».

ÉVOLUTION QUANTITATIVE
DE LA RUBRIQUE DES ŒUVRES ET RÉPARATIONS

Le diagramme d'évolution du nombre de pages de la rubrique « œuvres faites » (fig. 2) permet de mettre en évidence les comptes disparus et les années où la rubrique n'est pas informée. Les disparitions de comptes, comme nous l'avons vu, peuvent être dues aux remous de changement de prince. Les registres ont pu disparaître aussi parce qu'ils étaient déplacés ou consultés. Ainsi, la disparition des comptes de construction du logis neuf, et peut-être aussi celles des comptes antérieurs à 1352, est peut-être à mettre en relation avec une lettre du roi Louis XII qui, après l'incendie de l'hôtel de Dijon de 1503, demande qu'on lui envoie à Mâcon les comptes de construction de ce bâtiment[32].

En comptabilisant simplement le nombre de pages occupées par la rubrique « œuvres et réparations », on peut se faire une première idée de l'évolution quantitative des sources sur l'histoire de l'hôtel, même si, comme nous le verrons, ce critère quantitatif dépend en partie des usages de mise en page. Ainsi, les pages que Dimanche de Vitel consacre aux réparations sont peu nombreuses, mais extrêmement denses et précises. Les 28 pages noircies par Amiot Arnaud en 1376 correspondent effectivement à une année de profonde restauration de l'hôtel, avec notamment la réfection totale de la tour Neuve (dite plus tard de Bar). Le pic de 1385 (21 pages) correspond également à une phase importante de construction, avec le chantier des étuves de la basse cour. Les comptes perdus de 1380-1384 devaient présenter une activité au moins aussi importante.

Les pics des années 1391-1393 sont liés à une occupation intense des lieux par Marguerite de Flandre et ses 7 enfants. L'hôtel est une ruche et la duchesse aime le confort.

Les comptes de Jean Moison sont mal conservés, mais les registres qui le sont contiennent des listes de quittances de construction extrêmement

---

30   B 4503, f° 93 v°.
31   B 4504, f° 86 r° et 98 r°.
32   B 311.

longues : les 41 pages de l'année 1415 offrent un récit très précis de la construction de la galerie de Marguerite de Bavière ; les 82 pages de 1417 couvrent la suite de ces travaux, et le receveur doit en outre subvenir cette année-là à un chantier imprévu, consécutif à l'incendie de la tour de Bar.

De 1426 à 1433, les cahiers de comptes s'épaississent, sans qu'on remarque de chantiers particulièrement importants. Les receveurs se plaisent à détailler les frais de chantier complexes (constructions de vis, de latrines), qui ne mobilisent pourtant pas de grosses sommes et qui ne bouleversent pas la physionomie du lieu. En revanche, les grandes années constructrices de 1450-1460 laissent peu de traces dans les comptes du bailliage. Les 23 pages « d'ouvrages et menues réparations » de 1455 ne concernent pas le logis neuf, dont le chantier bénéficie d'un compte séparé perdu, mais des travaux somme toute mineurs pour l'entretien de la chambre des comptes. Enfin, l'inflation administrative atteint des sommets avec les 28 pages de 1472 consacrées à la construction d'un petit moulin à traction animale aménagé derrière la tour de Bar.

RÉDACTION DES REGISTRES DE COMPTES

PROCESSUS D'ENREGISTREMENT DES QUITTANCES

La rédaction des comptes se fait selon un protocole solidement établi. Le receveur ne rédige pas d'après ses souvenirs ou ses notes. Il se contente de recopier, ou de résumer, les marchés, quittances ou certifications qu'il a collationnés tout au long de l'année d'exercice, et qui sont obligatoirement joints à ses comptes. À partir du premier compte d'Amiot Arnaud, en 1375, chaque article de dépense se structure assez nettement en une première phrase qui spécifie les bénéficiaires, les sommes versées et les travaux effectués, et une deuxième phrase (introduite par la locution « *Pour ce :* ») qui énumère les pièces produites pour justifier la dépense : quittances, certifications et mandements.

La **quittance**, qui est la pièce la plus souvent citée, est un acte authentique fourni par l'artisan, qui décrit le travail effectué et reconnaît avoir été payé.

La **certification** est l'attestation par un officier ducal, en général le concierge de l'hôtel ou l'un des maîtres d'œuvre du duc, que le travail a été effectué selon le marché passé, et que l'artisan a été payé. Elle peut aussi être signée par les imagiers valets de chambre, ou par les gens des comptes.

Le **mandement** est un acte produit pas la chambre des comptes ou le prince, qui autorise le receveur à payer l'artisan (ce qu'en général il a déjà fait), et surtout à déduire la dépense de sa recette.

Ces pièces justificatives, dont le nombre va croissant au cours des XIVe et XVe siècles, étaient vérifiées par la chambre des comptes, puis généralement détruites. Il nous reste aujourd'hui une douzaine de ces dossiers, composés d'une à trois pièces, dont trois sont notifiés sur des registres de comptes conservés :

- une certification de 1377 de Jean Pousset, maître des menues œuvres de charpenterie, enregistrée sur le deuxième compte d'Amiot Arnaud (fig. 3 et 4)[33].
- une quittance de couvreur certifiée par Huguenot Mainchot de 1383[34].
- six pièces pour l'année 1409 : deux quittances sur parchemin certifiées par Huguenot Mainchot, et quatre certifications du même, dont trois sur papier et une sur parchemin[35].
- une certification sur parchemin de 1433, signé par Jean de Saulx, visiteur des bâtiments du duc[36].
- une quittance certifiée de 1437 du couvreur Grosperrin, à laquelle est joint un mandement, le tout enregistré dans le premier compte de Pasquier Ennard[37] (fig. 5 à 7).
- deux dossiers de 1474 : un mandement portant quittance au dos pour le charpentier Séverin Bourgeois, et un mandement portant quittance, accompagné de l'ordre de mise en paiement pour différents ouvriers ayant travaillé lors du séjour du Téméraire à Dijon, les deux étant enregistrés dans le registre du receveur général Jean Vurry[38].

33 B 356, pièce scellée 2 003, B 4 423, f° 26 r°.
34 33 F 5 (fonds Canat de Chizy).
35 B 311.
36 B 311.
37 33 F 5, pièce 3, enregistrée en B 4 490, f° 57.
38 B 311, enregistré en B 1773, f° 242 v° et 249 v°.

Les quittances originales qui ont été enregistrées dans des livres de comptes perdus permettent, ponctuellement, de combler quelques lacunes documentaires. Les quittances émises au cours d'exercices dont les registres sont conservés, si elles ne nous apportent aucune nouvelle connaissance sur les travaux, nous permettent d'observer en détail le processus d'élaboration de ces livres de comptes.

La cédule de 1377 (fig. 3) est à la fois une certification et une quittance. En effet, elle est rédigée et scellée par Jean Pousset, charpentier des menues œuvres du duc, qui certifie que le charpentier Jeannot Bourlée a bien été payé de son travail. Mais, dans le même texte, Jean Pousset reconnaît avoir lui-même été payé de la vente d'un noyer, ce qui fait de la seconde partie de ce texte une quittance. Rien n'explique pourquoi ces deux dépenses sont réunies sur le même document. Visiblement, il s'agit uniquement d'une facilité de circonstance que se permet le maître menuisier, peut-être pour faire l'économie d'un sceau et d'un parchemin.

Le receveur Amiot Arnaud, dans son registre de comptes (fig. 4), a recopié en grande partie le texte original, en réunissant les deux dépenses dans le même paragraphe, et le document original est mentionné sous le nom de « certification ».

Amiot Arnaud a bien sûr changé les pronoms et les accords des verbes, et il a également modifié le mot « *travais* » en « *tresveaux* » (solive). Dans un domaine aussi technique, on pourrait croire l'homme de l'art plus compétent que l'homme de lettres. Pourtant, la correction semble pertinente, et rend le texte plus compréhensible au lecteur du XXIe siècle.

Fig. 3 – Certification originale de Jean Pousset du 25 mars 1377
(n. st.) (B 356, pièce scellée 2003.)

Saichent tuit que Jehan Pousset, charpentier des menues euvres de monseigneur le duc de Bourgoingne, certifie que Amiot Arnaut, receveur general
des finances de mondit seigneur, a paiée la somme de deux franz cinq gros es
personnes et pour les causes qui sansuigvent, c'est assavoir à Jehannot Bourllée
pour deux journées de son mestier de esbatre la montée des degrés de la tour
où sont les paremens de Monseigneur en ses hostez à Dijon et pour le : 4 gr.
Pour bois pour mettre les <u>travais</u> ou estoit ladite montée : 5 gr.
Et à moy pour l'achat d'un noyer, icelli rasser, et pour icelli amener de
Plombiers à Dijon : 20 gr.
Tesmoing mon seel mis à ces lettres faites et données le 25 jour de mars l'an
mil 1377
[sceau sur simple queue].

FIG. 4 – Enregistrement de la certification précédente : registre B 4423, fᵒ 26 rᵒ.

A Jehannot Bourlée demorant à Dijon, chapuis, auquel il estoient deus pour
deux journées de son mestier faites à abatre la montée des degrez de la tour
où sont les paremens de monseigneur en ses hostelx à Dijon : 4 gr.
Pour bois acheté pour mettre les <u>tresveaux</u> où estoit ladite montée : 5 gr.
Et à Jehan Poncet, charpenter des menues euvres de Monseigneur, pour un
noyer acheté par lui et icellui resser et admener de Plombierre à Dijon : 20 gr.
Pour tout, par certiffication dudit Jehan Poncet faite sur ce, donnée 25 de
mars 1376 : 2 fr. 5 gr.

Le **dossier de 1437** (qui concerne une réfection de chéneaux)
contient à la fois la quittance, la certification et le mandement, ainsi
que l'enregistrement dans les dépenses du receveur. La quittance certifiée et le mandement sont conservés, attachés entre eux par un lien
de cuir, dans la collection d'un érudit, passée depuis dans les archives
départementales (fig. 5 à 7).

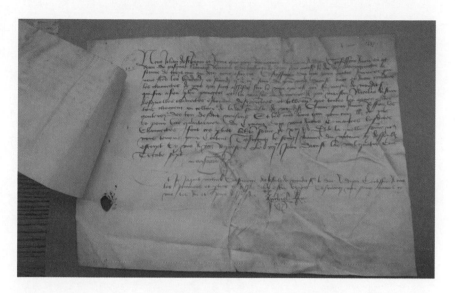

FIG. 5 – Quittance certifiée de 1437 (33 F 5).

1437, 4 août. – Quittance de Jean d'Echenon et certification de Jacot Michel.

Nous, Jehan d'Eschenon et Aymé Grosperrin, recouvreurs demeurans à Dijon, confessons avoir eu et receu de Pasquier Henniart, receveur du bailliage de Dijon pour monseigneur le duc de Bourgoingne la somme de treze gros qui deuz nous estoyent, c'est assavoir :
Dix gros pour quatre journées par nous faictes les vendredi et samedi 2e et 3e jour du present mois d'aoust, tant en avoir cymantées les chaunectes de pierre qui sont assises sur le mur qui est entre la maison de mondit seigneur qui fut à feu Phclippc Pougeot et la maison où demeure à present maistre Nicolas Bastier, lesquelles chaunectes estoyent descymentées et tellement que toutes les eaues des tois cheoyent ou cellier de ladicte maison de mondit seigneur ; comme pour avoir refaiz les gouteroz des toiz desdictes maisons ; Et les autres trois gros pour cinq livres de pois et pour une quarteranche de cymant dont nous avons cymantées lesdictes chaunectes,
Font ces parties ladite somme de 13 gr. De laquelle somme nous nous tenons pour content.
Tesmoing le seing manuel du notaire cy dessoubz escript, cy mis à noz requestes le 4e jour d'aoust l'an 1437. [*Signé*] : N. Meseure

Et Je Jaquot Michiel, concierge des hostelz de mondit seigneur le duc à Dijon, certiffie à tous les journées et parties cy dessus dictes estre vrayes. Tesmoing mon seing manuel cy mis les an et jour dessus dis. [*Signé* :] Michiel

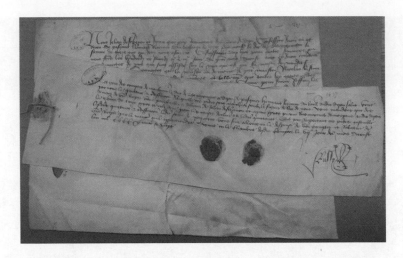

FIG. 6 – Mandement attaché à la quittance (33 F 5).

1437, 7 août. – Mandement attaché à la quittance précédente.

Les gens des comptes de monseigneur le duc de Bourgoingne à Dijon, à Pasquier Hennyart, receveur du bailliage dudit Dijon, Salut. Veue par nous la quittance et certification à laquelle ces presentes sont ataichées soubz le signet de l'un de nous, vous mandons que des deniers de vostre recepte, vous paiez, bailliez et delivrez à Jehan d'Eschenon et Aymé Grosperrin, recouvreurs demourant audit Dijon, la somme de treze gros à eulx deue pour les causes declairées en ladicte quittance. Et par rapportant ces presentes ensemble lesdictes quittance et certification, ladicte somme de 13 gr. vous sera allouée en la despense de voz comptes et rabatue de vostre recepte par la maniere qu'il appartiendra. Donné en la chambre desdis comptes le 7e jour du mois d'aoust l'an 1437. [*Deux sceaux plaqués*] [*Signé*] : Rully[39].

La quittance, qui est délivrée par l'artisan contre la remise de la somme convenue et qui vaut acceptation de la rétribution, décrit assez précisément le chantier, en distinguant le coût de la main d'œuvre et celui des fournitures. Le coût journalier (« *feur* »), n'est pas ici précisé ; il était de 25 sous par jour et par personne. Les travaux ont été effectués les vendredi et samedi 2 et 3 août. La quittance a été rédigée par le notaire dès le lendemain, qui était un dimanche, et certifiée le dimanche même par le concierge[40].

---

39 33 F 5.
40 Les artisans travaillent peu le samedi et jamais le dimanche ; en revanche, il est courant de voir toutes sortes d'actes et de contrats passés comme ici le premier jour de la semaine.

Le concierge, Jacot Michiel, a rédigé et signé sa certification au bas de la quittance. Le mandement a été délivré trois jours plus tard par la chambre des comptes. La rédaction suit vraisemblablement une formule préétablie ; en effet, textuellement, le mandement autorise le receveur à payer l'artisan. Or, il est justement délivré contre présentation de la quittance de l'artisan qui certifie avoir été payé. Cette autorisation *a posteriori* sert néanmoins de justificatif au receveur, et lui permet de déduire de sa recette les frais engagés.

Le dossier quittance / certification / mandement a été enregistré dans le compte du receveur Pasquier Henniart de l'année 1437 (fig. 7) :

A Jehan d'Eschenon et Aymé Grosperrin recouvreurs demourans à Dijon, la somme de treze gros tournois qui deuz leur estoient, c'est assavoir :

10 gr. pour quatre journées par eulx faites les vendredi et samedi 2ᵉ et 3ᵉ jour d'aost 1437 tan en avoir cimentées les chaunectes de pierre qui sont assises sur le mur qui est entre la maison de mondit seigneur qui fut à feu Phelippe Pougeot et la maison où demeure à present maistre Nicolas Bastier, lesquelles chaunettes estoient decymentées et tellement que toutes les eaues des tois cheoient ou celier de ladicte maison de mondit seigneur, comme pour avoir faiz les gouteroz des toiz desdictes maisons

Et les autres 3 gr. pour 5 livres de poix et pour une quarteranche de cyment dont ilz ont cymentée lesdictes chaunettes,

Pour ce, à eulx payés par leur quittance et certiffication de Jaquot Michiel, concierge des hostelz de mondit seigneur et mandement de messeigneurs des comptes donné le 7ᵉ jour du moys d'aost 1437 tout cy rendu, pour ce : 13 gr[41].

Les passages soulignés correspondent au texte qui diffère de celui de la quittance. Le receveur a donc recopié mot à mot le dispositif du document remis par les artisans, se contentant d'adapter les pronoms personnels et de préciser les dates. On remarque quelques petites variantes orthographiques, et des nombres en lettres transcrits en chiffres romains. En effet, dans les registres de comptes, la valeur totale est régulièrement exprimée en lettres en début d'article, et en chiffres dans la somme finale. Le rédacteur du compte néglige l'eschatocole (rédaction par le notaire) et il fait une simple mention de la certification et du mandement.

---

41 B 4 490, fᵒ 57 rᵒ ; photo fig. 7.

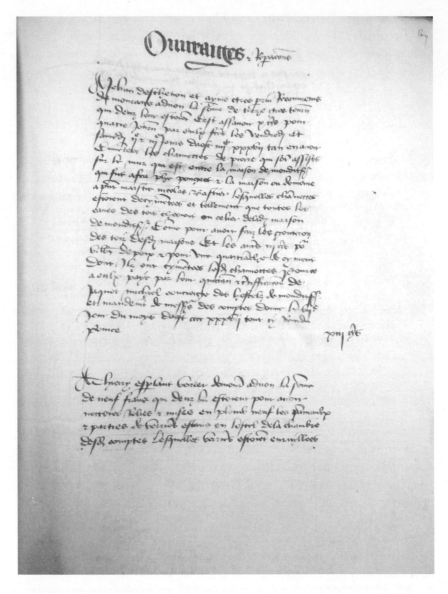

Fig. 7 – Enregistrement de la quittance certifiée et du mandement de 1437
dans le compte du receveur Pasquier Henniart de 1437 (B 4 490, f° 57 r°.)

La procédure de paiement, et notamment l'exigence de la certification des maîtres d'œuvre, est systématisée par la lettre patente du 8 septembre 1442 :

> Et veult mondit seigneur par ses lettres patentes données le 8e jour de septembre 1442 mises en la fin des lettres du compte dudit receveur feni au darrenier jour de decembre 1442, et par icelles mande aux gens de ses comptes que tous les deniers que ledit receveur aura paiez pour les ouvraiges qu'il a faiz et fera faire doresenavant es hostelz de mondit seigneur à Dijon, tant de maçonnerie, charpenterie, reffaire huiz, fenestraiges, enduit, torchiz, pavement, verrieres, clefs, sarrures et autres ouvraiges gros et menuz, soient par lesdis gens des comptes alouez et passez audit receveur en la despense de ses comptes, en rapportant les marchiez d'iceulx ouvraiges ensemble les quictances des matieres qu'il aura achetées et paiées pour lesdis ouvraiges, et des ouvriers qui iceulx ouvraiges auront faiz, ou certification souffisant, et avec ce certification tant des maistres des euvres sur la visitation et perfection desdis ouvraiges là ou il appartiendra de les avoir, comme du consierge d'iceulx hostelz, et telle qu'il appartiendra[42].

Mais la procédure est si lourde qu'elle retarde la mise en paiement des travaux. Ainsi, dans le désordre des réformes du début du principat de Charles le Téméraire, le receveur général Arnolet Machécot se réfère à la lettre du 8 septembre 1442 pour différer les paiements. Mais la chambre des comptes, tout en restant fidèle au texte du duc Philippe, l'autorise à effectuer les paiements sans attendre les mandements :

> Neantmoins, ledit receveur avoit souventeffoiz fait reffuz et difficulté paier telz et semblables deniers qui ont esté faiz pour les ouvraiges desdiz hostelz, se de chacune partie n'avoit eu et eust mandement espres, qui est grant charge et occupation de temps et retardement du recouvrement des acquictz.
>
> Mesdiz seigneurs des comptes, ce consideré que dit est, et veue l'ordonnance dessus dicte et ce que d'ancienneté en a esté fait et gardé en tel cas, ont mandé et ordonné audit receveur de par mondit seigneur que touchant lesdictes reparations et ouvraiges desdiz hostelz, il se y conduise et regle doresenavant selon que dessus est dit et selon ladicte ordonnance. Et par rapportant les marchiez, certifications et quittances dessus diz selon les parties desdictes reparations et ouvraiges qui seront faiz en iceulx hostelz, tout ce que ledit receveur en paiera et delivrera lui sera par mesdiz seigneurs alloués en la dispense de ses comptes, sans en actendre autre mandement[43].

---

42   B 4 497, f° 40 r° (1447).
43   B 4 515, f° 76 v°.

Finalement, la procédure s'alourdit encore en 1474, lors du dernier séjour du Téméraire. Pour régler les travaux effectués à l'hôtel à cette occasion, la chambre des comptes rend effectivement un mandement général, au dos duquel est une quittance signée des divers ouvriers, et attachée à un cahier portant certification du concierge Pierre Michiel, mais l'ensemble est encore accompagné d'un ordre de mise en paiement du mandement signé par J. de Dinteville, « commis ordonné sur le fait des finances de monseigneur en ses pays de Bourgogne[44] » (fig. 8 à 11).

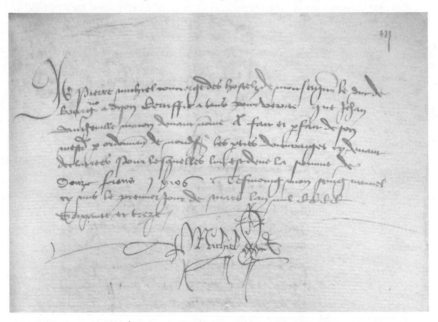

FIG. 8 – Certification de Jacot Michel
dans le cahier des menues œuvres de 1474 (B 311).

---

44   B 311.

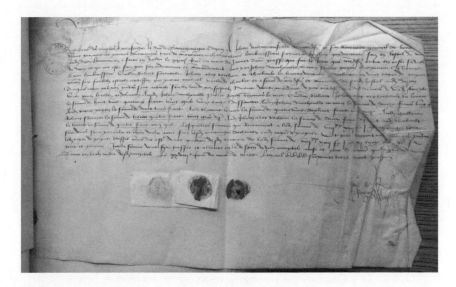

Fɪɢ. 9 – Mandement attaché au cahier des menues œuvres de 1474 (B 311).

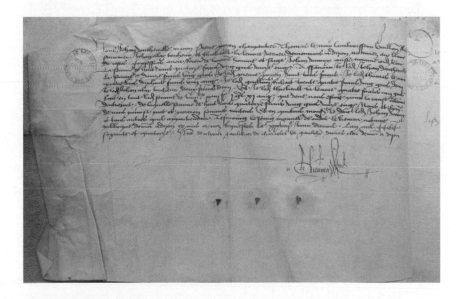

Fɪɢ. 10 – Quittance rédigée au dos du mandement précédent (B 311).

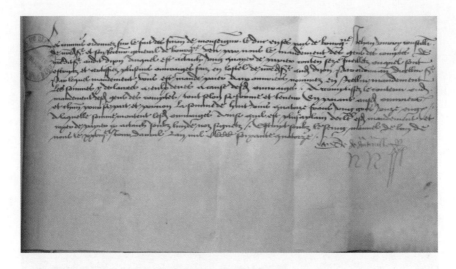

FIG. 11 – Ordre de paiement attaché au cahier des menues œuvres de 1474 (B 311).

Le receveur général Jean de Vurry, dans le registre de comptes de 1474, recopie l'intégralité du cahier de comptes, et termine en citant toutes les pièces corroboratives :

> Montent toutes les parties dessus dictes tant de maçonnerie, charpenterie, lambroisserie, serrurerie, torcherie, verrerie à ladicte somme de 174 fr. 1 gr. 11 engroingnes, comme appert par les menues parties desdiz ouvraiges declairés en ung quayer de papier contenant 17 fuilletz, **certiffiées** par Pierre Michiel, concierge des hostelz de mondit seigneur audit Dijon en six lieux dudit quayier, c'est assavoir à la fin des parties d'ouvrage d'un chascun des mestiers de maçonnerie, charpenterie, lambroisserie, serrurerie, torcherie et verrerie, auquel quayer est actaichié ung **mandement** de messeigneurs des comptes à Dijon du 28ᵉ jour de mars 1373 [a. st.], par lequel veues lesdictes parties certiffiées comme dit est ont mandé audit receveur general paier aux ouvriers devant nommez les sommes dessus dictes, revenans à la somme de 174 fr. 1 gr. 9 engroingnes, au doz duquel mandement est la quictance desdiz ouvriers d'un chacun pour sa part et portion. Aussi est actaichée audit quayer et audit mandement de messeigneurs des comptes ung autre mandement de messeigneurs des comptes des finances en Bourgoingne du 18ᵉ jour d'avril 1374 par lequel, veu ledit mandement de messeigneurs des comptes et les parties certiffiées contenues oudit quayer, ont mandé audit receveur general accomplir le contenu du mandement de mesdiz seigneurs

des comptes, iceulx mandemens, quayer et quictance cy rendues. Pour cecy : 174 fr. 1 gr. 9 engroingnes[45]

Dès le début de la série, les registres de comptes ont été réalisés au moins en deux exemplaires[46]. Pour quatre années (1431, 1432, 1434 et 1435) les doublons sont conservés aux archives de la Côte-d'Or. La comparaison des deux volumes permet de voir qu'ils ne sont pas de la même écriture et ne respectent ni la même orthographe, ni la même mise en page. Ces détails montrent que, dans certains cas, les articles n'étaient pas directement copiés sur les pièces justificatives, mais dictés par le receveur. Certaines fautes de plume trahissent également ce passage par l'oralité. Par exemple en 1415, le 14e compte de Jean Moison porte « *pour ung ouvrier qui a chargié* **tousjours** *ledit tombereal, pour 12 jours entiers, chascune journée 1 gr., valent 1 fr*[47]. » Il s'agit d'un lapsus évident pour « douze jours », qui ne peut pas se justifier par une erreur de lecture, mais uniquement par une mauvaise compréhension orale. Ces fautes d'inattention peuvent être introduites soit lors de la rédaction de la quittance, soit lors de sa copie dans le registre de comptes.

Les registres de comptes sont donc, fondamentalement, des recueils de justificatifs, dont le but premier n'est pas de connaître ou d'estimer les dépenses qui ont été engagées ou d'équilibrer le budget, mais simplement de justifier les dépenses du receveur, et de lui permettre de les soustraire de sa recette. Les descriptions de chantiers sont dès lors recopiées comme simples circonstances de la dépense, sans nécessité de précision.

De 1360 à 1477, les procédures de contrôle s'alourdissent, entraînant retard de paiement et surcoût administratif, sans bénéfice économique sensible. Cet alourdissement ne semble pas ressortir de l'initiative de la chambre des comptes, qui s'en plaint, mais est plutôt à l'avantage des receveurs, qui s'en servent pour éviter d'engager des dépenses qui auraient pu être retoquée par la chambre des comptes.

---

45   B 1 173, f° 249 v°-250 r°.

46   B 4 454 bis, f° unique (1410) : « *Audit Jehan Moisson pour minuer et doubler ce present compte contenant 80 fueillez et pour le double contenant autant, sont 160 fueilles, pour chascun desquelx 1 gr. valent : 13 fr. 4 gr.* ». En 1471, le receveur produit un compte en parchemin et une copie sur papier (B 4 514, f° 119 r°).

47   B 4466, f° 58 v° (1415).

CHIFFRES ET SOMMES

Même si, dans les comptes médiévaux, le texte occupe beaucoup plus de place que les chiffres[48], ceux-ci y tiennent un rôle privilégié.

Chaque article, enregistrement d'une quittance ou d'un mandement, est généralement la somme de coûts élémentaires. Ceux-ci peuvent être le résultat d'un accord global (prix fait), ou le produit d'une unité (journée de travail, prix à l'unité ou au poids) qu'on appelle le « *feur* », par une quantité. Le coût total de l'article est donné en toutes lettres en début d'article, en chiffres romains dans l'eschatocole, et, à partir de 1365, il est répété, toujours en chiffres romains, dans la marge de droite. Cette triple notation a sans doute pour but d'éviter les erreurs, toujours à craindre avec l'usage des chiffres romains.

Les receveurs utilisent généralement trois systèmes de monnaies :

– la livre, divisée en 20 sous et 240 deniers ;
– à partir de 1365[49], le franc ou franc or, divisé en 12 gros et 240 deniers ;
– Le florin de 10 gros et 200 deniers.

De 1353 à 1361, pour pallier les manipulations monétaires qui font varier la valeur des monnaies au cours de l'année, Dimanche de Vitel donne l'équivalent des monnaies en poids métal.

> [...] pour tout : 34 s. t. (de 4 £ 4 s.) [sous-entendu : par livre d'argent] : font 3 onces 4 esterlins 3 ferlins.
> [...] pour eux deux : 24 s. t. (de 10 £) [par livre d'argent] font 1 onces 14 esterlins 1 ferlin.
> [...] pour tout : 6 £ 2 s. 2 d. t. (de 6 £) [par livre d'argent] font 1 marc 2 esterlins obole[50].

Les sommes de tous les articles sont exécutées par la chambre des comptes au moment de l'audition des comptes, et non par le receveur[51].

---

48   Beck (Patrice), « Le vocabulaire et la rhétorique des comptabilités médiévales. Modèles, innovations, formalisation. Propos d'orientation générale », *Comptabilités* [En ligne], 4 | 2012, mis en ligne le 6 novembre 2012, consulté le 31 décembre 2014.
49   Premier usage du franc dans les comptes du bailliage : B 1 417, f° 28 v° (1365).
50   B 1 394, f° 37 r° (1354). La livre à 489,5 gr., 2 marcs par livre, 8 onces par marc, 20 esterlins par once, 4 ferlins par esterlin, 2 oboles-poids par esterlin, soit 0,76 gr.
51   Édouard Andt, *op. cit.*, p. 147. Jean-Baptiste Santamaria, *op. cit.*, p. 193.

Elles sont parfois mentionnées en bas de page, pour des calculs inter-médiaires, mais elles sont surtout inscrites en fin de rubrique, en trois chiffres distincts : somme des livres, somme des francs, et éventuellement somme des florins. Toutes les sommes des dépenses sont additionnées, monnaie par monnaie, en fin de registre, et c'est seulement sur le der-nier folio que les sommes globales sont converties en livres/sous/deniers. Ce système, déroutant au regard du chercheur contemporain, évite les conversions à chaque article pour n'exécuter qu'une conversion globale, ce qui réduit le temps de calcul et les erreurs possibles. C'est finalement un choix assez rationnel, qui fut appliqué sans exception de 1353 à 1477.

AUDITION ET CORRECTION DES COMPTES

Après rédaction, les registres étaient confiés aux auditeurs des comptes, qui en vérifiaient l'exactitude et la sincérité[52]. Leurs remarques sont por-tées dans la marge de gauche, en latin, alors que les registres sont tous rédigés en français, la langue savante permettant de mettre en valeur la supériorité technique des maîtres des comptes. Ils rayent parfois un article, généralement parce qu'il a déjà été porté dans un compte ou sur un folio précédent. Ainsi, en 1394, sur 24 articles initiaux, 17 sont rayés par les contrôleurs, avec la mention « *radiatur, quod non cadet in libri compoto*[53] ». Et la somme des travaux est ramenée de 250 à 82 £.

Les auditeurs collationnent également les comptes aux quittances, et rectifient les sommes en cas de divergence :

> *Loquatur, quia dictus Girardus facit quictanciam nomine dicti Thomae de 14 grossis 4 angroignes, quae quictanciae videtur esse non sufficientis. Radiuntur de ista parte dictam causam*[54].

Le plus souvent, les auditeurs constatent un défaut de date, de signa-ture, de marché, de quittance ou de certification, et le registre retourne au receveur, qui fournit les pièces supplémentaires. Puis il ajoute sa

---

52 Bertrand Schnerb, « La chambre des comptes de Dijon entre 1386 et 1404 d'après le premier registre de ses mémoriaux » *in :* Philippe Contamine, Olivier Mattéoni (dir.), *Les Chambres des comptes en France aux xivᵉ et xvᵉ siècles*, Paris, Comité pour l'histoire éco-nomique et financière de la France, 1996, p. 55-64.

53 B 4441, f⁰ 30 r⁰ (1394) : « Rayé, car il ne ressort pas de ce livre de compte. »

54 B 4477, f⁰ 36 v⁰ (1427). « Doute : ledit Girard a fait une quittance de 14 gros 4 engroignes, et cette quittance ne semble pas suffisante ; cette partie de l'article est rayée ».

réponse, en latin s'il le peut, en français si le texte est trop complexe, en dessous de la remarque de la chambre des comptes :

> *Loquatur, receptori propter datam quictanciam etc.*
> [r/] *Nichil est captus in compotum precedentum pro ista causa, quamvis data quic-tancie sit de anno 1384*[55]
>
> *Loquatur quia non constat quod ista tegula fuerunt quictancia in dicto opera.*
> [r/] Je Jaquot Mainchot concierge de l'ostel de monseigneur certifie ladite tielle avoir esté emploié en la couverture des lieux declarez en ceste partie.
> [Signé] Jaquot Manchot[56].

Les remarques et les réponses sont portées de manière identique sur les deux exemplaires des comptes du bailliage. Tous les articles ne sont peut-être pas vérifiés, mais tous les comptes portent des remarques. Un refus de la chambre des comptes pouvait avoir des conséquences fâcheuses pour le receveur, qui avait en général déjà engagé la dépense et qui par conséquent ne pouvait plus l'imputer sur sa recette. Mais, le plus souvent, les articles rayés par défaut de justification étaient reportés sur un compte postérieur. Ainsi, le dernier article de 1417 est l'enregistrement d'une quittance refusée en 1414 :

> A Huguenin Lavonier et Perreson le Lievre, tourcheurs demourant à Dijon, la somme de vint-trois frans et demy qu'ilz leur estoient deuz pour pluseurs journées qu'ilz ont vaqué en l'ostel de mondit seigneur à Dijon [...] laquelle somme a esté royé audit receveur en son 13ᵉ compte de l'ordinaire [1414], fᵒ 46, pour ce qu'il est escript sur la partie qui ne declaire point les journées ne le nombre et pour default de la certification de Jaquot Mainchot, pour cecy, par leur quittance et certiffication dudit Mainchot cy rendu : 23 fr. ½.

Mais cette correction est à nouveau rayée, car les contrôleurs prétendent qu'elle a été réglée dans une partie d'un autre article de comptes de 1414 :

> [En marge] : « *Loquatur, quia debet litteras radiatur dicta causa etiam qui capiuntur pro consilio causa 28 franci 5 grossi cum dividio per compotum finitum 1414 folio 42*[57]. »

55　B 4431, fᵒ 28 rᵒ (1388) : « Doute : du receveur à propos de la date de la quittance. [Réponse] : il n'y a rien à propos de cet article aux comptes précédents, bien que la quittance soit datée de l'année 1384. »

56　B 4477, fᵒ 36 vᵒ (1427). « Il est dit qu'on n'a pas constaté que la tuile contenue dans la quittance a été utilisée pour ledit travail. »

57　B 4471, fᵒ 85 vᵒ (1417). « Doute, car il faut rayer les lettres de cette cause qui est contenue dans une cause de 28 fr. 5 gr. contenue au compte fini en 1414, fᵒ 42. »

Jean-Baptiste Santamaria a montré que ce système d'audition, loin d'être un rite formel, était mené comme un procès inquisitorial, avec une suspicion systématique des receveurs[58]. La stabilité des receveurs, malgré le nombre d'articles qui leur étaient rayés chaque année, montre que leurs profits devaient être considérables, ou bien que leur office, même s'il était peu rémunérateur, leur offrait des moyens de compensation. Les auditions des comptes aboutirent parfois à des destitutions ou à des procès. Mais, le plus souvent, les receveurs s'en sortaient avec des demandes de remboursements ou des amendes, pour lesquelles ils n'hésitaient pas à demander une grâce ducale.

MISE EN PAGE DES REGISTRES DE COMPTES

D'un point de vue matériel, les livres de comptes sont des objets relativement soignés. Contrairement aux comptes séparés ou aux comptes municipaux, généralement présentés sur papier, les registres ducaux sont toujours écrits sur parchemin. Certes, la matière utilisée n'est pas d'une excellente qualité. La peau, mal tannée, est cassante, jaunie ; les raccommodages sont nombreux et les bifeuillets, découpés en rebord de peau, présentent souvent des lacunes liminaires. Les feuilles de belle qualité étaient en effet réservées aux manuscrits de luxe et l'administration ducale se contentait de fournitures de second choix.

La mise en page témoigne pourtant d'un souci de clarté, voire de luxe. Les registres sont tous réglés, à la pointe sèche ou à la mine de plomb, et les marges marquées par un trait simple ou double. Les réglures sont parfois reportées sur le verso par piquage, afin que les lignes des deux faces se superposent. La mise en page est de plus en plus aérée, et les marges s'agrandissent quand elles doivent recevoir les annotations de la chambre des comptes. Les comptes de Dimanche de Vitel, rendus de 1353 à 1367, n'étaient pas soumis à audition. Aussi l'écriture est-elle dense et les marges relativement étroites (fig. 12). Mais dès 1386, la marge de droite s'élargit, puis la marge de gauche. Au début du XVe siècle, les marges latérales occupent environ la moitié de la largeur de la page, avec les mêmes proportions pour les marges supérieures et inférieures (fig. 13). Les réglures imposent une mise en page assez dense (de 35 à 40 lignes par page) au début de notre période (1353 à 1401). La moyenne

---

58 Jean Baptiste Santamaria, *op. cit.*

s'établit autour de 28/32 lignes par page de 1410 à 1445, puis descend de 20 à 30 lignes de 1446 à 1472 (fig. 12 et 13).

 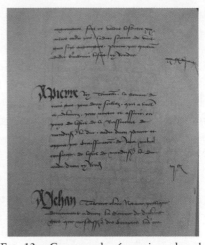

Fig. 12 – Comptes de réparations dans le registre de Dimanche de Vitel de 1361 (B 1 412, f° 34 r°). Parchemin réglé, 36 lignes par page, les articles sont signalés par un retrait négatif de la première ligne. On remarque en bas de page une déchirure recousue avant rédaction.

Fig. 13 – Comptes de réparations dans le 16e registre d'Oudot le Bediet de 1454 (B 4 503, f° 90 v°). On remarque la mise en page très aérée et les sommes portées dans la marge en face de chaque article.

La densité de texte varie aussi en fonction de l'espace qui sépare les articles. Les premiers receveurs (Dimanche de Vitel, Amiot Arnaud) ne laissent aucun espace entre les paragraphes, qui sont repérables uniquement par une lettrine décalée dans la marge de gauche (fig. 12). À partir de 1388, les articles sont séparés par un espacement équivalent à une ligne, et cet espacement va croissant jusqu'à la fin du xve siècle (fig. 13)[59]. Le mode de rémunération des clercs, qui étaient payés 1 gros le folio de parchemin, n'est bien sûr pas étranger à cette mise en page de plus en plus aérée[60].

---

[59] Le même phénomène s'observe à pareille époque à la chambre des comptes de Paris. Voir Henri Jassemin, *La chambre des comptes de Paris au xve siècle*, Paris, Picard, 1933.

[60] B 4 454 bis, f° unique (1410) : voir n. 42. En 1471, on retrouve le même prix d'un gros par feuille de parchemin et de 6 d. par feuille de papier (B 4 514, f° 116 r°).

On peut se demander pourquoi avoir apporté un tel soin à la rédaction et à la conservation de ces comptes.

Cette documentation a naturellement un intérêt pratique, notamment pour s'assurer que tous les débiteurs ont été payés ou que le receveur n'a pas détourné d'argent par surfacturation. Ainsi, en février 1450, Oudot le Bediet est confronté à une objection de la chambre des comptes qui demande la justification de frais de bouche exorbitants :

> Et pour savoir la verité, dès la chambre des comptes est alé en son hostel ledit Odot voir ses acquictz de tous les deniers qu'il avoit paié pour le fait desdis ouvraiges, lequel à son retour a dit et affermé qu'il n'avoit paié pour le fait desdis patrons que ladite somme de 25 fr. tant pour les patrons que pour lesdictes journées[61].

Et l'incident est noté à la fin du compte de 1448 – avant d'être d'ailleurs rayé quelques mois plus tard.

La conservation des comptes sur la longue durée pouvait également servir à établir et garder les droits du prince. Pour des périodes plus modernes, Jérôme Loiseau reconnaît en effet que les comptes publics « relèvent finalement de trois champs : la finance, l'administration et la justice[62] ». C'est bien ainsi que l'entend Louis XII quand, après l'incendie de 1503, il se fait amener les comptes de construction du logis neuf[63]. Le but est sans doute alors de trouver des arguments pour obliger les Dijonnais à participer aux réparations. Pour cet usage juridique, la partie recettes est plus intéressante que la partie dépenses, et le soin apporté à la mise en page absolument inutile.

La comptabilité d'État a également un rôle politique : dans les crises qui secouent la France, et notamment la Bourgogne, de 1346 à 1477, les princes sont particulièrement vigilants à pouvoir justifier de l'usage des prélèvements publics. Olivier Mattéoni a bien vu le rôle éminemment politique des « chambres de comptes », qui jouent un rôle majeur dans l'image du « bon gouvernement » que construisent les princes[64].

---

61   B 4 498, f° 82 v°.
62   Jérôme Loiseau, « Les comptes des États de Bourgogne, et prescriptions monarchiques et règlements provinciaux (fin XVIᵉ-fin XVIIIᵉ siècle » *in* : Anne Dubet, Marie-Laure Legay (dir.), *La comptabilité publique en Europe, 1500-1850*, Rennes, PUR, 2011, p. 51.
63   B 311.
64   Olivier Mattéoni, « Vérifier, corriger, juger. Les chambres des comptes et le contrôle des officiers en France à la fin du Moyen Âge », *Revue historique*, t. 309, 2007, p. 31-69.

Mais ce rôle idéologique, s'il peut être efficient pour la mise en place des institutions comptables, ne justifie pas le soin apporté aux registres, puisque ceux-ci n'étaient jamais vus du grand public (leur consultation est interdite, et l'accès à la chambre des comptes fermement réglementée). La vénalité des clercs payés à la page ne peut expliquer le soin général de ces ouvrages, notamment les lettrines et les tentatives de décor. On peut retenir en revanche la responsabilité du receveur et de ses clercs dans l'inflation de production de registres soignés. Le codex est en effet un livre, c'est-à-dire un objet à connotation aristocratique et savante. Les lettrines ornées, les marges et les réglures, rattachent le registre de comptes aux mondes du manuscrit, de la littérature et de la religion, et l'éloigne de celui des artisans et des chantiers, beaucoup moins prestigieux (fig. 14). Par le soin apporté à ses comptes, le receveur génère une dépense administrative inutile, mais travaille à la promotion sociale du monde des officiers d'administration. Il défend également la rigueur de son travail auprès des gens des comptes, et donc indirectement auprès du prince.

FIG. 14 – Lettrine de compte ornée d'un heaume : B 1 397, f° 1 r° (1354).

LES COMPTES DE CHANTIER PARTICULIERS
ET LES RÔLES DE DÉPENSES

Les registres de comptes des grands chantiers ducaux (chartreuse de Champmol, Chapelle-le-Duc) sont produits et présentés sur le modèle des registres du bailliage. Ce sont d'ailleurs parfois les mêmes receveurs qui ont la responsabilité des deux comptabilités, ou bien qui passent de l'une à l'autre. Dans les comptes de chantiers particuliers, la partie des recettes se limite à la mention de la somme globale affectée pour l'année, ou bien détaille la réception de tous les revenus sur lesquels a été assise la dotation. Les dépenses font apparaître, comme pour les comptes de bailliage, une suite de quittances d'artisans, mais on y relève également des frais de fournitures du chantier (outils, gants, forges…) qui montrent un véritable investissement du receveur dans la mise en place des infrastructures.

Les comptes de bailliage ou de chantier font souvent référence à des « rôles » ou cahiers qui contiennent le détail de certaines dépenses. Ces pièces comptables, tout comme les quittances et les certifications, sont destinées à justifier les dépenses et peuvent être détruites quand la chambre a validé les comptes. Seuls quatre documents de ce type nous sont parvenus : le compte de Pierre Daridel de 1452-1454 et des comptes rendus de travaux de 1471-1474.

Le rôle de Pierre Daridel est un cahier de papier de 84 pages, qui a été retrouvé et identifié par Jean Richard en 1954[65]. Le rédacteur porte le titre de « contreroleur ». C'est un officier ducal assermenté, parfois sollicité pour certifier des quittances, mais qui n'est pas « *commis à tenir les comptes desdis ouvrages* ». Ce titre est en effet attribué à Oudot le Bediet, qui est alors receveur du bailliage et qui a donc produit un compte séparé du chantier, compte aujourd'hui perdu.

Le rôle conservé couvre la période de 1452-1454. Il fait suite à un premier cahier perdu qui couvrait la première moitié du chantier. Les

---

65   B 341 ; Pierre Gras, Georges Virely, « [La tour de la Terrasse a 500 ans] (séance du 16 juin 1954) », *Mémoires de la commission des antiquité de la Côte-d'Or*, t. 24, 1954-1958, p. 61 ; Pierre Gras, « L'hôtel de Philippe le Bon à Dijon », *Bulletin de la société des amis du musée de Dijon*, 1955-1957, p. 31-34 ; Hervé Mouillebouche, *Palais ducal de Dijon : le logis de Philippe le Bon*, Chagny, CeCaB, 2014.

premières pages du document conservé sont également perdues, ce qui nous prive d'un précieux protocole. La présentation générale du cahier est très différente de celle d'un registre de comptes. Les folios ne sont pas réglés, l'écriture occupe le plus d'espace possible. Le seul espace libre est la marge de gauche, qui est souvent occupée par des surcharges (fig. 15).

Pierre Daridel tient un compte hebdomadaire ou bi-hebdomadaire des dépenses payées à la journée, notamment pour les manœuvres, les scieurs de long et les transporteurs. Les versements des salaires ne sont pas certifiés par quittance, et le cahier ne porte aucune trace d'une autre main. Il n'a donc pas été révisé par les auditeurs des comptes. Chaque semaine ou quinzaine se termine par le total des sommes distribuées et par un eschatocole, généralement très abrégé par manque de place. Un seul folio, pour la semaine du 22 au 27 octobre 1453, porte l'eschatocole développé, qui nous permet de voir que la paye des ouvriers était reçue en fin de semaine, directement de la main du receveur :

> Je, Pierre Daridel, contrerolleur des ouvraiges de l'hostel de mon très redoubté seigneur monseigneur le duc de Bourgoingne à Dijon, certiffie à tous en verité les marchiez, parties et journées dessus declairées estre vrayes ; et en oultre certiffie que honnorable homme Oudot le Bediet, conseillier de mondit seigneur le duc et commis à tenir le compte desdiz ouvraiges, a en ma presence payé comptant aux personnes dessus nommées et pour les causes et parties declairées, ladite somme de sept frans demi dont ung chascun endroit soy pour sa part et portion est tenu pour bien content. Tesmoing mon seing manuel cy mis le vint-septiesme jour dudit mois d'octobre l'an dessus dit 1453[66].

Le « *role de depense* » de Pierre Daridel est donc un simple document pratique, qui est certifié par la seule bonne foi du contrôleur. Par conséquent, celui-ci s'applique à décrire par le menu les travaux effectués et à en justifier la nécessité, ce qui rend au final un tableau assez complet de l'ensemble du chantier.

Les trois rôles de dépenses de l'époque du Téméraire se présentent comme des listes de travaux rédigées sur des cahiers de papier. Ils ont tous été regroupés sous la cote B 311. Il s'agit pourtant de trois documents de nature différente.

Le premier, daté du 24 octobre 1471, décrit les travaux de ferronnerie effectués par Guillemin Richart pour un moulin à cheval. Il ne porte ni

---

66   B 341, f° 26 r°.

sceau ni signature. Il s'agit en fait d'une supplique de l'artisan qui met en avant la qualité de ses réalisations, vraisemblablement pour renégocier le marché initial. Il demande 30 francs, mais en obtient seulement 26, qui seront inscrits en dépense d'artillerie (compte perdu).

Le deuxième document est un cahier de papier de 10 folios contenant les travaux, notamment de charpenterie, exécutés en janvier 1474 pour les obsèques de Philippe le Bon et pour l'audience de Charles le Téméraire. Le cahier, désigné comme « *menues parties* » des travaux réalisés par Séverin Bourgeois, maître des œuvres de charpenterie du duc, se termine par une certification de la main d'Olivier de La Marche, maître d'hôtel du duc. Une feuille de parchemin, attachée au cahier, contient un mandement de la chambre des comptes, au dos duquel est la quittance de Séverin Bourgeois, rédigée et signée par un notaire.

Le dernier document est très semblable au précédent. Il s'agit d'un cahier de 16 folios, contenant les travaux de maçonnerie, charpenterie, lambrisserie, serrurerie, torcherie et verrerie réalisés de janvier à avril 1474 à la demande du Téméraire. Chaque partie est présentée comme une dépense en faveur d'un unique artisan, qui « se fait fort » au nom des autres, et se termine par une certification de Pierre Michiel, concierge de l'hôtel. Nous avons vu plus haut que ce cahier était accompagné d'une quittance et de deux mandements, et le tout est analysé dans le registre de comptes du receveur de Bourgogne.

Ces rôles de chantier, griffonnés à la hâte sur un mauvais papier par des officiers de second rang, sont très précieux pour l'histoire de la construction. Pour l'histoire de la scripturalité, ils démontrent l'existence de deux mondes de l'écrit parallèles : un monde visible, celui des registres sur parchemin, destinés à intégrer les archives princières, et un monde invisible, celui des comptes réels et quotidiens – plus proches de notre propre notion du contrôle des dépenses – mais qui étaient destinés à disparaître avec la fin du chantier, et dont les totaux n'étaient pas toujours reportés sur les comptes du bailliage ou du duché.

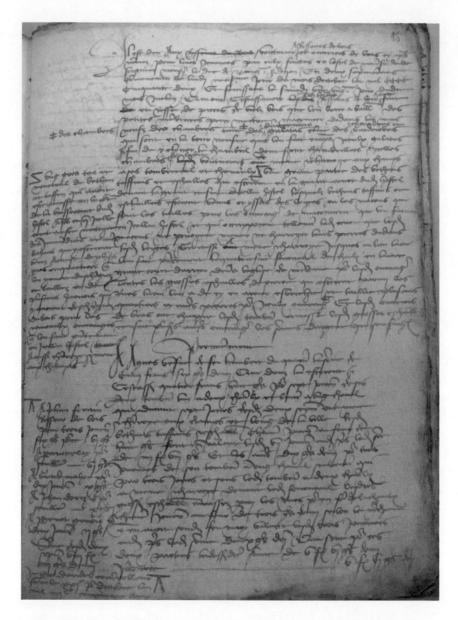

FIG. 15 – Page du rôle de comptes de Pierre Daridel pour 1452-1454 (B 341).

CONCLUSION

D'un point de vue de l'histoire de la construction et de l'architecture, les 75 registres de comptes du bailliage de Dijon représentent un trésor exceptionnel, qui permet d'étudier les chantiers et de reconstituer les bâtiments qui ont été construits, entretenus, transformés, et le plus souvent ont disparu dans l'hôtel ducal de Dijon. Mais, d'un point de vue de l'histoire de la scripturalité, la création et la conservation de cette collection doivent être vues comme un investissement et un effort complètement disproportionnés aux bénéfices qu'en pouvait attendre le prince. Pour preuve : cet effort n'a pas été poursuivi après le XVe siècle, et à aucune autre période, pas même contemporaine, l'historien des bâtiments ne peut disposer d'archives aussi bien classées et conservées. Ce processus de création et de conservation des synthèses annuelles des recettes et des dépenses, qui perdure de façon quasi invariante pendant 150 ans, est d'autant plus étonnante qu'il est sans rapport réel avec l'importance économique et politique des bâtiments. Contrairement à ce que nous laisse croire l'héritage de l'historiographie romantique, l'entretien et la construction des bâtiments princiers (si l'on excepte le cas particulier de la chartreuse de Champmol), représentent des dépenses somme toute modiques pour les ducs de Bourgogne, bien inférieures aux achats d'orfèvrerie, de tapisserie, voire de vêtements. Les ducs s'intéressent assez peu à leurs chantiers de construction, et ils accordent un intérêt finalement modéré à la conservation des édifices anciens, qui nous sembleraient aujourd'hui prestigieux. Serait-il exagéré de supposer que les ducs accordaient plus d'intérêt à leurs archives qu'à leurs châteaux ? Ou que le premier rôle des châteaux était de conserver les archives ? L'un et l'autre, pour le moins, associent dans des proportions variables une efficacité explicite et un pouvoir symbolique implicite. Si l'on croit, depuis Machiavel, que « gouverner, c'est prévoir », on croyait sans doute beaucoup plus, avant lui, que gouverner, c'est se souvenir. Depuis la révolution de la scripturalité, au XIIe siècle, les princes ne peuvent se dispenser d'investir le monde de l'Écrit, qui est celui de la civilisation et de l'excellence. Tenir des comptes, conserver des archives, devient l'un des marqueurs de la vie aristocratique, et les princes doivent donc montrer la supériorité de leur administration par la qualité de leurs archives.

Les comptes de construction de l'hôtel ducal de Dijon ont été recopiés et conservés, non pas par intérêt pour ces constructions même, mais à cause du processus de contrôle de la chambre des comptes, qui est responsable de la conservation du domaine du prince. Si la normalisation formelle de ces registres ne ressort que de l'histoire administrative, l'étude détaillée de la rédaction des articles montre que les clercs avaient une connaissance assez fine des méthodes et des projets de construction. Dans la petite ville de Dijon, le maçon, le receveur du bailliage et le maître des comptes se connaissent et se côtoient, et l'on sent dans les registres, derrière la rigueur formelle imposée par la chambre des comptes, le poids des relations personnelles et de la connaissance partagée.

Hervé MOUILLEBOUCHE
Université de Bourgogne

LES COMPTES PARTICULIERS
DES CONSTRUCTIONS ÉDILITAIRES
ARRAGEOISES SOUS LES DUCS
DE VALOIS-BOURGOGNE (1402-1442)

Depuis la fin du XIXe siècle, les productions scientifiques européennes traitant des histoires événementielle et politique des quatre Grands ducs de Valois-Bourgogne[1] s'accordent à dire que ce pouvoir déploya des moyens humains et financiers importants pour mettre en scène sa puissance, sa richesse et son faste. Cette orchestration intervint aussi bien à l'occasion de manifestations publiques (Joyeuse entrée, mariage, enterrement, etc.) qu'au travers de constructions symboliques (résidence, lieu d'exercice du pouvoir, etc.). Grâce à un système administratif particulièrement performant, ces « opérations de communication » peuvent aujourd'hui être étudiées en détail, tant dans leur organisation que dans leurs coûts, à travers les nombreux documents produits par les institutions comptables bourguignonnes[2].

Parmi les fonds conservés aux Archives départementales du Nord se trouvent quatre comptes particuliers[3] liés à des travaux commandés par

---

1   Il s'agit de Philippe le Hardi (1363-1404), Jean Sans Peur (1404-1419), Philippe le Bon (1419-1467) et Charles le Téméraire (1467-1477).

2   Victorien Leman, *Les résidences des ducs de Bourgogne (1363-1477) : habitat et cadre de vie princiers à la fin du Moyen Âge*, thèse de doctorat, Amiens, Université de Picardie Jules Verne, 2017, p. 10-21 ; Victorien Leman, « Économie de l'aménagement et résidence princière : l'exemple des ducs de bourgogne (1363-1477) », in Gilles Bienvenu, Martial Monteil, Hélène Rousteau-Chambon, éd., *Construire ! Entre Antiquité et époque moderne. Actes du troisième congrès francophone d'histoire de la construction (Nantes, 21-23 juin 2017)*, Paris, Picard, 2019, p. 379 ; Victorien Leman, « La modulabilité des espaces résidentiels : l'exemple des ducs de Bourgogne (1363-1477) », in *Étienne* Hamon, Mathieu Béghin, Raphaële Skupien, éd., *La forme de la maison, de l'Antiquité à la Renaissance – Concevoir, habiter, représenter la maison au Moyen Âge et à la Renaissance entre Loire et Meuse. Actes du colloque du colloque (Amiens, 26-27 mai 2016)*, Villeneuve-d'Ascq, Presses universitaires du Septentrion, 2020, p. 241-249.

3   AD Nord, B 17 058, 1402 ; B 17 059, 1402 ; B 17 068, 1430-1435 ; B 17 069, 1441-1442.

le pouvoir ducal bourguignon dans la ville capitale du comté d'Artois, Arras, dont il est le seigneur[4]. Cette documentation met en scène deux équipements comtaux arrageois, la résidence de Cour-le-Comte à l'occasion d'un mariage princier et la maison de justice dans un processus de renforcement de la présence princière territoriale. Ces documents ont déjà fait l'objet de travaux mais ceux-ci se sont attachés à mettre en lumière la splendeur du décorum d'alors, à étudier les travaux ducaux ou à restituer la physionomie des lieux. En aucun cas ces travaux n'ont soumis les comptes particuliers à une analyse critique[5]. Une telle approche représente un terrain d'étude qui, de manière générale, reste à défricher dans la mesure où, bien que largement exploitées dans les études d'histoire économique et sociale depuis les années 1950, les comptabilités de toutes sortes[6] ont peu fait l'objet d'une analyse codicologique[7]. Par ses récents travaux menés sur les résidences des ducs de Valois-Bourgogne, Victorien Leman[8] met en lumière le potentiel de ces sources comptables inexploitées, surtout dans le cadre des résidences urbaines[9].

---

4   Marié à Marguerite de Flandre en 1369, Philippe le Hardi hérita du comté d'Artois au décès de son beau-père, Louis de Male, en 1384 (Bertrand Schnerb, *L'État bourguignon*, Paris, Perrin, 1999 (rééd. 2005), p. 59-74).

5   Edmond Leclair, « Un mariage princier à Arras en 1402 : la construction de la salle du banquet », *Bulletin de la Commission départementale des monuments historiques du Pas-de-Calais*, t. VI, 2e série, 1935, p. 126-131 ; Marie-Thérèse Caron, « Une fête de la ville en 1402 : le mariage d'Antoine comte de Rethel à Arras », in *Villes et sociétés urbaines au Moyen Âge. Hommage à Monsieur le professeur Jacques Heers*, Paris, Presses de l'Université de Paris-Sorbonne, 1994, p. 173-183 ; Nathalie Deruelle, « Ouvrages et réparations ordonnés par le duc de Bourgogne dans ses résidences à Arras entre 1401 et 1417 », in Marie-Madeleine Castellani, Jean-Pierre Martin, éd., *Arras au Moyen Âge : histoire et littérature*, Arras, Artois presses université, 1994, p. 53-68 ; Mathieu Béghin, Alain Jacques, « Redécouverte d'un équipement de justice des comtes d'Artois : la Maison Rouge d'Arras », in Mathieu Vivas, éd., *(Re)lecture archéologique de la justice en Europe médiévale et moderne. Actes de la journée d'études de Pessac (15 février 2016) et du colloque international de Bordeaux (8-10 février 2017)*, Bordeaux, Ausonius, 2019, p. 83-98.

6   Nous évoquons ici aussi bien les comptabilités d'institutions générales que les comptes particuliers (les registres d'impositions, les comptes de fortifications, etc.).

7   Olivier Mattéoni, « Introduction », in Olivier Mattéoni, Patrice Beck, éd., *Classer, dire, compter. Discipline du chiffre et fabrique d'une norme comptable à la fin du Moyen Âge. Actes du colloque tenu Archives nationales et dans la Grand'Chambre de la Cour des comptes (Paris, 10-11 octobre 2012)*, Paris, Institut de la gestion publique et du développement économique/Comité pour l'histoire économique et financière de la France, 2015, p. 9-12.

8   Nous tenons à remercier monsieur Victorien Leman pour l'amabilité avec laquelle il nous a communiqué son manuscrit de thèse.

9   L'auteur reconnaît la richesse de l'information et sa relative objectivité puisque les livres de travaux sont des documents de gestion dénués de tout discours idéologique (Victorien

Par une approche comparative, la présente étude s'intéresse tant à la forme des pièces comptables arrageoises qu'à leurs producteurs. Pour cela, les enjeux justifiant la production et la conservation d'une telle documentation seront tout d'abord interrogés, puis l'analyse codicologique et structurelle s'intéressera à la présentation de l'information, tandis qu'un questionnement autour des acteurs de ces deux chantiers et de leurs interactions viendra clore le propos.

LA PRODUCTION DOCUMENTAIRE

LE CONTEXTE DE PRODUCTION

Les travaux entrepris par le pouvoir princier bourguignon furent enregistrés, selon la structure concernée (château défensif, résidence de plaisance, équipement de justice, etc.), soit dans les comptes généraux du bailliage, soit dans ceux de la châtellenie. Toutefois, dans le cadre d'aménagements spécifiques, souvent liés à un événement particulier, des comptes particuliers furent tenus à part des comptes généraux. Les sources arrageoises ici étudiées s'inscrivent dans ce cas de figure.

Philippe II de Bourgogne, dit le Hardi, et son épouse Marguerite de Flandre établirent leur résidence principale à Paris, dans l'hôtel d'Artois. Toutefois, lorsqu'ils venaient dans leurs territoires septentrionaux, ils séjournaient principalement dans leurs résidences arrageoises[10]. Ce choix tint tant à l'amour de la duchesse pour Arras qu'à la stratégie du couple ducal qui voyait cette ville comme une tête de pont dans leur politique expansionniste vers des territoires situés plus au nord. Disposant de la résidence comtale de Cour-le-Comte – érigée au XIIIe siècle –, le couple princier décida d'y célébrer, le 25 avril 1402, les noces de son fils Antoine de Rethel et de sa promise, Jeanne de Saint-Pol[11]. Les cours princières de l'époque étant marquées par le polytopisme, il était de

---

Leman, *Les résidences des ducs de Bourgogne...*, *op. cit.*, p. 24 ; Victorien Leman, « La modulabilité des espaces résidentiels... », *op. cit.*).

10 Élodie Lecuppre-Desjardin, *La ville des cérémonies : Essai sur la communication politique dans les anciens Pays-Bas bourguignons*, Turnhout, Brepols, 2004, p. 32, 37-38.

11 Marie-Thérèse Caron, *op. cit.*

coutume qu'elles aménagent leurs espaces résidentiels, de manière plus ou moins éphémère, à l'occasion d'événements festifs ou guerriers[12]. Ainsi, la modulabilité qui s'applique à Arras en 1402 eut pour dessein d'accroître la capacité d'accueil de Cour-le-Comte en créant une extension du bâtiment sous la forme d'une grande salle à l'ossature de bois, au sol pavé de pierres blanches et à la couverture réalisée de toiles et de draps[13].

Sous les principats de Jean Sans Peur et de Philippe le Bon, l'expansion septentrionale du pouvoir bourguignon mit progressivement Arras dans l'ombre des villes flamandes de Lille et de Gand[14]. Néanmoins, ce dernier conserva l'attachement que ses grands-parents portaient à la capitale du comté d'Artois en y organisant des événements géopolitiques et en honorant plusieurs festivités de sa présence[15]. L'élément qui retiendra ici notre attention est la reconstruction d'un équipement comtal arrageois, la maison de justice du Petit Marché. Cette entreprise s'inscrit dans un processus de renforcement de la présence territoriale princière à travers un programme édilitaire de reconstruction d'équipements comtaux, qu'ouvrit Philippe le Bon à Lille en 1424. Celui-ci consista alors à réédifier la maison du Beauregard selon un programme architectural exprimant la grandeur et la splendeur du pouvoir bourguignon. La réalisation arrageoise commandée par le duc en 1430 prit place dans cette continuité puisque la maison de justice existante fut agrandie et reconstruite dans un matériau alors peu utilisé à Arras, la brique. L'érection d'un massif bâtiment de brique au cœur d'une ville édifiée de bois et de pierre blanche dénota fortement dans le paysage. Cette singularité contribua à donner à l'édifice son surnom de « Maison Rouge[16] ».

Les comptes du bailliage et de la châtellenie d'Arras[17] font état de l'entretien et de l'aménagement régulier de résidences et équipements

12　Victorien Leman, « La modulabilité des espaces résidentiels… », *op. cit.*

13　AD Nord, B 17 058, 1402 ; B 17 059, 1402.

14　Élodie Lecuppre-Desjardin, *La ville des cérémonies…*, *op. cit.*, p. 37-38.

15　Nous faisons ici référence à l'ambassade anglaise ayant précédé les accords du traité de Troyes de 1420, aux divers tournois (1423, 1428, 1430, 1446), aux négociations de la paix d'Arras de 1435 ou encore aux festivités du banquet du Faisan de 1454 (Edmond Lecesne, *Histoire d'Arras depuis les temps les plus reculés jusqu'en 1789*, t. I, Arras, Rohard-Courtin, 1880 (rééd. Marseille, Laffitte, 1976), p. 265-390).

16　Mathieu Béghin, Alain Jacques, *op. cit.*

17　AD Nord, B 13 887 à B 13 941 (1388-1474) et B 14 130 à B 14 150 (1407-1450).

comtaux par le pouvoir bourguignon. Les chantiers entrepris dans le cadre de commandes spécifiques donnèrent souvent lieu à des comptes de travaux particuliers qui sont aujourd'hui perdus[18], comme cela est le cas pour l'hôtel arrageois d'Amblainsevelle[19].

LES COMPTES PARTICULIERS

Dès le principat de Philippe le Hardi, la théâtralisation du pouvoir devint un instrument de communication politique et symbolique parfaitement maîtrisé. Celui-ci passa notamment par l'organisation de festivités au cours desquelles le luxe et la puissance du prince s'exprimèrent pleinement[20]. C'est dans cette propagande politique que s'inscrivent les travaux commandés pour les noces arrageoises d'avril 1402. L'étude des comptes de bailliage fait apparaître des préparatifs menés bien en amont puisque la réfection de la résidence de Cour-le-Comte, commandée par la duchesse, donne lieu à de nombreux travaux réalisés dès juin 1401[21]. En parallèle de cette commande, le duc ordonna la réalisation d'une extension temporaire pour accroître la capacité d'accueil de l'hôtel comtal, ce qui donna lieu à la réalisation des deux comptes particuliers précédemment cités. Cette politique de petits travaux de remise en état et de construction d'équipements éphémères dans le cadre de noces était une pratique familiale. La volonté de soigner les apparences et de renforcer les infrastructures de réception se retrouve en effet à l'occasion du mariage de Philippe le Bon ou de celui de son fils Charles le Téméraire, tenus à Bruges respectivement en 1430 et en 1468[22].

La reconstruction de la maison de justice comtale propose quant à elle un autre modèle. Tandis que le détail des travaux menés au Beauregard lillois est mêlé aux ouvrages ordinaires du compte du domaine de la

---

18   Andrée Van Nieuwenhuysen, *Les finances du duc de Bourgogne Philippe le Hardi (1384-1404). Économie et politique*, Bruxelles, Éditions de l'Université libre de Bruxelles, 1984, p. 425.

19   AD Nord, B 13 922, f°44v°, 1443-1444 ; B 13 924, f°41v°, 1445-1446.

20   Marie-Thérèse Caron, *op. cit.*, p. 183 ; Bertrand Schnerb, *op. cit.*, p. 319 ; Élodie Lecuppre-Desjardin, *Le royaume inachevé des ducs de Bourgogne, XIVᵉ-XVᵉ siècles*, Paris, Belin, 2016, p. 27.

21   Ceux-ci portèrent tant sur les écuries, les chambres, les cuisines et le jardin que les lieux associés, afin de présenter aux invités un décorum reflétant la grandeur du couple princier (AD Nord, B 13 893, f°51v-67r°, 1401-1402).

22   Élodie Lecuppre-Desjardin, *La ville des cérémonies…*, *op. cit.*, p. 104 ; Victorien Leman, « *La modulabilité des espaces résidentiels…* », *op. cit.*

châtellenie de Lille[23], ceux de la Maison Rouge apparaissent uniquement dans les deux comptes particuliers précédemment évoqués[24].

Les registres particuliers détaillant les travaux menés pour l'extension de la Cour-le-Comte et la reconstruction de la maison de justice sont pour chacun des deux chantiers au nombre de deux. Dans le premier cas, le décès en exercice de Oudot Custet, clerc chargé de mener et de consigner les travaux, nécessita de clore le compte dès la nomination de son remplaçant, Jean Denisot, et d'en ouvrir un second que ce dernier rédigea[25]. La longue durée des travaux d'édification (du 15 août 1430 au 1er août 1435) et des aménagements intérieurs (du 24 juin 1441 à Pâques 1442) de la Maison Rouge sont les raisons pour lesquelles il existe deux registres comptables pour cet édifice[26].

L'existence de comptabilités de travaux particuliers ne peut être comprise que par une mise en perspective de ces registres avec un corpus documentaire plus vaste mais dont les traces se révèlent aujourd'hui souvent fugaces.

LES DOCUMENTS ANNEXES

L'organisation même du système administratif bourguignon est à l'origine d'une multiplication des quittances, des rôles et des lettres de certification nécessaires à la justification des commandes et de leurs paiements par la Chambre des comptes. L'ensemble de ces documents fut ensuite synthétisé et/ou compilé dans un document unique, le compte particulier. La somme totale des dépenses fut quant à elle reportée dans le compte de bailliage ou de châtellenie, avant d'être inscrite dans la recette générale du comté concerné. Dans ce processus d'enregistrement de l'information, le registre comptable acquiert une place importante en se présentant comme un instrument de gestion et de conservation de la mémoire du domaine[27].

---

23 Albert Benoit, « Le "Beauregard" de Lille », *Revue du Nord*, t. 25, n°97, 1939, p. 26.

24 Les sommes totales de ces travaux apparaissent toutefois dans la dépense générale des comptes du bailliage d'Arras pour les années 1434-1435 et 1441-1442 (AD Nord, B 13 918, f°51v°, 1434-1435 ; B 13 920, f°65r°, 1441-1442). Les receveurs des comptes particuliers de la Maison Rouge mentionnent qu'il en fut de même dans les registres du receveur général de Flandre et d'Artois mais les manuscrits des années qui nous intéressent ont depuis disparu (AD Nord, B 17 068, sans f°, 1430-1435 ; B 17 069, f°3r°, 1441-1442).

25 AD Nord, B 17 058, sans f°, 1402 ; B 17 059, f°1r°-v°, 1402.

26 Mathieu Béghin, Alain Jacques, *op. cit.*

27 Sylvie Bepoix, « Le savoir-faire comptable des receveurs du comté de Bourgogne au xve siècle : fiabilité des chiffres et des opérations », *Comptabilités*, n°7, 2015, (http://

Les livres de travaux particuliers font état d'achats de papier, de parchemin, d'encre et du paiement de clercs pour la réalisation de certifications, de quittances et autres écritures, dont la copie des registres, qui ont aujourd'hui disparu[28]. Parmi ces documents se trouvent les contrats passés entre le maître d'œuvre, les artisans et les fournisseurs de matériaux. Tant pour les travaux de préparation de la salle des noces que pour ceux de l'édification et de l'aménagement de la Maison Rouge, ces contrats qui concernent entre autres les délais des travaux ou leur coût, sont évoqués mais non détaillés par le biais de formules telles que « par marchié à lui en tache[29] », « auquel a este marchandé par les officiers de monseigneur le duc de Bourgogne[30] » ou encore « par marchié fait avec lui[31] ». En limitant les problèmes de gestion pour le commanditaire, le marché à la tâche paraît privilégié dans le cadre de nos deux chantiers, comme cela aussi était le cas dans le réseau urbain septentrional des XVᵉ et XVIᵉ siècles[32]. Dans le premier compte de 1402, le gestionnaire semble beaucoup utiliser le rôle ou liste dressée sur un rouleau de parchemin pour authentifier divers frais inhérents au chantier[33]. La validation était assurée par des lettres de certification, tandis que les paiements l'étaient par des quittances. Ces deux documents sont succinctement évoqués en note marginale par les mentions « par certification[34] » ou « par quittance[35] ». Lorsqu'ils ne furent pas détruits après la rédaction du compte particulier, ils étaient « mises au sac[36] », c'est-à-dire archivés dans les fonds du domaine d'Artois. Le décès du clerc chargé du chantier de 1402 donna lieu à de nombreux retards de

---

journals.openedition.org/comptabilites/1687, consulté le 25/11/2021) ; Victorien Leman, *Les résidences des ducs de Bourgogne...*, *op. cit.*, p. 24-25.

28 AD Nord, B 17 058, sans fᵒ, 1402.

29 *Ibid.*

30 AD Nord, B 17 068, fᵒ 2rᵒ, 1430-1435.

31 AD Nord, B 17 069, fᵒ 1vᵒ, 1441-1442.

32 Alain Salamagne, *Construire au Moyen Âge. Les chantiers de fortification de Douai*, Villeneuve-d'Ascq, Presse universitaire du Septentrion, 2001, p. 135-136 ; Mathieu Béghin, « Regards croisés sur deux chantiers urbains de la Picardie flamboyante. Amiens et Arras (vers 1500-vers 1550) », in Étienne Hamon, Dominique Paris-Poulain, Julie Aycard, éd., *La Picardie flamboyante. Arts et reconstruction entre 1450 et 1550. Actes du colloque (Amiens, 21-23 novembre 2012)*, Rennes, Presses universitaires de Rennes, 2015, p. 81-82.

33 AD Nord, B 17 058, sans fᵒ, 1402 ; AD Nord, B 17 059, fᵒ 2rᵒ, 1402.

34 AD Nord, B 17 069, fᵒ 1rᵒ, 1441-1442.

35 AD Nord, B 17 058, sans fᵒ, 1402.

36 *Ibid.*

paiement auprès des artisans employés sur le chantier. Afin d'y remédier, la Chambre des comptes produisit des cédules (reconnaissances de dette) dont il ne reste pour trace que des notes marginales (fig. 1).

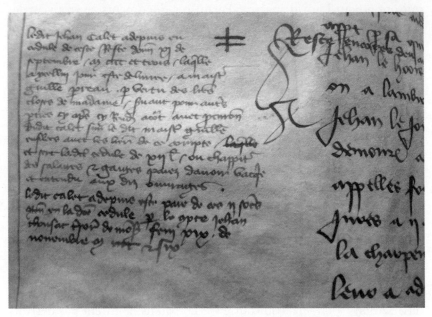

Fig. 1 – Mention marginale de cédule dans le compte particulier
des préparatifs des noces de Antoine de Rethel.
Source : © AD Nord, B 17 058, sans fo, 1402, cliché de l'auteur.

Les seuls documents annexes conservés sont les copies des lettres patentes ducales missionnant les responsables des deux chantiers. Tandis que dans le premier compte des travaux de 1402, cette copie prend la forme d'un parchemin inséré entre la couverture et la première page du registre, dans les trois comptabilités suivantes elles figurent sur la première page. La complexité d'étude amenée par des documents disparus mais reproduits ou évoqués plus ou moins succinctement demande la réalisation d'une analyse codicologique et structurelle des comptes de travaux particuliers afin de mieux saisir les rouages de l'administration bourguignonne et d'en identifier les acteurs.

ANALYSE CODICOLOGIQUE ET STRUCTURELLE

LE REGISTRE COMME SUPPORT

Dès la fin du XIVe siècle, l'administration bourguignonne, tant dans ses états méridionaux que septentrionaux, privilégia le parchemin au papier. De prime abord, le recours à la peau animale paraît bien plus onéreux que l'utilisation du papier et bien moins esthétique du fait de défauts de tannage, mais sa résistance offre de meilleures conditions de conservation[37]. Ces aspects se retrouvent parfaitement ici dans la mesure où les documents étudiés émanent des archives de la Chambre des comptes et sont donc écrits sur parchemin, tandis que les registres papier des receveurs n'existent plus. En outre, malgré le caractère officiel de la version parchemin, le folio 2 du compte de 1441-1442 présente des trous et un rapiècement (fig. 2).

Dans le courant de la première moitié du XIVe siècle, les archives publiques délaissèrent progressivement le rouleau de parchemin au profit du cahier réalisé par le pliage puis la découpe du parchemin. La couture de plusieurs cahiers entre eux permet alors la réalisation d'un registre qui, lui-même, peut être cousu à d'autres registres. Cet assemblage fut préféré, car il assure une meilleure conservation, un archivage plus facile et une recherche de l'information plus aisée[38].

La couverture semi-rigide des registres présentant des dimensions supérieures à celles des cahiers, elle leur assure une protection plus efficace qu'un rouleau. Elle avait aussi pour intérêt d'améliorer l'archivage du registre en recevant des informations sur le contenu des cahiers. Cette pratique, qui permettait d'identifier rapidement le

---

37   Sylvie Bepoix, Fabienne Couvel, Matthieu Leguil, « Entre exercice imposé et particularismes locaux. Étude codicologique des comptes de châtellenie des duché et comté de Bourgogne de 1384 à 1450 », *Comptabilités*, n° 2, 2011, http://journals.openedition. org/comptabilites/491, consulté le 29 août 2021 ; Patrice Beck, « Forme, organisation et ordonnancement des comptabilités : pour une approche codicologique – archéologique – des documents de la pratique. Rapport de synthèse », in Olivier Mattéoni et Patrice Beck, éd., *op. cit.*, p. 34-35.

38   Jean-Baptiste Santamaria, « Ruptures politiques et mutations comptables au bailliage d'Hesdin en Artois au XIVe siècle », *Comptabilités*, n° 2, 2011, http://journals.openedition. org/comptabilites/423, consulté le 29 août 2021 ; Patrice Beck, « Forme, organisation et ordonnancement des comptabilités… », *op. cit.*, p. 36-37.

document dans les archives, fut, elle aussi, en vigueur dans l'ensemble des États bourguignons[39]. Les registres ici analysés peuvent d'ailleurs en témoigner (fig. 3).

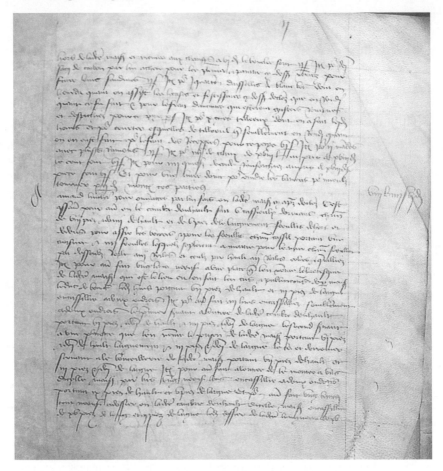

FIG. 2 – Vue des imperfections du support parchemin, du système de gouttières et du foliotage romain présents dans le second compte de la Maison Rouge. Source : © AD Nord, B 17 069, fo 2ro, 1441-1442, cliché de l'auteur.

---

39   Sylvie Bepoix, Fabienne Couvel, Matthieu Leguil, *op. cit.* ; Jean-Baptiste Santamaria, « Ruptures politiques… », *op. cit.*

FIG. 3 – Couverture du compte particulier de Oudot Custet.
Source : © AD Nord, B 17 058, 1402, cliché de l'auteur.

LA PRÉSENTATION DES FOLIOS

L'adoption du registre au cours du XIVe siècle s'accompagna d'une uniformisation des pratiques locales par l'établissement d'une mise en page standardisée. Celle-ci consista tout d'abord au traçage de marges afin de compartimenter l'espace selon un découpage réalisé par trois colonnes verticales qui distinguaient un espace central dédié au texte, entouré de marges latérales. La séparation fut réalisée par le tracé de marges simples (modèle du second registre de 1402 et de celui de 1430-1435) ou de marges doublées, dites gouttières (cas du premier compte de 1402 et du registre de 1441-1442). Le parchemin fut ensuite subdivisé en trois espaces horizontaux composés d'un en-tête et d'un pied de page entre lesquels se trouvait le texte central. Une telle configuration offrit ainsi entre neuf et quinze plages d'écriture selon la présence de marges latérales simples ou de gouttières (fig. 2). Ces espaces furent réalisés pour clarifier le texte, faciliter la recherche d'informations et la lecture des contrôleurs. Chaque espace eut en effet une fonction bien déterminée. Ainsi, le corps du texte prenait place au centre de la page. La gouttière de gauche séparait quant à elle l'initiale du texte. Tandis que la marge de gauche recevait les annotations diverses telles que le suivi des affaires, les questions ou les refus, celle de droite était destinée aux chiffres accompagnant le texte. L'en-tête portait les mentions « légales » (P. Beck[40]), dans notre cas « pour le court », et le numéro du folio (fig. 3 et 4). Enfin, le pied de page présentait les sommes totales des chapitres et sous-chapitres composant le registre. Toutefois, il pouvait également comporter des compléments d'informations telles que la date d'audition du compte ou les « mémoires » (J.-B. Santamaria[41]) précisant la nécessité de surveiller certains points tels que des sommes impayées ou des matériaux prêtés (fig. 5 et 6).

Fig. 4 – Vue de détail du premier folio du compte de Jean Denisot faisant apparaître une marge simple, le tracé de la réglure et une lettrine décorée. Source : © AD Nord, B 17 059, fo 1ro, 1402, cliché de l'auteur.

Le travail préparatoire de mise en forme des cahiers se terminait par le traçage de la réglure. Cette étape consistait à réaliser des lignes horizontales espacées de manière régulière pour faciliter le travail d'écriture du clerc. L'ensemble de ces tracés fut réalisé selon le procédé le plus employé à l'époque, la mine de plomb, comme peut l'attester le corpus soumis à la présente étude (fig. 2, 4, 5 et 6). Les comptes rédigés pour la Maison Rouge présentent un aspect que ceux liés aux préparatifs des noces n'ont pas, la piqûre. Fréquemment utilisée par les clercs médiévaux, cette technique consistait à piquer le parchemin pour disposer d'un point de repère permettant d'avoir une régularité dans l'emplacement

---

40 Patrice Beck, *op. cit.*, p. 41.
41 Jean-Baptiste Santamaria, « Ruptures politiques… », *op. cit.*

et le tracé des marges. Les deux registres en question ont ainsi un point dans le coin supérieur droit du folio recto, et donc dans le coin supérieur gauche pour le verso, sur lequel s'alignent les marges latérales (fig. 2 et 6). Les quelques variations constatées au sein de ce corpus (présence/absence de gouttières et de piqûres, linéation différente), interviennent entre les quatre comptes étudiés et s'expliquent tout naturellement par l'intervention de différents clercs pour la préparation des cahiers, chacun ayant ses propres habitudes[42].

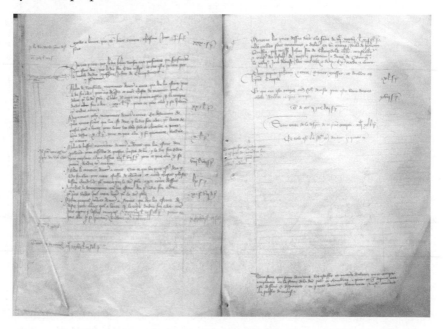

FIG. 5 – Répartition des plages d'écriture du compte de Jehan Denisot avec reliure centrale visible. Source : © AD Nord, B 17 059, fo 4vo-5ro, 1402, cliché de l'auteur.

42   Sylvie Bepoix, Fabienne Couvel, Matthieu Leguil, *op. cit.* ; Jean-Baptiste Santamaria, « Ruptures politiques… », *op. cit.* ; Patrice Beck, *op. cit.*, p. 40-41.

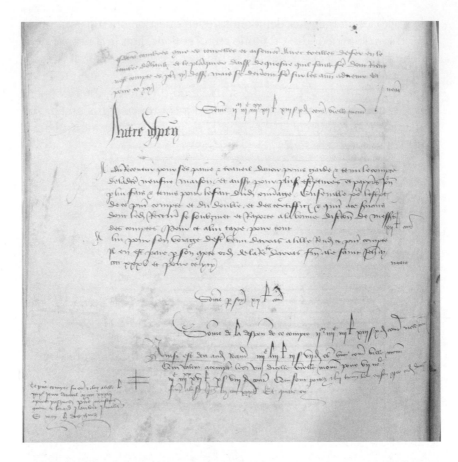

Fig. 6 – Page de clôture du compte de Oudot Custet avec séparation de deux rubriques par l'emploi d'un titre monumentalisé. Source : © AD Nord, B 17 068, fo 6vo, 1430-1435, cliché de l'auteur.

La lecture des registres médiévaux révèle, au détour d'une marge ou d'une majuscule, la présence d'une ornementation ou d'un dessin. La commande qui était à l'origine de la production d'un document de gestion n'incluait certainement pas ce travail de décoration mais rien ne semble empêcher le clerc, qui disposait de connaissances dans l'art de l'écriture et de la calligraphie, d'orner une majuscule[43]. Le registre de Jean Denisot présente un bel exemple de cette liberté accordée aux

---

43   Patrice Beck, *op. cit.*, p. 43-44.

rédacteurs (fig. 4). Si les ornementations restent rares, la mise en relief des titres de chapitres ou de rubriques, par une majuscule et une calligraphie renforcée, est une norme commune à notre corpus qui était aussi pratiquée dans les états de par-deçà[44] (fig. 6).

La différence la plus flagrante entre les quatre comptes particuliers ici analysés concerne le foliotage. Apposé dans l'en-tête du recto, soit en partie centrale soit dans la marge de droite, cet élément ressortit à une logique administrative visant à améliorer le repérage, la recherche d'informations à l'intérieur du registre et à lutter contre les faux en écriture. C'est pour cela que l'indication du numéro de folio fut, dans un premier temps, opérée par le contrôleur de la Chambre des comptes, puis par le comptable lui-même. Cet aspect est difficile à apprécier, car seuls deux registres de notre corpus présentent un foliotage et l'un d'entre eux ne le fait que de manière partielle[45]. Ce constat ne doit cependant pas étonner dans la mesure où Jean-Baptiste Santamaria a montré pour le bailliage d'Hesdin, situé en Artois comme Arras, que l'insertion du numéro de folio est une pratique qui ne s'enracina que dans le premier quart du XVe siècle, alors qu'elle était d'utilisation plus précoce en Bourgogne[46]. L'étude des diverses comptabilités arrageoises révèle cette lente généralisation du foliotage en chiffres romains qui n'apparut dans les sources du bailliage qu'à partir de 1415[47], tandis que celles de la châtellenie et de l'argentier de la ville d'Arras l'attestent tardivement en 1430[48] et 1432[49]. Toutefois, l'analyse des écritures et des encres utilisées montre l'intervention de rédacteurs différents entre le texte et le foliotage, ce qui suggère un ajout postérieur, certainement lors de l'audition des comptes.

Nos quatre registres ont la particularité de présenter des marques mnémotechniques, laissées dans la marge latérale gauche sous la forme de croix (fig. 1 et 6). Assez proches des signes utilisés à Dijon, ces symboles

---

44 Denis Clauzel, *Finances et politique à Lille pendant la période bourguignonne*, Dunkerque, Les Éditions des Beffrois, 1982, p. 86.
45 Le seconde comptabilité de 1402 comporte sporadiquement un foliotage réalisé en chiffres arabes, tandis que ceux du deuxième compte de la Maison Rouge est en chiffres romains (AD Nord, B 17 059, 1402 ; B 17 069, 1441-1442).
46 Sylvie Bepoix, Fabienne Couvel, Matthieu Leguil, *op. cit.* ; Jean-Baptiste Santamaria, « Ruptures politiques… », *op. cit.* ; Patrice Beck, *op. cit.*, p. 39.
47 AD Nord, B 13 903, 1415-1416.
48 AD Nord, B 14 140, 1430-1435.
49 BM Arras, CC 63, 1432-1433.

furent réalisés par le contrôleur à l'endroit où il demandait au rédacteur du compte d'expliciter une dépense ou l'état de son paiement, comme dans le cas des cédules précédemment évoquées[50].

L'OSSATURE DES COMPTES

Les comptes particuliers arrageois reprennent l'ossature classique des comptabilités de l'époque, c'est-à-dire une division du registre en chapitres, eux-mêmes subdivisés en sous-chapitres et en articles. Afin de bien distinguer ces différents éléments, les clercs monumentalisèrent les titres, utilisèrent le saut de page et les séparèrent de lignes vierges[51]. Le déroulement de l'information adopte un classement thématique commun aux comptabilités des travaux, à savoir deux parties majeures (recettes et dépenses). Tandis que la première fut toujours succincte, la seconde était détaillée selon un modèle propre à l'administration dont les travaux relevaient. Toutefois, dans la même aire géographique, les similitudes purent être importantes[52].

Dans le cas du présent corpus, il existe de fortes disparités qui commencent tout d'abord par la présentation de l'information. Ainsi, les rédacteurs des deux comptes de 1402 et de celui de 1430-1435 débutent leurs registres par l'ordre de mission adressé par le pouvoir ducal, puis présentent le chapitre des recettes et enfin celui des dépenses, tandis que le compte particulier de 1441-1442 s'ouvre directement sur le détail des mises. Puisque les registres de 1430 et 1441 portent sur le même ouvrage et ont le même rédacteur, ce dernier dut opter pour une présentation synthétique de son second compte, le jugeant dans la continuité du précédent.

Bien qu'ayant été dirigé par deux intervenants différents, le chantier de 1402 est consigné par deux comptes rédigés par une seule et unique personne du fait du décès en fonction du premier responsable. Cette situation uniformisa alors la présentation des dépenses. Ainsi, dans un même sous-chapitre le clerc énuméra les achats de matériaux d'une catégorie (bois, maçonnerie, fer) mêlés aux salaires des artisans les mettant en œuvre. Il présenta ensuite les frais liés au transport des

---

50 Patrice Beck, *op. cit.*, p. 43.
51 Denis Clauzel, *op. cit.*, p. 86.
52 Sylvie Bepoix, Fabienne Couvel, Matthieu Leguil, *op. cit.* ; Philippe Bernardi, *Bâtir au Moyen Age (XIIIe-milieu XVIe siècle)*, Paris, CNRS éditions, 2011, p. 81-82.

matériaux de construction, les gages des intervenants administratifs et techniques du chantier, puis les frais divers. Au contraire, le premier compte de la Maison Rouge (1430-1435) ne procéda pas à une séparation visuelle des sous-parties du chapitre des dépenses et choisit la présentation suivante : rémunération des maçons et des charpentiers, achats de matériaux, frais de gestion divers. La singularité du registre de 1441-1442 tient quant à elle au fait que le receveur énuméra chaque intervenant en le rattachant aux matériaux qu'il livrait et/ou utilisait, avant de passer au suivant.

Malgré ces différences, les pièces du corpus ont pour point commun de se terminer par l'indication de la somme totale des dépenses énumérées. Ces nuances et ces similitudes invitent à se demander si elles ne résultaient pas des habitudes propres à chaque acteur de ces deux chantiers. La dernière partie de ce présent article tentera de répondre à ce questionnement en mettant en lumière ces personnages.

LES ACTEURS ADMINISTRATIFS

LE COMMANDITAIRE ET SON SUPERVISEUR

Les recherches portant sur le monde du bâtiment au Moyen Âge mettent en évidence le fait que les schémas d'organisation des chantiers connurent des aménagements et des variantes qui firent de chaque entreprise un cas particulier. Néanmoins, ces travaux soulignent aussi le fait que des constantes demeuraient lorsque le pouvoir commanditaire était le même[53]. Pour les préparatifs des noces de 1402 comme pour la reconstruction de la maison de justice, le maître d'ouvrage fut le pouvoir bourguignon. Même si ces travaux intervinrent sous deux principats différents, les ducs Philippe le Hardi et Philippe le Bon occupèrent le sommet pyramidal de ces chantiers. Ne pouvant ni être présents physiquement *in situ* ni assurer la logistique au quotidien, ils déléguèrent la surveillance de l'avancement des travaux et leur validation financière à des agents de confiance.

---

53   Philippe Bernardi, *op. cit.*, p. 76-78.

Pour le chantier de 1402, Philippe le Hardi choisit comme supervi-
seur son maître d'hôtel, Jean de Champdivers[54]. Native de Dole dans
le comté de Bourgogne, la famille des Champdivers compta plusieurs
de ses membres parmi les proches du pouvoir royal de France, puis de
celui des Valois-Bourgogne[55]. En tant que représentant légal du duc,
Jean de Champdivers reçut le droit de valider les projets et d'autoriser
l'engagement de frais. Sollicité dans maintes affaires administratives
de plusieurs contrés des États bourguignons, le mandataire du pouvoir
ducal eut recours à un représentant pour suivre le chantier, un dénommé
Jean Calet. Ce valet de chambre et garde de la tapisserie du duc fut ainsi
rémunéré à plusieurs reprises pour avoir « vaqué et entendu à deviser et
ordonner les ouvrages[56] » au nom dudit Champdivers. Pour le chantier de
la Maison Rouge, le schéma diffère quelque peu et souligne l'importance
des validateurs locaux par rapport à l'entreprise de 1402. Malgré un
maître d'œuvre identique pour les deux phases de travaux, le receveur
Jean Robaut, l'écart temporel entre l'édification du bâtiment (1430-1435)
et son aménagement intérieur (1441-1442) explique le changement de
contrôleur ducal entre les deux chantiers. Jean de Dienat, conseiller
du duc et receveur général d'Artois, fut ainsi chargé d'expertiser et de
valider la première phase[57], tandis que Renaut de Ghines, écuyer et
lieutenant général du gouverneur d'Arras, se chargea de la seconde[58].

LE MAÎTRE D'ŒUVRE, LES OFFICIERS ET LES TECHNICIENS

Le maître d'œuvre occupait la seconde marche de l'organisation
pyramidale. Pour le chantier de préparation des noces de 1402, Oudot
Custet se vit confier cette charge. Présenté comme étant le clerc des offices
de l'hôtel ducal, ce personnage décéda en exercice. Dès son alitement
le 31 mars 1402, il fut aussitôt remplacé par un autre clerc, Jean de
Geurolez, qui assura l'intérim durant quinze jours. Cet état temporaire

---

54   AD Nord, B 17 058, sans f°, 1402.
55   César Lavirotte, « Odette de Champdivers ou la petite reine à Dijon après la mort du roi
      Charles VI », *Mémoires de l'Académie des sciences, arts et belles lettres de Dijon*, t. II, 2ᵉ série,
      année 1851, 1852, p. 149.
56   AD Nord, B 17 058, sans f°, 1402 ; B 17 059, f° 6v°, 1402 ; Florence Berland, *La Cour de
      Bourgogne à Paris, 1363-1422*, thèse de doctorat, Villeneuve d'Ascq, Université de Lille 3,
      2011, p. 365.
57   AD Nord, B 17 068, sans f°, 1430-1435.
58   AD Nord, B 17 069, f° 1r°, 1441-1442.

prit fin lorsque Jean de Champdivers désigna un remplaçant officiel, Jean Denisot[59]. Dans la mesure où le maître d'hôtel était originaire du comté de Bourgogne et connaissait le personnel administratif de sa capitale, Dijon, il se pourrait que ce nouveau clerc soit issu de ce lieu. Cette hypothèse tendrait à se confirmer dans la mesure où un certain Jean Denisot de Palaiseau, clerc demeurant à Dijon, est mentionné dans les sources de cette ville en 1398-1399[60], mais nous resterons toutefois prudents. Henry Custet, père du défunt clerc, hérita des affaires en cours de son fils. Il chargea alors un procureur de restituer les archives du chantier, tandis que les exécuteurs testamentaires de son fils rendaient au pouvoir ducal la somme de 40 livres que ce dernier avait avancée audit Oudot pour le bon fonctionnement des travaux[61].

Dans le cas de la maison de justice, Philippe le Bon préféra confier la gestion du chantier au clerc du bailliage d'Arras, Jean Robaut. Natif d'Arras et ancien receveur des châtellenies ducales de Douai et d'Orchies, cet homme d'expérience occupa sa charge arrageoise de 1401 à 1454[62]. Administrateur fidèle du pouvoir bourguignon et rompu aux exercices comptables, il représentait un candidat idéal pour la gestion du chantier de la Maison Rouge. Toutefois, sa nomination tint à la recommandation de plusieurs membres influents du conseil ducal. Parmi ceux-ci se trouvaient deux personnages locaux avec qui ledit Jean Robaut avait l'habitude de travailler, à savoir David de Brimeu, gouverneur du bailliage d'Arras, et Jean de Dienat, receveur général d'Artois. Selon le modèle classique de décision de l'époque, ces derniers durent prendre conseil auprès de la Chambre des comptes de Lille avant d'appuyer la nomination de Jean Robaut[63]. Les compétences de cet agent furent par

---

59   AD Nord, B 17 058, sans f°, 1402 ; B 17 059, f° 1r°, 1402.
60   Jean Garnier, *Inventaire sommaire des Archives départementales antérieures à 1790. Côte-d'Or, archives civiles – série B*, t. V°, Dijon, Imp. Darantiere, 1878, p. 22.
61   AD Nord, B 17 058, sans f°, 1402 ; B 17 059, f° 1v°, 1402.
62   La recette du bailliage d'Arras comprenait également celles d'Avesnes, d'Aubigny, de Boiry et de la gavène de la châtellenie d'Arras (AD Nord, B 13 893, f° 1r°-2r°, 1401-1402 ; B 13 928, f° 1r°-2r°, 1453-1454).
63   Jean-Baptiste Santamaria, « Conseiller le prince : le rôle de la Chambre des comptes de Lille dans les processus de décision à la cour de Bourgogne (1386-1419) », in Dominique Le Page, éd., *Contrôler les finances sous l'Ancien Régime : Regards d'aujourd'hui sur les Chambres des comptes. Actes du colloque (Paris, 28-30 novembre 2007)*, Paris, Institut de la gestion publique et du développement économique, 2011, http://books.openedition.org/igpde/572, consulté le 29 août 2021.

ailleurs reconnues à diverses reprises au vu des nombreuses charges annexes qui lui furent confiées[64].

Les maîtres d'ouvrage du chantier de 1402 ayant dû chercher eux-mêmes une partie des fonds nécessaires à la réalisation des travaux, ils furent en contact avec de nombreux officiers au service du duc[65]. Parmi ceux-ci figurent le trésorier de Dôle, les receveurs de Douai et de Saint-Omer, ainsi que l'argentier de la ville d'Arras[66]. Pour le chantier de la Maison Rouge, l'argent provint uniquement du receveur général d'Artois. Néanmoins, la duchesse ordonna à son receveur de Bucquoy de fournir 60 chênes et à celui de Douai de procurer des charpentiers et des briques, tous nécessaires au chantier[67]. En dehors du trésorier franc-comtois, dont l'intervention s'explique par le fait que les noces représentaient un événement à l'échelle globale des États bourguignons, l'ancrage local des autres intervenants souligne la gestion financière très territorialisée des travaux dans les résidences et équipements princiers locaux[68] (fig. 7).

Les gestionnaires furent également en contact avec des assistants et des experts que le pouvoir princier mit à leur disposition. Peuvent ainsi être cités le garde des tentes du duc, chargé de surveiller les ouvriers et les matériaux, ou le maître charpentier du château d'Hesdin, commis à l'élaboration de la structure de bois pour les noces[69]. Ils furent aussi en lien avec une cohorte d'artisans, de fournisseurs de matériaux de construction et d'ornementation, et de messagers. Ces derniers tinrent un rôle important dans la mesure où ils étaient chargés de porter les demandes d'argent et les ordres de réquisition de fournitures et d'artisans. Le nombre élevé de mouvements d'argent issus des multiples contacts entre le maître d'œuvre et les différents intervenants administratifs, financiers et techniques des chantiers, nécessita une surveillance accrue des livres de compte.

---

64   Jean-Baptiste Santamaria, « Des officiers du prince dans la ville : les receveurs d'Arras et Saint-Omer du gouvernement royal aux ducs Valois de Bourgogne (mi xive-mi xve siècle) », *Comptabilités*, n° 9, http://journals.openedition.org/compatibilites/2217, consulté le 29 août 2021.

65   AD Nord, B 17 058, sans f°, 1402 ; B 17 059, f° 1v°, 1402.

66   En plus de ces villes et domaines qui financèrent les travaux, Jean de Champdivers sollicita les receveurs de Hesdin, Aire, Beuvry, Bapaume et Abbeville.

67   AD Nord, B 17 068, sans f°, 1430-1435.

68   Victorien Leman, « Économie de l'aménagement et résidence princière… », *op. cit.*, p. 379, 381, 385.

69   AD Nord, B 17 058, sans f°, 1402 ; B 17 059, f° 6v°, 1402.

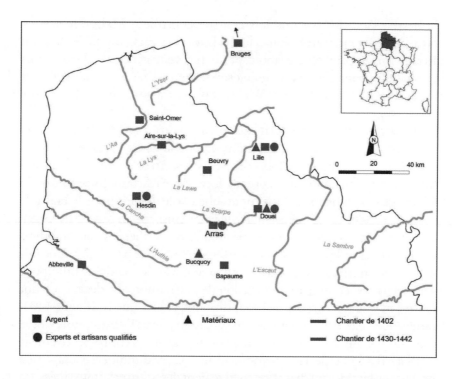

Fig. 7 – Lieux sollicités pour le financement et/ou l'approvisionnement en matériaux et en artisans pour les chantiers de 1402 et de 1430-1442.
Source : © réalisation de l'auteur.

LES CONTRÔLEURS

Les deux chantiers sont soumis à un contrôle comptable à double niveau mais celui-ci évolue dans le temps. En 1402, le premier échelon de vérification fut assuré par Jean de Champdivers. Après examen de toutes les dépenses engagées par le maître d'ouvrage, le maître d'hôtel ducal reportait sur un rôle les paiements qu'il validait. Authentifié par l'apposition de son sceau, ce document servait de référence auprès de l'instance de validation supérieure afin de vérifier l'exactitude des informations retranscrites dans le livre de compte[70]. Typique de l'administration bourguignonne, ce mode de fonctionnement prévoyait

---

70   AD Nord, B 17 058, sans f°, 1402 ; B 17 059, f° 2r°, 1402.

la destruction du rôle une fois celui-ci contrôlé[71]. Malgré le savoir-faire du receveur Jean Robaut, les frais qu'il engageait pour la Maison Rouge furent contrôlés, d'abord par le receveur général d'Artois, puis par le lieutenant général du gouverneur d'Arras[72]. Ce dernier était par ailleurs déjà chargé du contrôle des travaux menés dans la châtellenie d'Arras[73].

Le second niveau de vérification fut assuré par les officiers de la Chambre des comptes. La mention « pour le court », présente sur la couverture et le premier folio des registres, atteste leur intervention (fig. 3 et 4). Continuité d'un organe local de vérification préexistant, la Chambre des comptes de Lille fut établie par le duc Philippe le Hardi le 15 février 1386. Cette même année, le prince institua aussi celle de Dijon. L'organe administratif lillois était chargé de vérifier les comptabilités des domaines et les comptes particuliers des pays de par-deçà[74]. Une fois le chantier terminé, le maître d'ouvrage devait se rendre à Lille pour soumettre son compte à la validation de la Chambre. Le décès d'Oudot Custet fit que son compte ne fut auditionné et clos que le 21 août 1403, tandis que l'examen de celui de son successeur, Jean Denisot, intervint le 6 novembre 1402[75]. Ceux de la Maison Rouge le furent respectivement le 18 avril 1436 et le 19 novembre 1442[76]. C'est durant cette étape que les conseillers de la Chambre corrigeaient les sommes injustifiées ou fausses (fig. 8) et produisaient des cédules[77].

Une fois le compte approuvé, le registre parchemin rejoignait les archives de la Chambre des comptes, tandis que son double, rédigé sur papier, était conservé par le maître d'œuvre ou l'institution qui l'employait. Après son audition, et par souci de conservation, le second compte particulier de la Maison Rouge fut cousu avec deux autres documents comptables du bailliage d'Arras, le compte annuel et le compte

71　Sylvie Bepoix, *op. cit.*

72　AD Nord, B 17 068, sans f°, 1430-1435 ; B 17 069, f° 1r°, 1441-1442.

73　AD Nord, B 14 145, f° 10r°, 1441-1443.

74　Bertrand Schnerb, *op. cit.*, p. 98 ; Jean-Baptiste Santamaria, « Conseiller le prince… », *op. cit.* ; Sylvie Bepoix, *op. cit.*

75　AD Nord, B 17 058, sans f°, 1402 ; B 17 059, f° 8r°, 1402.

76　AD Nord, B 17 068, sans f°, 1430-1435 ; B 17 069, f° 1r°, 1441-1442.

77　AD Nord, B 17 058, sans f°, 1402 ; B 17 068, sans f°, 1430-1435 ; Jean-Baptiste Santamaria, « Savoirs, techniques et pratiques comptables dans l'administration des Pays-Bas bourguignons, fin XIVᵉ-début XVᵉ siècle », *Comptabilités*, n° 7, 2015, http://journals.openedition.org/comptabilites/1630, consulté le 29 août 2021.

des nouvelles acquisitions[78]. Les lettres de certification du compte de 1402 furent quant à elles annexées aux archives du domaine d'Artois[79].

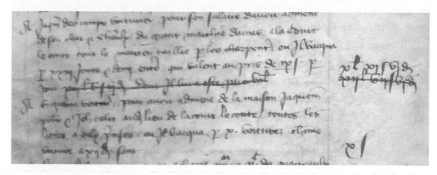

FIG. 8 – Correctif apportés par la Chambre des comptes dans le livre des travaux de Oudot Custet. Source : © AD Nord, B 17 058, sans fo, 1402, cliché de l'auteur.

La présente étude permet d'éclairer un type de document encore largement méconnu, le compte particulier réalisé dans le cadre d'une commande édilitaire. L'analyse couvrant une période de quarante années laisse entrevoir une évolution dans la présentation de ces comptabilités afin de répondre aux exigences croissantes de l'organe de contrôle de l'administration bourguignonne, la Chambre des comptes de Lille. Afin d'améliorer la vérification et la conservation des registres comptables, celle-ci imposa des normes codicologiques aux institutions placées sous sa supervision. L'établissement d'une mise en page spécifique permit un dialogue entre le maître d'œuvre et les contrôleurs qui renforça l'importance des registres comptables. Ces documents étaient en effet des instruments incontournables de la gestion domaniale sur lesquels le pouvoir princier bourguignon appuya son administration. L'analyse codicologique révèle l'existence d'une grande part de liberté accordée aux clercs rédacteurs, tant dans la préparation des cahiers composant le registre que dans la possibilité d'exprimer leurs talents de calligraphe. Cette assertion n'est pas nouvelle mais elle atteste pour la première fois cette réalité à l'échelle du bailliage d'Arras[80]. La comparaison de deux chantiers éloignés de quarante ans suggère aussi une gestion des

---

78   AD Nord, B 17 069, f° 3v°, 1441-1442.
79   AD Nord, B 17 058, sans f°, 1402.
80   Jean-Baptiste Santamaria, « Ruptures politiques… », *op. cit.*

travaux qui tendrait à se territorialiser entre Philippe le Hardi et son petit-fils, Philippe le Bon. Ce phénomène s'observe aussi bien dans le financement, la maîtrise d'ouvrage, que le contrôle et le suivi quotidien du chantier. La présente analyse démontre également que les normes codicologiques ne s'imposèrent que progressivement au travers des différentes instances administratives de l'Arrageois. De fait, une étude exhaustive du riche corpus concernant les travaux menés tant dans le bailliage, dans la châtellenie que dans la ville d'Arras, mériterait donc d'être menée afin de confirmer les pistes d'évolution de la présentation et de la gestion territoriale des documents comptables de l'administration bourguignonne au sein d'un territoire donné.

Mathieu BÉGHIN
Université de Lille

LA CONSTRUCTION
D'UNE PIÈCE MAÎTRESSE

Le *contatoio* des Salviati de Londres,
vu à travers leur comptabilité (1445-1465)[1]

Famille de premier plan de Florence, les Salviati ont progressivement édifié une entreprise manufacturière, commerciale et financière à l'échelle européenne. Après des investissements dans des ateliers de laine, des ouvertures d'agences commerciales et financières à Florence et à Pise, la compagnie Salviati développa son activité vers le nord-ouest de l'Europe en ouvrant des agences à Londres puis à Bruges au cours des années 1440[2]. Leurs activités sont connues grâce à l'excellente conservation de leurs archives, en particulier leurs comptabilités.

Dans la comptabilité de la compagnie londonienne, de nombreuses entrées concernent la maison. Au-delà du loyer, très élevé, ce sont toutes les dépenses faites pour la maison, de sa décoration aux réparations et à son amélioration, qui sont enregistrées. Une des améliorations importantes consiste en la construction d'une pièce dédiée à la pratique de l'activité marchande, un lieu dans lequel tout est compté et écrit, le *contatoio* comme il est nommé dans les écritures. Il ne s'agit pas ici d'étudier à proprement parler un compte de construction au sens d'un document isolé du reste de la comptabilité des Salviati, mais d'analyser dans celle-ci les mentions des travaux et menues réparations induits par l'occupation d'une grande maison à Londres pendant une vingtaine d'années, en particulier par l'aménagement de sa pièce maîtresse, nécessaire à l'activité de grands marchands, destinée aussi à la réception des clients et des nombreux interlocuteurs de

1   Je remercie chaleureusement les relecteurs pour leurs remarques et suggestions, notamment Virginie Mathé et Michela Barbot.

2   Pour une enquête sur la famille, Pierre Hurtubise, *Une famille-témoin : le Salviati*, Città del Vaticano, Studi e testi-Biblioteca Apostolica Vaticana, 1985.

ces marchands-banquiers. Il s'agit ainsi d'analyser les changements apportés à la structure de la maison afin d'y gérer des affaires et d'y tenir une comptabilité.

La comptabilité des marchands-banquiers est tenue, comme toutes celles de leurs collègues de la péninsule italienne à partir du xivᵉ siècle, en partie double et cela se répercute sur la teneur des informations[3]. La synthèse des dépenses est inscrite dans les différents grands livres et dans les livres intermédiaires, comme les livres de caisse, dans lesquels les informations sur la maison sont le plus détaillées. La multiplicité des entrées concernant la maison de ces marchands-banquiers offre un point de vue original sur le secteur de la construction et de la réparation des maisons des particuliers[4].

DES MARCHANDS ET LEUR *CONTATOIO*

Ce sont des acteurs au fort pouvoir d'achat qui logent au centre de la ville de Londres depuis 1445, dans la paroisse de Saint-Benet[5], dans une demeure hébergeant plus d'une dizaine de personnes. *Alderman* et drapier de Londres, Robert Clopton en est le propriétaire. Celui-ci est un habitué de l'accueil des marchands étrangers de la capitale et figure dans

---

3   Sur la partie double, récemment, Richard A. Goldthwaite, « The Practice of Accounting in Renaissance Florence », *Enterprise & Society*, XVI, 2015, p. 611-647. Sur les techniques bancaires, Francesco Guidi Bruscoli, « Le tecniche bancarie » dans Franco Franceschi, Richard A. Glodthwaite, Reinhold C. Mueller (dir.), *Il Rinascimento italiano e l'Europe*, vol. 4, *Commercio e cultura mercantile*, Trévise – Vicence, Fondazione Cassamarca – Angelo Colla editore, 2007, p. 543-566.

4   Registres conservés de l'agence de Londres : 4 grands livres, à savoir les raisons sociales A (1445-1448), B (1448-1451), C (1451-1453) et D (1453-1458 avec des opérations de clôture des comptes jusqu'en 1465). – 3 journaux qui correspondent aux raisons sociales A, B et D. – 3 registres d'entrée et de sortie du numéraire/livres de caisse pour les raisons sociales A, B et C. – 1 registre de *ricordanze* de la raison sociale D. – 1 registre du chargement vers la Toscane de laines d'Angleterre. Pour ce dernier, voir l'article de Georges Holmes, « Anglo- Florentine Trade in 1451 », *The English Historical Review*, 108, 427, 1993, p. 371-386.

5   On le voit dans un compte d'un client anglais, Tomaso Pesconierie, Archivio Salviati (AS), Prima serie, 333, c. 178. La paroisse est idéalement située au centre de la ville, à proximité de la Tamise et de la célèbre Lombard Street.

les *Views of the hosts*, c'est-à-dire qu'il est chargé d'enregistrer les marchands présents chez lui et de comptabiliser les marchandises vendues et achetées par ces étrangers. Par exemple, il est l'hôte en octobre 1442 de Génois, bien implantés en Angleterre, Leonardo Cattaneo et Giorgio Pinelli[6]. Le testament de Robert Clopton confirme la mort du propriétaire en 1448 : c'est pourquoi dans les registres Salviati, c'est au nom de sa veuve, Margherita, que le loyer est dû à partir de cette date[7]. Dans cette demeure, les marchands effectuent des travaux d'envergure pour y construire une nouvelle pièce, le *contatoio*. Il faut d'abord s'interroger sur ce que le terme désigne et sur sa fonction.

QU'EST-CE QU'UN *CONTATOIO* ?

Dans le *Tesoro della lingua Italiana delle Origini*, *contatoio* est une des entrées[8]. Alors qu'un livre de comptes est cité, celui des Gallerani de Londres du début du XIVe siècle, l'auteure de la notice, Ilaria Zamuner, s'interroge sur sa signification et se demande s'il s'agit d'un instrument pour effectuer un calcul financier. Dans la citation, il semblerait plutôt que le mot se réfère à une pièce particulière : le 8 octobre 1305 :

---

6   Helen Bradley (éd.), *The Views of the Hosts of Alien Merchants, 1440-1444*, Londres, Boydell & Brewer, 2012, p. XXVII, XXXIV, p. 33-34. La production des *Views* est le résultat d'une décision du Parlement de 1439 qui entra en vigueur à Pâques 1440. Il s'agissait, dans l'esprit des Anglais, de mettre un terme à ce qu'on appellerait aujourd'hui une fuite des capitaux. Les législateurs voulaient trouver un moyen d'empêcher le départ des monnaies vers les territoires étrangers une fois la vente des produits effectuée par les marchands étrangers. Sur les aspects anti-étrangers de la cour anglaise, Alwyn A. Ruddock, « Alien Hosting in Southampton in the Fifteenth Century », *Economic History Review*, XVI, 1986, p. 30-37 ; Sylvia L. Thrupp, « A Survey of the Alien Population of England in 1440 », *Speculum*, XXXII, 1957, p. 262-273. – Pour un aperçu sur les Génois en Angleterre, Enrico Basso, « Des Méditerranéens en dehors de la Méditerranée : les Génois en Angleterre », in Michel Balard, Alain Ducelier (éd.), *Migrations et diasporas méditerranéennes (X[e]-XVIe siècles)*, Paris, Publications de la Sorbonne, 2002, p. 331-342. Angelo Nicolini, « Mercanti e fattori genovesi in Inghilterra nel Quattrocento », *Atti della società ligure di storia patria*, XLV, 2005, p. 497-535.

7   TNA, E 211/275.

8   *Tesoro della lingua italiana delle origini*, http://tlio.ovi.cnr.it/TLIO/index.php?vox=013911. htm (dernière consultation le 30 juin 2019).

Ittem 18 s. sterl. a nostre massariçie. Demo a Bindo di Pari di Fiorença per quaran-
totto alle di tela verde cielandrata per fare tende e cortine nela camara del contatoio ;
e due s. fuoro per altre minute cose⁹.

Il s'agit du livre d'entrée et sortie du numéraire et le compte en
question est celui des éléments de la maison, les *massarizie*. Chez les
Gallerani de Londres, la pièce appelée *contatoio* a été décorée avec des
toiles de couleur verte et il est intéressant de constater que l'opération
est enregistrée de la même façon chez les Salviati un siècle et demi
plus tard. Dans une autre écriture datée de 1306, ils utilisent une
variante pour désigner la même pièce : il est alors question de *nostra*
camara del contio que l'on pourrait traduire par « notre chambre du
compte¹⁰ ».

Un autre exemple provient du fonds Médicis. De la même façon,
la correspondance entre les marchands de la compagnie Médicis fait
mention d'un *contatoio* : il est question d'une pièce dans laquelle sont
conversés les registres¹¹.

Dans les écrits des Salviati, aucun doute n'est possible sur la signification du terme : il s'agit chez eux de la pièce dans laquelle les comptes
sont faits et les registres et les correspondances conservés, mais aussi
d'une pièce essentielle aux relations avec les clients. Ces derniers s'y
rendent et elle donne sur l'extérieur. Deux mentions suffisent à le
montrer, celles contenues dans le registre des *ricordanze*, c'est-à-dire
le registre qui sert de mémoire à l'activité de l'entreprise. À deux
reprises, en 1453 et en 1460, la maison est estimée et les estimateurs,
des marchands florentins, sont chargés de son inventaire. Parmi les
différentes pièces, le *contatoio* est, à chaque fois, pris en compte. C'est
donc bien une pièce aménagée à l'intérieur de la maison qui est destinée
à l'activité de grands marchands¹². La même organisation se perçoit

---

9   Georges Bigwood, *Les livres des comptes des Gallerani*, Ouvrage revu, mis au point, complété
      et publié par Armand Grunzweig, Bruxelles, Académie Royale de Belgique, 1961, t. I,
      p. 82. Pour une discussion sur la langue de ces documents, Roberta Cella, *La documentazione*
      Gallerani-Fini nell'Archivio di Stato di Gent (1304-1309), Florence, SISMEL-Edizioni del
      Galluzzo, 2009.

10   Georges Bigwood, *ibid.*, p. 92 : *Ittem 20 s. 5 d. sterl. a nostre massariçie, trenta dì di giennaio.*
      Demo a uno masestro di Londra per due asseti che ne fecie nela nostra camara del contio e le tavole
      sono nostre.

11   Raymond de Roover, *Il banco Medici dalle origini al declino (1397-1494)*, Florence, La Nuova
      Italia, 1988. Dans la version originale en anglais de l'œuvre, la citation n'est pas reprise.

12   AS, Prima serie, 342, je reviens sur ce compte ci-dessous.

au XVIe siècle dans la maison d'autres marchands toscans présents à Londres. Dans les *ricordanze* des Bardi et Cavalcanti, un *contoro* aux attributions similaires est recensé[13].

À l'image de la *bottega* des acteurs de la production et des échanges, le *contatoio* est primordial dans l'organisation de l'activité des Salviati et des autres compagnies actives dans le grand commerce et la banque[14]. C'est pour cela que dans la maison londonienne, des travaux d'aménagement sont lancés pour édifier la pièce, quelque temps après leur installation définitive dans la capitale anglaise. Cet aménagement démontre la volonté des Salviati de faire de Londres une de leurs bases commerciales directes et pérennes.

LA CONSTRUCTION DU *CONTATOIO*

Dans trois des quatre grands livres disponibles, un compte spécifique à la construction du *contatoio* est enregistré : *Spese per far fare il nostro contatoio*. La première entrée est inscrite au grand livre A couvrant la période 1445-1448 puisque sa construction se déroule durant les années couvertes par le registre. En décembre 1446, un peu plus d'un an après les débuts officiels de l'agence, les marchands décident d'aménager dans leur maison cette pièce dédiée à la tenue des comptes, signe d'une activité plus soutenue pour la nouvelle agence florentine en terre étrangère[15]. Le coût n'est pas négligeable, car ils doivent débourser £. 11 s. 12 d. 9 de

---

13 Cinzia M. Sicca, « Consumption and trade of art between Italy and England in the first half of the sixteenth century : the London house of the Bardi and Cavalcanti company », *Renaissance Studies*, 16, 2, 2002, p. 177 et 201. L'auteur donne l'étymologie du mot et indique la fonction commerciale de la pièce, destinée à l'accueil du public, mais aussi tenant office de bureau où s'effectuent les comptes et se rédigent les correspondances.

14 D'une manière générale sur les maisons des marchands-banquiers italiens en Angleterre, Francesco Guidi Bruscoli, « Perception, Identity and Culture : The Italian Communities in Fifteenth-Century London and Southampton Revisited », dans *Resident Aliens in Later Medieval England*, M. Ormrod, N. McDonald, C. Taylor (dir.), Turnhout, Brepols, 2017, p. 89-104, en particulier p. 99-101.

15 Sur l'installation et les débuts de l'agence londonienne, Matthieu Scherman, « L'insertion d'une banque à l'étranger : le cas des Salviati à Londres à la mi-XVe siècle », dans *Mercados y espacios económicos en el siglo XV : El mundo del mercader Torralba*, Barcelone, Universitat de Barcelona Edicions, 2020, p. 383-412.

sterling pour sa construction et sa décoration[16]. À titre de comparaison, le coût du loyer annuel de la grande maison est de £. 18[17].

Grâce au fonctionnement de la partie double, il est possible de suivre la construction et la décoration de la pièce qui durent jusqu'au 20 septembre 1447. Dans le compte synthétique du grand livre, un renvoi est fait au livre de caisse, *quaderno di cassa*. Un aperçu de la structure de la nouvelle pièce se dessine alors grâce aux enregistrements plus précis de ce livre. La somme renseignée dans le grand livre est décomposée en onze opérations différentes dans le livre de caisse. Ainsi, le montant le plus important pour la construction est versé à un charpentier anglais, £. 7 s. 5. Il est payé en cinq fois en pièces d'argent et d'or, aussi bien pour la façon que la fourniture en bois, de décembre 1446 à février 1447[18].

L'emplacement à l'intérieur de la maison est perceptible grâce aux détails du livre de caisse. Le *contatoio* est situé à l'avant de la maison, donnant sur la rue. Il est question du paiement d'un artisan « qui fait les fenêtres de verre » pour deux fenêtres en façade. Les mesures sont aussi renseignées : les deux fenêtres sont longues de trois pieds et dix pouces et larges de trois pieds, soit 115 cm x 90 cm (un pied mesurant environ 30 centimètres et un pouce 2,5). Le tout est évalué à quinze pieds carrés. Tout est enregistré : les matériaux, les serrures et leurs clés, la cloche attachée avec des fils de fer ou encore les tentures pour décorer les murs.

Les besoins semblent avoir été mésestimés au départ puisque les dernières écritures de ce compte sont petites et serrées, comme si le scribe avait manqué de place. Le compte est une première fois soldé le 11 mai 1447 – le calcul total apparaît après cette dernière entrée

---

16   AS, Prima serie, 333 c. 176, Voici comment est résumée l'affaire dans le premier compte ouvert pour le *contatoio* Partie débit : *Spexe per far fare il nostro contatoio deono dare £ undici s. xii d. viiii° di sterline sono per tutte spese fatte in fare detto chontatoio come appare partitamente al quaderno di chassa c. 107, a uscita a c. 56, al conto c. 175.* Dans cette entrée, le comptable informe du renvoi au livre de caisse au folio 107, que la sortie de numéraire pour le paiement se trouve dans ce même livre de caisse dans la partie sortie au folio 56 et que le renvoi pour équilibrer le compte dans la partie débit du grand livre se trouve au folio 175, ce compte correspond au compte de la caisse du grand livre. – Partie crédit : *Spexe per far fare il nostro chontatoio deono aver £ una s. xii d. viiii° di sterline poste a disavanzi di nostra ragione di chompagnia, gli debbino dare in questo c. 173. – E deono dare £ dieci di sterline consegnamole per debitore alla ragiona d'altanti, posto gli debbino dare al libro rosso segnato B c. 28.* Ici pour équilibrer le compte, £. 1 s. 12 d. 9 sont portées dans la partie des *Disavanzi* du grand livre au folio 173 et le reste est renvoyé à la raison sociale suivante, la B, dans le grand livre au folio 28.

17   AS, Prima serie, 336, c. 29.
18   AS, Prima serie, 335, c. 104.

(£. 10 s. 9 d. 6) –, puis le compte est continué en écriture minuscule jusqu'en septembre 1447. Sont ainsi comptabilisés les charnières de fer (*gangheri*), les clous (*bullette*) de cuivre et de laiton le 11 juillet 1447. Les besoins sont importants puisque les Salviati de Londres s'en procurent 650 en tout. D'autres fenêtres, une en verre vers le levant comme il est précisé, et une ferrée, probablement pour empêcher les effractions, sont aussi posées. Les deux dernières entrées concernent plus spécifiquement la décoration : un drap vert d'une longueur de 6,5 vergues, environ 6 mètres, est acheté ainsi qu'un chandelier installé devant le portrait de la Vierge, respectivement le 1ᵉʳ juin et le 1ᵉʳ septembre 1447. Ce besoin de lumière se note aussi pour le *contatoio* de Bruges : les Salviati-da Rabatta se procurent un chandelier en laiton, ainsi qu'une petite caisse[19].

La couleur verte, comme chez les Gallerani, est aussi celle qui orne le *contatoio* de l'agence de Bruges de la compagnie. En 1456, ce sont les Salviati de Londres qui font envoyer le drap anglais à Bruges. La correspondance, qui n'est pas conservée, entre les agences de Bruges et de Londres a fait référence à la pièce qui avait besoin d'embellissement. Quelques informations intéressantes sont d'ailleurs mentionnées dans l'enregistrement : les Salviati de Londres se sont fournis chez une drapière, Margherita Batt. Cette dernière a confié à son apprenti le soin de l'apporter aux Florentins qui l'ont envoyé par l'intermédiaire d'un autre Florentin, Filippo Corbinelli, à Bruges. Enfin, le compte du *quaderno di cassa* enregistre le prix de la boisson donnée à celui qui s'est chargé de transporter le drap jusqu'au bateau pour finalement être remis à ceux de Bruges[20]. Ce drap est probablement utilisé pour couvrir la pièce, ou une partie, comme dans la maison londonienne. Il n'est que de 3,5 vergues, soit un peu plus de 3 mètres : cette longueur moins grande indique-t-elle une dimension plus petite de la pièce de Bruges dédiée à la comptabilité et à la réception des clients ?

---

19   AS, Prima serie, 24, c. 11 compte *Masserizie di chasa – E a dì xvii di dicenbre s. 1 di grosso per una cassetta per il contatoio auta dalla damigiella nobili a uscita c. 166 posto in questo chonto di chassa debbi avere a c. 140. – e a dì xxii detto s. 1 di grosso contanti per uno candeliere d'ottone avute con tre cannoni per il contatoio a uscita c. 166 posto in questo conto di chassa debbi avere a c. 140.*

20   AS, Prima serie, 337, c. 134 *quaderno di cassa* dans le compte *spese di compagnia. – 4 avril 1456 s. 9.11 a Margherita Batt drappiera portò Tomaxo suo prendizion chontanti sono per verghe 3,5 de panno verde mandamo a ddonare a nostri de Bruggia per il loro chontatoyo, cioè per choprirlo e a lloro lo mandamo per Filippo Chorbinegli. – E a dì 6 avril, d. 4 al servante di Ricciardo Silander al quale gli demo da bere perché il sopradetto panno portò alle navi e dice averlo dato a Ffopp (Foppo) Gilison che lo dessi a nostri di Bruges.*

Pour revenir au *contatoio* de Londres, on constate que les Salviati se sont aussi procuré des éléments nécessaires à l'activité marchande : dans le compte *Masserizie di casa* du livre de caisse toujours, il est question d'achats de deux paires de ciseaux pour la pièce et d'une petite table, achetée à un charpentier de Lombard Street[21]. Par la suite, l'importance du lieu pour les marchands-banquiers se note dans les enregistrements le concernant dans les dépenses quotidiennes[22]. Lors de leur arrivée à Londres, les Salviati passent par Bruges pour se fournir en meubles ; ils assouvissent par la suite leurs besoins sur le marché londonien, à l'exception d'un tableau qui provient toujours de Bruges[23].

Toutes ces informations attestent les lourds travaux entrepris afin de transformer la maison d'habitation en une maison à la fois d'habitation et de commerce. Une pièce donnant sur la rue a ainsi été élaborée, dotée d'autres ouvertures, d'une porte d'entrée spécifique, d'autres fenêtres et d'une cloche pour que les clients puissent avertir de leur venue. En cela, le grand marchand-banquier se différencie dans sa pratique du producteur avec sa *bottega* ouverte sur l'extérieur, deux façons finalement dissemblables de travailler[24] : d'un côté, un professionnel travaillant dans une espèce de bureau dans lequel les clients et interlocuteurs doivent être invités à rentrer, de l'autre des travailleurs manuels qui vendent leurs produits à la vue de tous.

LA VIE DU *CONTATOIO*

Au-delà de l'aspect comptable, les quelques enregistrements concernant le *contatoio* démontrent l'intérêt qu'y portent les marchands. Dans

---

21 AS Prima serie, 333, en juillet 1445 c. 92, *E deono dare per alchune coxe comperate per lo paxato come dite a dì xiiii° di luglio d. VI per 2 paia di forbicine per lo contatoio £0.0.6. – a dì xxx d'aghosto s. tre d. ii per una tavoletta con 2 trespoli per valletti da uno carpentiere di strada lonbarda £0.3.2 – in somma s. iii. d. viii sino a questo dì 20 di settembre levati dal foglio.*

22 AS, Prima serie, 343, *entrata e uscita e quaderno di cassa*, cela commence le 1er mars 1454, « Da qui avanti a tutte charte *** schriveremmo le spese minute faremo dì per dì » fol. 81 r au fol. 109 r (12 mai 1457) puis du fol. 171 r au fol. 181r (14 septembre 1458).

23 AS, Prima serie, 333, c. 3 compte *Masserizie di chasa*.

24 Sur la *bottega* d'artisan, Donata Degrassi, *L'economia artigiana nell'Italia medievale*, Rome, Carocci, 1998, p. 63-68.

l'inventaire de 1453, le *contatoio* est mentionné au côté de neuf chambres, une pièce de la draperie, un cellier et la cuisine. Le *contatoio* est à la fois un comptoir, mais aussi la pièce où sont conservées les archives de l'agence : une caisse remplie de registres, des *quaderni*, et une autre contenant des lettres sont décrites. En 1460, on apprend que le *contatoio* est toujours doté de deux fenêtres de verre, d'un petit lit, d'une couverture, d'un matelas de plumes (*primaccio*) et de la même façon, d'une caisse. La pièce est donc à la fois le lieu de réception des partenaires commerciaux et des clients, un lieu de travail où les calculs et les écritures sont effectués et conservés, mais aussi, pour la fin de la période, un lieu de repos. Peut-être le comptable de l'agence y dormait-il alors[25] ?

L'aspect de la pièce peut encore être précisé à la lecture des opérations la concernant. Il s'agit véritablement de la pièce destinée à toutes les écritures et à tous les calculs puisque les Salviati se fournissent en papier à plusieurs reprises spécifiquement pour le *contatoio*. Le lieu est important pour l'ensemble des membres de l'agence. Pandolfo dei Benvenuti, qui peut être considéré comme un partenaire particulier de la compagnie, laisse des affaires à l'agence de Londres lors de son départ[26]. Un compte spécialement ouvert à cet effet en témoigne. Parmi les marchandises, du papier extrait de son stock personnel est laissé, est-il dit, pour le *contatoio*[27]. Les Salviati en achètent aussi régulièrement à d'autres partenaires commerciaux[28].

L'aspect pratique de la pièce, mais aussi les nécessités de bien l'aménager et de la décorer se notent dans les comptes de bouche recopiés dans le livre

---

25 AS, Prima serie, registre 342, c. 246 pour l'inventaire d'août 1453 et c. 251 pour celui de mars 1460.

26 Pandolfo est formé par la compagnie Salviati et il apparaît dans les registres fiscaux de Florence comme voisin, dans le quartier de Santa Croce. Il a dû être formé sur les galées faisant la liaison Méditerranée-Flandres et il a été par la suite installé en tant que facteur dans le port de Southampton pour environ deux ans, de 1446 à 1448. Lors de son retour à Florence, Pandolfo fait partie des employés de la compagnie Salviati, chargé de tenir la caisse de l'agence. Il refait une apparition à Southampton en 1448 avant de changer de destination : on le retrouve dans les registres de Bruges dans les années 1460, toujours comme facteur, à Almeria en Andalousie.

27 AS, Prima serie, 336, c. 30 compte *Spese di compagnia – E a dì detto* [15 août 1450] s. *iii d. viii di sterline sono per più folgli tolti di due balle ci lasciò Pandolfo Benvenuti pel chontatoio in credito a robe lasciateci Pandolfo Benvenuti in questo c. 61.*

28 AS, Prima serie, 336, c. 30 compte *Spese di compagnia, – E a dì ii d'aprile 1450 s. iiiᵒ di sterline sono per una risina di charte avuta più fa pel chontatoio da Nicholoxo de' Fornari a llui in credito in questo c. 157.*

de caisse mentionné précédemment, celui tenu par le jeune Giovanni dei Bardi. Celui-ci, nouvellement arrivé au début des années 1450, semble profiter de la liste des courses quotidiennes pour améliorer sa dextérité et son savoir-faire dans la tenue des comptes. Les dépenses liées essentiellement à la nourriture sont inscrites du 1er mars 1454 au 14 septembre 1458. Grâce à cette documentation, ce sont 6435 enregistrements qui sont disponibles pour les quatre années couvertes : ils concernent pour l'écrasante majorité des dépenses alimentaires et tout ce qui s'approche de la cuisine ou de la table, les mortiers qu'on répare, les nappes que l'on raccommode ou encore les ordures que l'on sort de la cuisine. Durant la période 1454-1458, les dépenses des Salviati n'équivalent pas aux grandes maisons nobles anglaises ou aux grands marchands londoniens qui dépensent £. 30 à £. 100 par an, mais elles s'approchent de la moyenne basse puisqu'ils déboursent environ £. 20 par année, ce qui semble en diminution par rapport aux années précédentes. À titre de comparaison, C. Dyer indique une moyenne de 20 sous par an pour le loyer d'une maison d'artisan[29]. Parmi toutes ces dépenses, le *contatoio* est cité à trois reprises[30] : deux fois pour égayer la pièce, puisque des roses sont achetées, et une autre fois pour l'achat d'un canif pour tailler les plumes, *temperatoio*, signe de l'utilisation de la pièce comme écritoire. À l'image de ces quelques annotations, la suite concerne des menues réparations qui sont inscrites dans le compte des *masserizie di casa* ou dans les dépenses de la compagnie : une petite fenêtre qui a besoin d'une révision ou encore la cloche. Cette dernière a besoin le plus souvent de réparations, les marchands florentins doivent l'entretenir à plusieurs occasions, signes d'une utilisation fréquente par les clients et d'affaires prospères[31].

Les comptes révèlent aussi les aménagements apportés à la pièce dans le contexte des émeutes anti-italiennes qui éclatent à partir de 1456. Les biens des Italiens et, parfois, leurs personnes sont victimes du mécontentement d'une partie de la population londonienne. Des émeutes surviennent en 1456, 1457 et 1458[32]. Signe d'une tension persistante, les

---

29   Chris Dyer, *Standards of Living in the Later Middle Ages : Social Change in England c. 1200-1520*, Cambridge, Cambridge University Press, 1989, p. 198-199, p. 208.

30   AS, Prima serie, 343, *entrata e uscita e quaderno di cassa*, dépenses du mardi 25 mars 1455, du 9 juin 1455 et du 21 juin 1455.

31   AS, Prima serie, 333, c. 107, le 11 juillet 1447 par exemple.

32   Alwyn A.Ruddock, *Italian Merchants and Shipping in Southampton (1270-1600)*, Southampton, University College, 1951, p. 97-98.

Salviati paient un homme six deniers pour faire la garde en août 1457, 8 en février 1458 et la même somme en mars de la même année. Toujours en 1458, ils se procurent quatre livres de plomb pour renforcer leur porte d'entrée. Le *contatoio* a subi aussi des dommages, ou en tout cas ils veulent le renforcer, car de nouveaux gonds sont achetés pour sa porte[33]. 1456, c'est aussi l'année du départ définitif du nord-ouest de l'Europe des deux membres de la famille Salviati et en 1457, pour faire pression sur les autorités anglaises, toutes les nations italiennes se sont réunies et ont menacé de quitter Londres pour s'installer à Winchester, à un peu moins de cent kilomètres au sud de la capitale et non loin du port de Southampton, en raison de la multiplicité des attaques subies[34]. Les livres conservés dans le *contatoio* sont envoyés dans des tonneaux, d'abord à Bruges, puis à Florence. L'opération a été un succès comme le démontre leur conservation quasi parfaite jusqu'à aujourd'hui. En revanche, le *contatoio* est cambriolé en 1458, le numéraire présent dans la caisse, au moins £. 35, est la victime de margoulins, démontrant en cela la place primordiale de la pièce dans l'organisation pratique des activités de ces grands marchands-banquiers[35]. Tous ces enregistrements permettent de s'interroger sur l'organisation comptable de l'agence, la façon dont ces menues dépenses sont enregistrées, en filigrane la façon dont la partie double permet de surveiller l'ensemble des opérations, de la plus minime à la plus importante.

---

33   AS, Prima serie, 343, dépenses du 27 octobre 1456, 20 novembre 1456, 12 avril 1458 et 14 avril 1458.

34   *Calendar of state papers Relating to English Affairs in the Archives of Venice, Volume 1 : 1202-1509*, qui présente le décret du Sénat de Venise du 23 août 1457 (http://www.british-history.ac.uk/source.aspx?pubid=999, consulté le 25/11/2021) et le 18 juillet 1457, alors que Jacopo et Averardo sont retournés à Florence, Giovanni dei Bardi et Niccolò da Rabatta qui s'occupent de l'agence de Londres au nom des Salviati envoient les décisions prises par les nations italiennes concernant la levée des peuples, *e' capitoli delle nazioni del levarsi*. AS, Prima serie, 342.

35   AS, Prima serie, 342, l'événement est narré le 18 février 1458 et 344, Grand livre, c. 122, le résultat du vol est mis dans les *disavanzi*. Ce sont les *maggiori* de Florence qui donnent la façon dont le vol doit être enregistré dans les différents comptes.

DES QUELQUES MENTIONS DU *CONTATOIO*
À L'ORGANISATION COMPTABLE DE L'AGENCE

Pour l'agence de Londres, douze registres sont disponibles et pour celle de Bruges trois. L'agence de Bruges est moins fournie puisque ne sont conservés que deux grands livres et un journal/livre de caisse[36]. Pour l'ensemble de la période d'ouverture de l'agence Salviati à Londres, tous les grands livres sont disponibles ; seuls manquent les registres concernant la raison sociale « E ». Ces registres ont dû être conservés par la famille Bardi, puisque Giovanni dei Bardi gère l'agence à partir de 1456 lorsque les membres de la famille Salviati quittent définitivement Londres, au cours de la raison sociale « D » qui couvre la période 1453-1458[37]. Comme l'exige la technique de la comptabilité en partie double, les informations sur la construction et l'aménagement du *contatoio* apparaissent dans plusieurs registres correspondant à une même raison sociale. Des informations se retrouvent à la fois dans les grands livres, les livres d'entrée et de sortie/livres de caisse et dans les *ricordanze*. Les informations concernant le *contatoio* permettent de s'interroger sur la façon dont les enregistrements sont faits dans cette comptabilité.

On l'a vu ci-dessus, le *contatoio* est enregistré dans un compte des grands livres qui sont les livres de synthèse où sont enregistrés tous les comptes d'une comptabilité. Chaque entrée dans un compte doit être enregistrée deux fois, une en débit, l'autre en crédit. Les grands livres doivent être équilibrés : les sommes en débit de tous les comptes doivent

---

36 Ce dernier est inscrit comme appartenant à l'agence de Londres dans l'inventaire, mais j'ai pu le rétablir en tant que journal de l'agence de Bruges. Il porte le numéro 345 de l'inventaire et est décrit comme le journal D de Londres couvrant la période 1463-1466. Le fait que l'agence ne soit pas dès le début une agence Salviati proprement dite en est probablement la cause. Au départ, l'agence a comme nom *Piero da Rabatta e compagni* à partir de 1446, avant de devenir *Giovanni Salviati e Piero da Rabatta e compagni* en 1461, au moment de l'ouverture de la raison sociale « G ».

37 On peut voir la présence d'un livre E dans le registre *Stella*. Le registre *Stella* conservé dans la IIIe série de l'Archivio Salviati est un registre comptable destiné à faire le bilan des différents livres compilés par l'ensemble des membres de la famille Salviati et des compagnies qu'ils dirigent et celles qu'ils ont dirigées. Outre, l'importance que le registre revêt pour les Salviati, il est aussi un exemple de la façon dont une famille florentine d'industriels-marchands-banquiers règle ses comptes et met en ordre ses affaires après près d'un siècle d'activité. Le registre débute en 1471.

être équivalentes à celles de la partie crédit, le bilan devant être égal à zéro[38]. La clôture d'un même compte peut s'effectuer sur plusieurs années, c'est pourquoi le compte du *contatoio* est renvoyé d'une raison sociale à l'autre, jusqu'à ce qu'il soit « éteint » comme le disent les marchands.

Un autre livre est mentionné dans l'écriture du grand livre à propos de la construction de la pièce, le *quaderno di cassa*. Ce livre est divisé en deux : d'un côté la synthèse des entrées et des sorties de numéraires inscrites par ordre chronologique et de l'autre le livre de caisse tenu en partie double. Pour l'agence, trois registres d'entrée et sortie sont conservés, il manque le « C » celui correspondant aux années 1451-1453. La partie *quaderno di cassa* du registre est la plus loquace, car elle enregistre les sorties de numéraire. Les fournisseurs ponctuels, comme le charpentier anglais qui a construit la pièce, qui n'apparaissent pas dans les grands livres, le sont dans ces cahiers. Pour les autres enregistrements concernant des dépenses faites pour la pièce, le *contatoio* est le plus souvent mentionné dans les comptes du livre de caisse en *masserizie*, *spese di casa* ou *spese di compagnia* indifféremment. Pour comptabiliser ces menues dépenses, relativement aux sommes manipulées par de grands marchands, les différentes agences ont chacune une façon de faire propre. Les registres où les notations sont inscrites ne sont pas les mêmes pour toutes. Certains utilisent des carnets dédiés à l'enregistrement des menues dépenses, puis retranscrivent le résultat tous les mois dans un compte synthétique du grand livre : c'est le cas pour l'agence de Bruges.

L'écriture qui concerne la construction est équilibrée pour la partie débit du compte des dépenses liées au *contatoio*. Dans la partie crédit du même compte, le scribe renvoie une partie de la somme dans les pertes, *disavanzi*, donc en débit, pour un montant de £. 1 s. 12 d. 9 et le reste, £. 10, en débit de la raison sociale suivante, la B, dans laquelle le compte des dépenses dues à l'édification du *contatoio* est poursuivi. Ainsi dans la raison A, le compte est biffé, car soldé pour l'exercice comptable 1445-1448. Ce n'est pas le cas dans le grand livre suivant, couvrant la période 1448-1451.

Le compte dans le grand livre B, 1448-1451, n'est pas biffé, car il n'est pas soldé : un différentiel de £. 7 apparaît entre le débit et le crédit. Les £. 10 passées dans le compte en débit ne sont pas compensées par la partie crédit : £. 1 par an portée à la partie *disavanzi* pour l'amortissement de

---

38 Le compte retranscrit dans la note 16 permet d'illustrer le fonctionnement.

la pièce[39]. Dans la comptabilité, les Salviati inscrivent chaque année dans les pertes, les *disavanzi*, la « perte » en raison de l'amortissement de la pièce ; les marchands considèrent que sa valeur baisse avec le temps, cela a lieu tous les 15 août des années 1449, 1450 et 1451. C'est d'ailleurs le cas pour tout l'ameublement de la maison, les *masserizie* sont elles aussi amputées chaque année et cette perte est enregistrée dans les *disavanzi*.

Par conséquent, le compte pour les dépenses dues à la construction est ouvert dans le nouveau grand livre, le C, qui couvre la période 1451-1453 et l'excellence de la gestion opérée par les Salviati se note si l'on regarde l'ensemble des comptes qui concernent le *contatoio*[40]. Alors que chaque année le *contatoio* est diminué de sa valeur, ils ont dans le même temps réussi à conclure la vente du *contatoio* à la propriétaire, vente conclue en 1452 alors qu'ils occupent encore la maison. Ils l'ont vendu pour £. 12 de sterling ; une somme qu'ils défalquent de leur loyer. Au lieu de payer £. 4 s. 10 chaque trimestre, ils ne paient pendant deux ans que £. 3, jusqu'à ce que la propriétaire « rembourse » le montant de son achat. Ils ont donc effectué une opération financière parfaite et en profitent pour gagner quelques sous en facturant une somme légèrement supérieure au coût de la construction et de sa décoration initiales. À ce moment le compte est définitivement soldé, car il n'apparaît plus dans la raison sociale suivante, celle de 1453-1458.

À l'image de la partie double, le tout est presque égal à zéro : pour eux l'opération de construction d'une pièce supplémentaire – pièce dont ils font un usage quotidien – ne leur a finalement rien coûté. La propriétaire a sûrement accepté en raison des changements positifs opérés dans la maison : celle-ci a dû être louée par la suite à une grande famille de marchands, les locaux étant prêts pour une poursuite d'activité commerciale ou financière de grande envergure. Les Salviati ont ainsi effectué les « améliorations » souvent mentionnées dans les contrats de location d'habitation et qui sont, la plupart du temps, tenues d'être remboursées par le propriétaire. Mais leur astuce financière se perçoit. Non seulement cette « vente » ne prend pas en compte l'usure de la pièce, alors qu'ils y résident jusque dans les années 1460, et ils font payer la décoration de celle-ci à la propriétaire.

---

39   AS, Prima serie, 336, c. 28. *Spese per far fare il nostro chontatoio deono dare a dì xiiii° d'aghosto 1448 £ dieci di sterline che di tanto ce l'è assengnano per debitore la ragione vechia posto gli debbi avere al suo libro rosso segnato A c. 176.*
40   AS, Prima serie, 341, c. 5.

Selon Luca Pacioli, les journaux étaient les autres piliers de la comptabilité en partie double, avec le grand livre et le mémorial ; là aussi trois sont conservés, il manque le « D » des années 1453-1458[41]. Dans les journaux, ce sont les acteurs des lettres de change ainsi que les assignations ou les compensations effectuées entre les comptes qui sont enregistrés. Comme le registre des entrées et sorties, le journal n'est pas tenu en partie double, mais les entrées sont inscrites jour après jour chronologiquement. On n'y lit rien qui concerne le *contatoio* londonien. Le journal est le registre qui change le plus en fonction des compagnies : si les grands livres sont toujours organisés de la même façon, ce n'est pas le cas des autres registres nécessaires à la comptabilité. Ainsi, pour le journal de Bruges, qui contient également le livre de caisse, le personnel de l'agence de Bruges a choisi un autre moyen pour rendre sa comptabilité en regroupant deux registres. Dans ce journal/livre de caisse, des mentions du *contatoio* de Bruges sont donc enregistrées. Si la dénomination du registre est similaire, son utilisation est différente d'une entreprise à l'autre. En scrutant les registres des agences de Londres, Bruges, Pise et Florence, il est possible de penser que les différences dans la gestion des registres nécessaires à l'application de la partie double à la comptabilité soient dues aux fonctions des agences. De la sorte, Bruges et Londres n'ont pas les mêmes façons de tenir le registre de caisse et le journal. Chez les Cambini de Florence, les pratiques sont différentes de celles rencontrées par les Salviati. Sont conservés des *quaderni di cassa* et des *quadernucci di cassa* et deux livres d'entrée et de sortie. Dans les *quaderni di cassa*, sont enregistrés tous les comptes courants des clients florentins[42]. Ce n'est pas le cas pour les Salviati.

Enfin, un dernier livre mérite l'attention, celui dit des *Ricordanze*. Malheureusement, un seul registre est conservé sur les quatre raisons

41 Luca Pacioli, *Trattato di partita doppia, Venezia 1494*, Annalisa Contero (éd.), Venise, Albrizzi, 1994, sur Pacioli cf. Philippe Braunstein, « La *Summa* de Luca Pacioli », in Patrick Boucheron (dir.), *Histoire du monde au XVᵉ siècle. 1. Territoires et écritures du monde*, Paris, Fayard, 2009, p. 541-551. Sur la composition des différents ouvrages de Pacioli, Peter Spufford, « Late Medieval Merchant's Notebooks : A Project. Their Potential for the History of Banking. », in Markus A. Denzel, Jean-Claude Hocquet, Harald Witthöft (dir.), *Kaufmannsbücher und Handels-praktiken vom Spätmittelalter bis zum 20. Jahrhundert. Merchant's Books and Mercantile Pratiche from the Late Middle Ages to the Beginning of the 20th Century*, Stuttgart, Franz Steiner Verlag, 2002, p. 47-61, p. 55.
42 Sergio Tognetti, *Il Banco Cambini. Affari e mercati di una compagnia mercantile-bancaria nella Firenze del XV secolo*, Florence, Leo S. Olschki Editore, 1999, p. 9-11.

sociales différentes, c'est celui portant la lettre « D », soit la dernière période, initiée en 1453. Ce sont aussi ces registres qui ont subi le plus de pertes pour les autres agences Salviati. Dans le cas des *Ricordanze*, il ne s'agit pas d'établir une comptabilité, mais, comme son nom l'indique, de laisser une mémoire de l'ensemble des opérations[43]. Sont ainsi retranscrites les informations sur les lettres envoyées, avec parfois un petit résumé, les commissions reçues, les achats et les ventes de marchandises, la copie de certains comptes reçus et envoyés ainsi que tous les faits concernant l'entreprise comme l'arrivée ou le départ des marchands italiens faisant une halte, payante, chez eux ou encore les estimations des meubles de la maison comme on l'a vu plus haut. Il est d'autant plus dommage qu'un seul registre de ce type soit conservé que la quasi-totalité des lettres de la compagnie Salviati a disparu. Il est donc plus difficile d'approcher de près les raisons et les mécanismes de la prise de décision et cela empêche d'obtenir des explications plus précises sur les travaux menés dans la maison.

La question de la production documentaire est primordiale pour abor-der les façons d'organiser efficacement les affaires. Par l'examen interne de la documentation, il est possible d'arriver à une première compréhension du système construit par ces grands marchands. Les sommes en jeu pour la construction et l'aménagement du *contatoio* sont dérisoires par rapport aux opérations commerciales et financières qui sont transcrites dans les mêmes livres ; toutefois, l'importance de la pièce est mise en lumière par les nombreuses mentions de celle-ci, y compris dans les comptabilités ou les correspondances des grandes familles marchandes de la péninsule italienne. Les Salviati ne sont pas des acteurs fondamentaux des échanges internationaux, ils ne se démarquent pas par une activité plus importante que d'autres, mais la conservation d'archives d'une telle richesse en fait des témoins privilégiés des mécanismes économiques et de l'organisation du monde de la grande marchandise de l'époque. On voit très bien comment ces comptes de gestion demandent, eux aussi,

---

43 Voici sa composition selon la page de garde. – *Da carte 2 a carte 150, scriveremo ricordi di lettere e comessioni daremo fuori. – Da carte 151 a carte 180, saranno compere e vendite faremo di mercantie. – Da carte 181 a carte 240, saranno copie di conti manderemo e riceveremo. – Da carte 241 a carte 260 saranno ricordi di promesse faremo e ci sarranno facte e più altri ricordi per tempi. – Da carte 261 a carte 280, tucte mercantie manderemo e riceveremo. – Da carte 281 a carte 296 saranno commissioni daremo e ci saranno date.*

une consommation de papier importante et des calculs nombreux. Ils permettent de rentrer dans la comptabilité du quotidien, loin de la difficulté des calculs d'intérêt et de taux de change que les grands marchands sont habitués à manier. Ce n'est finalement qu'une petite partie des centaines de milliers d'écritures, de cahiers, de feuilles qui sont conservés. Des petits carnets ont disparu, probablement jetés une fois les comptes enregistrés dans les registres de synthèse.

La pièce qui sert à faire les comptes, à recevoir, est un espace stratégique de la maison. Chacun souhaite travailler dans des conditions confortables dans un endroit agréable. Aménager le *contatoio* revenait à créer un lieu de vie plaisant et pratique aussi bien pour les clients que pour les marchands. Ceux-ci, exilés dans un territoire étranger, trouvaient dans cette pièce de leur maison l'espace propice à leurs activités et les plus jeunes d'entre eux, qui devaient y passer une bonne partie de leur temps, un endroit où acquérir dans les meilleures conditions les savoirs nécessaires à leurs pratiques.

Matthieu SCHERMAN
Université Gustave Eiffel

IL FORTE E LA CATTEDRALE

Contabilità e politiche edilizie a confronto, in due cantieri di primo Cinquecento – Ascoli Piceno, 1529-1549

La storia architettonica della città di Ascoli Piceno annovera tra le proprie fonti due interessanti libri contabili di epoca rinascimentale: il volume II dei *Libri Entrate ed Esito della Cattedrale*, conservato presso l'Archivio Diocesano della città e il registro delle *Spese fatte per la Rocca d'Ascoli*, oggi all'Archivio di Stato di Roma[1].

Il primo, redatto fra il 1529 ed il 1549 dai tesorieri del Capitolo dei Canonici della Cattedrale, registra i movimenti di cassa relativi alla gestione ordinaria e straordinaria della *Maioris Ecclesia* ascolana, ivi compresi i pagamenti per la *fabbrica* della nuova facciata, edificata su progetto di Cola dell'Amatrice a partire dal 1529[2]; il secondo, redatto fra il novembre 1540 ed il marzo 1541, conserva invece il dettaglio delle spese sostenute dal commissario apostolico Pietro Antonio Angelini da Cesena per la costruzione della prima parte della Fortezza papale di Porta Maggiore, realizzata da Antonio da Sangallo il Giovane per il pontefice Paolo III, fra il 1540 e il 1543[3].

---

1   Rispettivamente: Archivio Diocesano di Ascoli Piceno (ADAP), Archivio del Capitolo della Cattedrale (Arc. Cap.), Sez. I reg. 2, *Libro Entrate ed Esito 1529-1549*; Archivio di Stato di Roma (ASR), Camerale I, Tesoreria Provinciale di Ascoli, b. 7, reg. 31, *Spese fatte per la Rocca d'Ascoli*.

2   Giuseppe Fabiani, *Cola dell'Amatrice secondo i documenti ascolani*, Ascoli, Società Tipolitografica Editrice, 1951; Adriano Ghisetti Giavarina, *Cola dell'Amatrice Architetto e la sperimentazione classicista del Cinquecento*, Napoli, Società editrice Napoletana, 1982; Roberto Cannatà, Adriano Ghisetti Giavarina, *Cola dell'Amatrice*, Firenze, Cantini, 1991; Giannino Gagliardi, *Cola dell'Amatrice. Percorso biografico e artistico*, Ascoli, Giannino e Giuseppe Gagliardi editore, 2015; Francesca Rognoni, «Cola dell'Amatrice architetto nei cantieri ascolani», in Stefano Papetti, Luca Pezzuto (a cura di), *Cola dell'Amatrice da Pinturicchio a Raffello*, Catalogo della Mostra (Ascoli Piceno, 17 marzo-15 luglio 2018), Cinisello Balsamo, Silvana Editoriale, 2018, pp. 55-59, 216-217 (tavole).

3   Roberto Maialetti, Mauro Mancini, «L'intervento di Antonio da Sangallo il Giovane nella Rocca di Ascoli», *Quaderni dell'Istituto di Storia dell'Architettura*, XIII, 1989 (1991), pp. 91-96; Francesco Menchetti, «Antonio da Sangallo il Giovane e Pier Francesco da

Entrambi i registri sono stati utilizzati in anni recenti per chiarire la storia costruttiva delle due fabbriche e per studiare la scena architettonica ascolana della prima metà del Cinquecento[4]. Una volta analizzati in dettaglio e confrontati fra loro, il *Liber* dei canonici e il conto delle Rocca si rivelano tuttavia molto interessanti anche nella loro specificità di libri contabili.

Si tratta, infatti, di due fonti piuttosto omogenee per cronologia, provenienza geografica e tipologia di contenuti, accomunate anche dall'appartenenza a fondi di origine ecclesiastica e dall'inerenza a fabbriche di grande rilevanza politica ed urbana, che tuttavia mostrano interessanti differenze tanto nell'organizzazione e dettaglio dei dati, quanto negli scopi e nelle modalità della redazione.

Tali differenze, se rilette e interpretate criticamente, consentono una più approfondita comprensione dei singoli documenti e offrono l'opportunità di formulare alcune riflessioni di carattere generale sulla contabilità di cantiere del XVI secolo e sul suo rapporto con le vicende politiche e materiali delle fabbriche.

Lo studio del contenuto dei due manoscritti permette di verificare concretamente come, in un comune contesto storico e geografico, il mutare delle premesse economiche e politiche sottese ad un progetto edilizio possa condizionare la struttura dei registri e le caratteristiche delle scritture contabili.

I due libri mastri consento inoltre di saggiare i diversi sistemi di finanziamento delle fabbriche e le diverse tipologie di soggetti coinvolti nella rendicontazione.

Le analisi critiche delle *Spese* della Rocca e del *Libro Entrata ed Esito* della Cattedrale, supportate dal confronto con fonti archivistiche di altra natura, offrono infine un'interessante panoramica sulle modalità di gestione dei lavori, degli appalti e dei flussi di cassa impiegate nei cantieri del primo Cinquecento italiano.

Viterbo ingegneri militari a Ancona e Ascoli », *Artes*, XIV, 2008-2009, pp. 89-133; Maria Beltramini, « Tra reimpiego e invenzione. Antonio da Sangallo il Giovane e Santa Maria del Lago nella Rocca di Ascoli », in Maurizio Ricci (a cura di), *L'incostante provincia. Architettura e città nella Marca pontificia 1450-1750*, Roma, Officina Librari, 2019, pp. 95-118; Francesca Rognoni (a cura di), « Regesto. Il Cantiere della Rocca: documenti e maestranze », in Maria Beltramini, *op. cit.*, pp. 105-118.

4 Francesca Rognoni, « Cola dell'Amatrice architetto... », *op. cit.*; Maria Beltramini, *op. cit.*,; Francesca Rognoni, « Regesto... », *op. cit.*

FIG. 1 – Ascoli Piceno, Forte Malatesta (Rocca di Porta Maggiore), particolare del mastio di Antonio da Sangallo il Giovane (foto Francesca Rognoni).

LA ROCCA DI ASCOLI NEL REGISTRO
DELLE « SPESE FATTE [...] CON ORDINE
DI MONSIGNOR PIETRO ANTONIO DA CESENA[5] »

Fra il 21 ed il 23 novembre del 1540[6] – circa un anno e mezzo dopo l'episodio del *fosso dell'Ardinghello*, che aveva indotto Papa Paolo III ad ordinare la costruzione di una fortezza che fungesse da monito per le intemperanze della popolazione locale[7] – ad Ascoli si aprì il cantiere della Rocca di Porta Maggiore.

La fabbrica, da costruirsi sul sito della preesistente chiesa quattrocentesca di Santa Maria del Lago, era stata affidata ad Antonio da Sangallo il Giovane – architetto di fiducia del Papa –, rappresentato *in loco* dal suo luogotenente Vittorio Fiorentino[8] e a Pietro Antonio Angelini da Cesena, commissario della Camera Apostolica deputato al controllo politico e finanziario dell'impresa.

Angelini giunse in Ascoli alcune settimane prima dell'inizio del cantiere, probabilmente fra il 25 ottobre ed il 5 novembre 1540, e vi rimase sino alla prima metà del 1541[9].

In questi mesi – stando a quanto risulta dal registro delle *Spese*[10] – il cantiere procedette speditamente. A fine febbraio la costruzione

---

5   ASR, Camerale I, Tesoreria Provinciale di Ascoli, b. 7, reg. 31, f° *s.n.* (copertina).

6   Le date si ricavano, oltre che dal registro delle *Spese*, anche dai verbali d'assemblea del Consiglio cittadino. Rispettivamente: ASR, Camerale I, Tesoreria Provinciale di Ascoli, b. 7, reg. 31, f° 3r; Archivio di Stato di Ascoli Piceno (ASAP), Archivio Storico Comunale (ASCAP), *Consilia*, vol. 60, f° 43.

7   Il toponimo *Fosso dell'Ardinghello*, nella letteratura e nella topografia storica ascolana, indica il luogo in cui il 27 luglio 1539 il vice-legato della Marca Nicolò Ardinghelli subì un pericoloso agguato da parte degli abitanti del contado ascolano, mentre marciava in armi verso la città. L'episodio suscitò l'ira del pontefice che, determinato a placare una volta per tutte la faziosità della popolazione locale, deliberò la costruzione della Rocca (Giuseppe Fabiani, *Ascoli nel Cinquecento*, Ascoli, Società Tipografica Editrice, 1985 (I ed. 1957), vol. I, pp. 230-247).

8   Francesca Rognoni, « Regesto... », *op. cit.*, p. 106.

9   L'arrivo di Pietro Antonio da Cesena e del suo *auditore* Stefano Micinello ad Ascoli è da collocarsi fra il 25 ottobre, quando nel consiglio cittadino si discute delle misure da prendersi per la sua imminente venuta in città, ed il 5 novembre 1540, quando Stefano Micinello partecipa per la prima volta al Consiglio dei Cento e della Pace (ASAP, ASCAP, *Consilia*, vol. 60, f° 35r°; 39v°).

10   Vedi *infra*.

dei bastioni risultava probabilmente già conclusa ed anche i lavori di muratura e scalpello necessari ad adattare a fortezza la preesistente chiesa quattrocentesca dovevano apparire piuttosto avanzati[11].

Dopo la partenza del Commissario Angelini[12], il cantiere fu affidato alla gestione dei governatori apostolici (inviati *in loco* per svolgere anche altre mansioni ordinarie) e subì un vistoso rallentamento, arrivando a concludersi soltanto nel 1543, quando era governatore Alessandro Pallentieri[13].

Dei primi e più proficui mesi di attività della *fabbrica* della fortezza dà testimonianza il registro delle « spese fatte per la Rocca d'Ascoli con ordine di Monsignor Pietro Antonio da Cesena commissario Apostolico[14] », oggi conservato presso l'Archivio di Stato di Roma.

Il registro, compilato con grande perizia, si compone di 8 pagine di carta bianca rilegate: 7 delle quali numerate e compilate al *recto* e al *verso*, e una – corrispondente al f°.1 della sequenza – compilata solo al *verso*. Sulla copertina, anch'essa in carta, sono indicati, due volte e con due grafie diverse, il contenuto del manoscritto e la data di inizio delle scritture (1540)[15]. All'interno del fascicolo, i fogli dall'1 *verso* all' 8 *recto* contengono la registrazione delle voci di spesa del cantiere; il foglio 8 *verso* ospita invece il riepilogo di tutte le partite e il computo finale dei costi della fabbrica[16].

Il registro è stato compilato da un'unica mano e non presenta lacune, correzioni o importanti errori di redazione.

---

11   Maria Beltramini, *op. cit.*
12   Il 6 marzo 1541 è la data dell'ultimo pagamento registrato nel conto delle *Spese* della Rocca (ASR, Camerale I, Tesoreria Provinciale di Ascoli, b. 7, reg. 31, f° 7v°). Il commissario lasciò Ascoli, poco prima o poco dopo questa spesa. Secondo quanto si deduce dalle carte dell'Archivio Comunale di Ascoli, infatti, la partenza di Angelini è da collocarsi fra il 22 febbraio 1541, giorno in cui gli anziani tornano a riunirsi nelle sale del Palazzo del Populo che fino a quel momento erano state occupate dal commissario, e il 21 maggio 1541, quando Angelini risulta trovarsi a Roma (ASAP, ASCAP, *Consilia*, vol. 60, f° 53v°; 68r°).
13   Roberto Maialetti, Mauro Mancini, *op. cit.*; Maria Beltramini, *op. cit.*
14   ASR, Camerale I, Tesoreria Provinciale di Ascoli, b. 7, reg. 31, f° *s.n.* (copertina).
15   Nella parte alta del foglio di copertina, al centro, vergato con grafia più arcaica, si legge « 1540. Spese fatte per la Rocca d'Ascoli / Lorenzo »; al centro della pagina, in caratteri corsivi invece « 1540 / Spese fatte per la Rocca / d'Ascoli / con ordine di Monsignor Pietro Antonio da Cesena / commissario Apostolico » (*ibid.*).
16   « *Sommario de denari spesi nella rocca d'Ascoli. / Sommano li legnami [...] Sommano le spese d'hopere per lavorare legnami [...] Montano tucte le spese facte in la rocca florini tremilaquattrocentoocto bolognoni xxi soldi viii de marca come si vede. fl. 3408.21.8* » (*ibid.*, f° 8v°).

L'organizzazione dei contenuti del fascicolo è chiara e sistematica. Le uscite sono ordinate in capitoli di spesa, che corrispondono alle diverse attività della fabbrica e rispecchiano la ripartizione dei compiti fra i soprastanti incaricati della direzione lavori[17]. Le uscite risultano infatti così suddivise: acquisto e lavorazione del legname grezzo[18]; opere di carpenteria e falegnameria[19]; opere murarie e di scalpello[20]; acquisto dei ferri e della ferramenta[21]; acquisto, trasporto e lavorazione della calce[22]; salari dei responsabili di cantiere[23]; acquisto dei mattoni e di altro materiale laterizio[24]; acquisto delle armi e delle munizioni[25]; opere e materiali necessari alla costruzione dei bastioni (inclusi i salari e i rimborsi per i *magistri* chiamati appositamente da Perugia)[26]; spese straordinarie[27].

Ciascun capitolo di spesa inizia su una pagina nuova[28] e si apre con l'indicazione dell'anno (che viene poi riportato anche nelle pagine successive) e con la descrizione della categoria di spesa cui compete quella sezione. Segue il dettaglio delle uscite, annotate singolarmente, in ordine cronologico, e suddivise in paragrafi.

Ogni uscita corrisponde a un unico pagamento; eccezion fatta soltanto per le opere dei *magistri* muratori e degli scalpellini, i cui salari, a cadenza pressoché settimanale, sono riassunti in voci di spesa complessive, che però danno conto, in appositi sotto-paragrafi, anche del dettaglio delle spettanze delle diverse squadre[29].

---

17 Per l'organizzazione del cantiere della Rocca si veda Maria Beltramini, *op. cit.*

18 « *Legnami che si comprano* » (*ibid.*, f° 1v°-2v°).

19 « *Spese in hopere per lavorar legnami* » (*ibid.*, f° 3r°).

20 « *Spese in hopere di lombardi magistri muratori e scarpellini* » (*ibid.*, f° 3v°-5r°).

21 « *Ferramenti de più sorte in servitio della rocca* » (*ibid.*, f° 5v°).

22 « *Calce comprata per conto della rocca* » (*ibid.*, f° 6r°).

23 « *Salarij [che] si pagano a più persone* » (*ibid.*, f° 6v°).

24 « *Mattoni che si comprano per servitio della rocca* » (*ibid.*, f° 7r°).

25 « *Munitione et vettoviglie* » (*ibid.*).

26 « *Spese in hopere et altro per li bastioni* » (*ibid.*, f° 7v°).

27 « *Spese facte extrahordinarie per conto della fabbrica della rocca* » (*ibid.*, f° 3r°).

28 Fa eccezione, a questo proposito, soltanto il foglio 7 *recto*, dove sono ospitati due distinti capitoli di spesa (acquisto dei laterizi e acquisto delle munizioni): l'uno nella metà superiore della pagina e l'altro nella metà inferiore, separato dal precedente da uno spazio bianco. Entrambi questi capitoli contano di pochissime voci.

29 Ad esempio: « *Et alli primo de genaro [1541] florini quarantasei bolognoni xxiiii [24] di marca pagati cioè: / fl. 12.28 a mastro Battista de Conardo per hopere 23 di mastri et 29 di manovali / fl. 11.16 a mastro Domenico de Conardo per hopere 24 di mastri et 20 di manovali / fl. 8 a mastro Gugliemo da Biena per hopere 22 di mastri et 7 di manovali / fl. 8 a mastro Antonio da*

L'importo di ciascuna uscita è indicato nel margine destro del foglio, in modo da facilitare il computo in colonna. La valuta utilizzata per la rendicontazione è sempre il fiorino della Marca d'Ancona, con i relativi sottomultipli («*fiorini [...] bologni [...] soldi [...] de marca*»)[30].

Il valore numerico dell'uscita è preceduto da una lunga causale descrittiva, nella quale si riportano, in ordine variabile: la data del pagamento (giorno e mese); l'importo erogato (in lettere e numeri romani con caratteri minuscoli); la valuta utilizzata per il pagamento (in alcuni rari casi, diversa da quella utilizzata per il computo); il tipo di prodotto o servizio acquistato (materiali, opere edili, etc.), la quantità di prodotto o la durata del servizio, il nome del creditore e il tipo di pagamento (rimessa diretta, saldo o acconto); il nome di chi ha effettuato il pagamento (generalmente il soprastante o il responsabile dell'attività di cantiere cui corrisponde l'uscita); e, infine, se necessario, il nome dell'eventuale intermediario. Talvolta, vengono inoltre indicati anche il luogo in cui è stato effettuato l'acquisto o la provenienza dei materiali e il prezzo unitario delle forniture (costo al giorno, all'opera, alla libbra, etc.). In alcuni casi particolari, come per i salari dei capi mastri e dei soprastanti o per gli acquisti eccezionali, si dà infine conto anche di chi ha concordato il prezzo o di chi ha ordinato la spesa[31].

La prima voce di spesa registrata risale al 6 novembre 1540 – pochi giorni dopo l'arrivo in Ascoli del Commisario Angelini – e riguarda l'acquisto di 43 «*correnti e piattoni*» di legno, comprati da Sante Veneziano, soprastante dei falegnami[32]. L'ultima, che precede o segue di poco la partenza del commissario, reca invece la data del 6 marzo 1541 e si riferisce al saldo di alcune forniture per i lavori ai bastioni[33].

Piacenza per hopere 14 di mastri et 19 di manovali / fl. 5.12 a mastro Jacomo Ceco per hopere 13 di mastri et 7 di manovali / fl. 1.8 a mastro Antonio da Beranzone(?) per hopere 4 di mastri e – di manovali serviti dalli 27 de decembre sino all'ultimo dicto al prezzo solito. fl. 46.24 ». (ibid., fº 4rº).

30 *ibid.*, fº *s.n.* (copertina).

31 Ad esempio: «*Et alli dicto [11 gennaio 1541] fiorini venti bolognini iiii [4] di marca a magistro Taddeo scarpellino e compagni per trentanove loro hopere serviti da dì primo per tutto dì 5 del presente, nella qual somma sono computati fiorini quattro bolognini xx [20] per hopere 45 sue et di mastro Marolo [...] riconosciuto per capo mastro uno grosso il giorno più delli altri per hordine de magistro Antonio da Sangallo. fl. 20.4* » (*ibid.*, fº 4rº).

32 *ibid.*, fº 1rº.

33 « *Et alli 6 di marzo fiorini undici bolognini xxxii [32] pagati a Doroso di Bernardino d'Ascoli et a Cesare de Ragonese per fascine et più hopere date [alla] fabrica della rocca cioè fascine 2200 pagati per dicta commissione in più partite* » (*ibid.*, fº 7vº).

Il totale delle spese registrate ammonta a 3408 fiorini, 21 bolognini e 8 soldi[34].

Queste, in estrema sintesi, sono le caratteristiche del registro contabile che riassume i primi quattro mesi di attività della fabbrica della Rocca d'Ascoli. Si tratta, come appare evidente, di un rendiconto esemplare dal punto di vista dell'impostazione e dal valore informativo, che offre un resoconto dettagliato e puntuale della conduzione e organizzazione dei lavori[35] oltre che della gestione finanziaria dell'impresa.

Tuttavia, una scrittura contabile di questo tipo appare difficilmente compatibile con lo svolgersi quotidiano del cantiere, in special modo, in un caso come quello della rocca ascolana, dove, mancando una teso-reria[36], i soggetti autorizzati a erogare i pagamenti erano molteplici.

Si deve pertanto supporre che il fascicolo dell'Archivio di Stato di Roma sia la trascrizione in bella copia, revisionata secondo criteri contabili, dei mastrini di cassa della fabbrica. Mastrini ai quali, in effetti, sembra riferirsi l'uscita di 1.20 fiorini «*per duo libri per tener li presenti conti*», che si trova registrata fra le spese «*extrahordinarie*[37]».

La revisione contabile dei mastri di cantiere non era certamente consueta e scontata nella prassi del primo Cinquecento. Tuttavia, nel caso della fabbrica papale ascolana, questo tipo di operazione non fatica a trovare una giustificazione.

Paolo III, come si è accennato, aveva ordinato la costruzione della fortezza quale atto punitivo verso la città e aveva decretato che l'impresa fosse finanziata dalla comunità stessa. I fondi si sarebbero dovuti ricavare da una multa, di 2500 fiorini, imposta agli abitanti del contado e dalla vendita dei beni sequestrati ai banditi (il cui valore era stimato in circa 3000 fiorini)[38]. Come dimostrano i carteggi inerenti alla fabbrica[39], la

---

34   *ibid.*, f° 8v°.
35   Per una analisi del registro in questo senso si veda sempre: Maria Beltramini, *op. cit.*
36   Secondo quanto risulta dalle carte d'archivio, presso la Rocca di Ascoli, al contrario di quanto fatto nei cantieri delle fortificazioni di Perugia e Ancona, non erano state istituite né una depositeria, né una tesoreria (Paolo Camerieri, Fabio Palombaro, *Progetto e realizzazione della Rocca Paolina di Perugia. Una macchina architettonica di Antonio da Sangallo il Giovane*, Perugia, Era Nuova Editrice, 2002).
37   ASR, Camerale I, Tesoreria Provinciale di Ascoli, b. 7, reg. 31, f° 8r°.
38   A questo proposito si veda, in particolare: Francesco Menchetti, *op. cit.*, pp. 121-123.
39   Si tratta dei carteggi conservati presso l'Archivio Farnesiano di Parma, indagati e pubblicati, per stralci, da Francesco Menchetti (*ibid.*, pp. 121-133).

sostenibilità finanziaria dell'opera era parsa però, fin da subito, piuttosto critica. La città, pur avendo immediatamente deliberato di reperire « *undecumque*[40] » i soldi necessari, non riusciva a inviare il proprio contributo alla Camera ed anche le proprietà dei banditi si stentavano a vendere[41].

Come dimostra il libro delle *Spese*, Pietro Antonio da Cesena, dal canto suo, aveva fatto un buon lavoro, controllando quanto più possibile le uscite, i costi dei materiali e i salari; tuttavia, al momento della sua partenza da Ascoli, il limite di spesa di 5000 ducati inizialmente stimato da Antonio da Sangallo era già stato quasi raggiunto[42], mentre i lavori non erano stati ancora completati.

Non stupisce dunque che, al termine del mandato del commissario Angelini, si sia deciso di redigere un resoconto dettagliato dei costi della costruzione.

Destinatari di tale resoconto erano, molto probabilmente, gli ufficiali della Camera Apostolica e fra questi, *in primis*, i funzionari della Tesoreria Provinciale, ai quali toccava l'onere di pagare le *bullectae* della fabbrica.

Una copia del registro qui analizzato si trova, in effetti, proprio fra gli allegati del « *conto di Sinibaldo Gaddi Tesaurario d'Ascoli dal 1538 al 1540*[43] », nel cui manoscritto, al foglio 15, fra le voci in uscita, è registrato anche il costo complessivo dei lavori. La causale che accompagna quest'ultima scrittura dimostra l'utilità del rendiconto ascolano, indispensabile per chi, come i funzionari camerali, senza mai aver visto il cantiere, doveva orientarsi fra i molti pagamenti e i molti mandatari autorizzati: « *Et debet dare florinos tria milia quatrigentos octo bologninos viginti unum et denaros octo solutos pluribus et diversis personis et pro pluribus et diversis rebus in costructione Arcis noviter facta in dicta Civitate pro ut in isto ad cartas 41*[44] ».

---

40 Nei verbali del Consiglio dei Cento e della Pace del 9 agosto 1540 si legge infatti: « *Magnifici Domini Antiani habeant omnem autoritate presenti Concilii inveniendo undecumque et alienando rugas civitatis ispi visas, et denari que modo sunt pro fabrica arcis mictant ad Urbem* » (ASAP, ASCAP, *Consilia*, vol. 60, f° 35r°; 39v°)

41 Secondo quanto risulta dai carteggi camerali, nel 1541, la città aveva versato soltanto 1500 fiorini e i beni dei banditi non erano ancora stati venduti (Francesco Menchetti, *op. cit.*, pp. 121-133).

42 Il totale delle spese sostenute da Pietro Antonio da Cesena ammonta infatti, secondo il registro a 3408.21.8 fiorini (ASR, Camerale I, Tesoreria Provinciale di Ascoli, b. 7, reg. 31, f° 8v°). La notizia della stima di spesa di Antonio da Sangallo è stata pubblicata da Menchetti (Francesco Menchetti, *op. cit.*, pp. 121-133).

43 ASR, Camerale I, Tesoreria Provinciale di Ascoli, b. 7, reg. 30, f° *s.n.* (copertina).

44 *ibid.*, f° 15.

Se riconoscere le ragioni per cui venne compilato il registro delle *Spese* si è rivelato piuttosto semplice, più difficile è invece dire a chi spetti concretamente la responsabilità della redazione.

Altrove si è ritenuto che il rendiconto facesse capo a Pietro Antonio da Cesena[45], il cui operato, come amministratore della fabbrica, è riassunto nelle voci del registro e il cui nome e incarico sono riportati sulla copertina del manoscritto[46]. Non si può escludere, in effetti, che sia stato proprio Angelini a far compilare il fascicolo delle *Spese*, per dar conto della sua gestione e per tutelarsi da eventuali future recriminazioni – cosa che, peraltro, non era affatto rara nei cantieri delle fortezze papali di primo Cinquecento, costantemente afflitti dal problema della sostenibilità economica[47].

Tuttavia, le indagini d'archivio hanno messo in luce almeno altre due personalità che potrebbero aver avuto un ruolo nella stesura del nostro registro: Lorenzo de Bartoli e Giovanni Bartolo.

Il nome di Lorenzo de Bartoli – vice tesoriere camerale per la provincia di Ascoli dal 1536 al 1540-1541[48] – è suggerito proprio dalla copertina del fascicolo. Nella prima delle due scritture che intestano il manoscritto si legge infatti: « 1540. Spese fatte per la Rocca d'Ascoli » e poco sotto, a guisa di firma, nella stessa grafia « Lorenzo »[49].

L'ipotesi di un suo coinvolgimento nella redazione del rendiconto (quale committente o esecutore materiale del lavoro) è piuttosto verosimile, dal momento che Bartoli, in qualità di vice tesoriere della provincia, si trovò direttamente coinvolto nelle vicende finanziarie della Rocca. Fu lui, ad esempio, a ricevere nel 1541 dal Consiglio degli Anziani di Ascoli il contributo di 1500 ducati che finalmente la città era riuscita a raccogliere per onorare una parte del proprio debito. E fu sempre lui a mantenere i rapporti con la Camera, aggiornando periodicamente i funzionari centrali sulla situazione della fabbrica ascolana[50].

---

45 Francesca Rognoni, « Regesto… », *op. cit.*, p. 107.

46 « Spese fatte per la Rocca d'Ascoli con ordine di Monsignor Pietro Antonio da Cesena commissario Apostolico » (ASR, Camerale I, Tesoreria Provinciale di Ascoli, b. 7, reg. 30, f° *s.n.*).

47 Paolo Camerieri, Fabio Palombaro, *op. cit.*

48 ASR, Camerale I, Tesoreria Provinciale di Ascoli, b. 7, reg. 30, f° 18-19.

49 ASR, Camerale I, Tesoreria Provinciale di Ascoli, b. 7, reg. 31, f° *s.n.* (copertina).

50 Le notizie si ricavano dai carteggi camerali oggi conservati presso l'Archivio Farnesiano di Parma. Per una analisi dettagliata di questi documenti si veda: Francesco Menchetti, *op. cit.*, pp. 121-133.

Occorre tuttavia sottolineare che la grafia usata nella copertina del manoscritto è molto diversa da quella usata per comporre il rendiconto delle spese.

Il nome di Giovanni Bartolo – della cui biografia purtroppo non si sa nulla – si fa strada, invece, analizzando il *conto* del tesoriere Sinibaldo Gaddi[51]. Nel manoscritto romano, fra le uscite del 1540, è infatti registrato un pagamento di 125 fiorini a « *domino Giovanni Bartolo* » « *pro cura abita in negocis Arcis in providendo, computando, tenendo et solvendo*[52] ». Potrebbe dunque essere stato proprio Bartolo a redigere il resoconto delle uscite della Rocca, su diretta commissione tesoriere Provinciale o di De Bartoli.

Purtroppo, come si capisce, non è possibile fare una ipotesi definitiva su chi sia il committente e chi il responsabile della redazione delle *Spese*, tuttavia appare evidente che il registro, e soprattutto la sua impeccabile redazione, sono il frutto dello specifico contesto politico, economico ed amministrativo entro cui venne gestita e realizzata la fabbrica.

IL CANTIERE DELLA FACCIATA NEI
LIBRI DI ENTRATA ED ESITO DELLA CATTEDRALE

Presso l'Archivio Diocesano di Ascoli Piceno, nel fondo dedicato all'Archivio del Capitolo dei Canonici, si conservano i *Libri Introitus et Exitus* della Cattedrale[53].

La serie si compone di 13 volumi manoscritti e documenta – seppur con alcune significative lacune[54] – le entrate e le uscite della *Maioris Ecclesia Asculana*, dal 1476 a sino al 1758. La compilazione di questi registri è opera dei camerlenghi del Collegio dei Canonici, ai quali fin dal Trecento era affidato il compito di amministrare le finanze della chiesa ascolana per conto del Capitolo Cattedrale[55].

---

51 ASR, Camerale I, Tesoreria Provinciale di Ascoli, b. 7, reg. 30.
52 ASR, Camerale I, Tesoreria Provinciale di Ascoli, b. 7, reg. 30, f° 16.
53 ADAP, Arch. Cap., sez. I.
54 Le lacune interessano, purtroppo, soprattutto il XVI secolo. Non sono presenti infatti i registri relativi agli anni dal 1494 al 1528, dal 1531 al 1542 e dal 1549 al 1568.
55 Il ruolo del camerlengo è definito nelle *Constitutiones* del Capitolo, redatte nel 1376 (ADAP, Arch. Cap., sez. F, *Liber I - Constitutiones*). Per la storia del Capitolo ascolano

FIG. 2 – Ascoli Piceno, Cattedrale di Santa Maria Maggiore e sant'Emidio, facciata (foto Francesca Rognoni).

Fra questi manoscritti, il numero 2 della serie, inventariato con il titolo *Libro Entrate ed Esito dal 1529 al 1549*[56], risulta di particolare interesse per quanto riguarda lo studio dei conti della costruzione. Al suo interno si trovano infatti le scritture contabili relative ai primi anni di attività della fabbrica della facciata della Cattedrale, la cui costruzione venne promossa e finanziata dal Collegio dei Canonici a partire dagli anni Venti del Cinquecento, a conclusione e coronamento di un lungo intervento di restauro che mirava a restituire alla principale

---

si veda: Emanuele Tedeschi, « L'Archivio del Capitolo », in Adele Anna Amadio, Luigi Morganti, Michele Picciolo, *La Cattedrale di Ascoli Piceno*, Ascoli Piceno, D'Auria, 2008, pp. 53-58.

56 Per la storia Archivistica del fondo si veda, almeno Martina Cameli, *Codice diplomatico dell'episcopato ascolano*, Ascoli, Capponi Editore, 2012, pp. 27-31.

chiesa cittadina la preminenza simbolica e monumentale che da tempo aveva perduto[57].

Il *Libro*, accolto entro un grande volume rilegato con copertina in pelle, ha una struttura piuttosto complessa, esito dell'attività contabile di diversi soggetti che si sono succeduti nel tempo. Il registro è compilato in modo discontinuo, con una significativa interruzione fra il 1532 ed il 1542, e accoglie scritture contabili di diversa natura.

Prima di scendere nel dettaglio delle voci relative alla facciata occorre dunque chiarire i contenuti e l'organizzazione interna del manoscritto.

Il *Liber* si apre con il registro delle entrate e delle uscite del camerlengato di Piersante Capodacqua, in carica dal maggio 1529 al maggio 1530[58]; seguono, sempre fra le scritture di *Messer Perosante*, le revisioni dei conti degli ex-camerlenghi Tommaso Miliani (1516 e 1526)[59], Sigismondo Miliani[60], Eliseo Vittorelli (1515 e 1525)[61], Tiberio Caffarelli (1528)[62] e Amelio Parisani[63]; concludono quindi questa prima sezione due note del canonico Mariano di Nicolò, contenenti il riesame dei registri contabili dei due precedenti incarichi di tesoreria di Piersante Capodacqua (1509 e 1521)[64]. Il volume continua quindi con alcune altre annotazioni di carattere burocratico, di competenza ancora del tesoriere uscente, seguite dalle scritture contabili del nuovo camerlengo Sigismondo Miliani. Le registrazioni di Miliani si aprono il primo maggio 1530 e si chiudono il 30 maggio 1531[65]. Seguono direttamente due note di revisione di Giovanni Almonte, tesoriere in carica nel 1532. La prima fu redatta il 22 febbraio 1532 e riguarda il « *cunto del Camerlengato de misser Sigismondo*[66] »;

---

57   Giuseppe Fabiani, *Cola dell'Amatrice…*, *op. cit.*; Francesca Rognoni, « Cola dell'Amatrice architetto… », *op. cit.*

58   ADAP, Arch. Cap., sez. I, reg. 2, f° 1r° - 20v°.

59   « *Reveduto lu cunto de messer Tommaso Migliano de doi camerlengati [sic] 1516 et 1526* » *ibid.*, f° 21r°.

60   *ibid.*, f° 21v°. Relativamente a questo canonico, che sarà rieletto come camerlengo nel maggio 1530, purtroppo, non è stato purtroppo possibile scoprire la data del primo camerlengato.

61   *ibid.*

62   *ibid.*, f° 22r°.

63   *ibid.*, f° 22v°.Anche la data del camerlengato di Amelio Parisani non si è stata, purtroppo, identificata.

64   *ibid.*

65   *ibid.*, f° 32r° - 40r°.

66   *ibid.*, f° 41r°.

la seconda, datata 21 maggio 1535, interessa invece il camerlengato del
1530 di Piersante Capodacqua[67]. A questo punto, la sequenza cronologica
dei contenuti si interrompe. Le pagine successive del registro accolgono
le scritture relative agli anni dal 1542 al 1549[68].

Per quanto concerne l'organizzazione interna delle scritture, il registro
risulta strutturato in modo piuttosto uniforme.

Nel « conto » di ciascun camerlengo entrate ed uscite sono accolte in
sezioni separate, ognuna delle quali è ordinata cronologicamente ed è
introdotta da una nota esplicativa che precisa il contenuto della partita
e l'identità dei redattori.

Le date delle registrazioni rispettano, in linea di massima, i termini
del mandato del tesoriere – dal mese di maggio dell'anno della nomina
fino al maggio seguente – anche se, talvolta, a chiusura delle partite è
possibile trovare scritture che si sovrappongono, per data, a quelle della
gestione successiva[69].

Le scritture, come si evince dalle diverse grafie ed inchiostri utilizzati
e come si precisa nelle note introduttive della partita, sono redatte dal
camerlengo in persona o, talvolta, dal suo collaboratore[70].

Il sistema di registrazione delle voci di spesa è uniforme in tutto il
volume. La causale occupa la metà sinistra del foglio ed è, quasi sempre,
redatta in volgare; l'importo, espresso in cifre, con valuta in fiorini, è
annotato nel margine destro, in colonna con quelli precedenti e succes-
sivi; in fondo ad ogni pagina, nella colonna destra, è infine riportata la
somma totale degli importi registrati.

---

67 La revisione è curata sempre da Giovanni Almonte, coadiuvato, in questo caso dal cano-
    nico Eliseo Vittorelli (*ibid.*, f° 42r°).
68 *ibid.*, f° *s.n.* (*post* 42v°). La seconda parte del volume non è qui descritta in dettaglio per
    ragioni di spazio e di pertinenza con il tema.
69 Ad esempio, la partita delle voci di spesa del camerariato di Piersante Capodacqua
    si chiude con alcune registrazioni del 20 gennaio 1531, quando il nuovo camerlengo
    Sigismondo Miliani era in carica già da nove mesi (*ibid.*, f° 19v°). Questa peculiarità si
    spiega con il fatto che ciascun tesoriere era responsabile delle uscite e delle entrate di
    competenza della propria gestione anche dopo la fine dell'incarico.
70 Ad esempio, il computo delle uscite di Sigismondo Miliani risulta redatto da Lattanzio
    Mucciarelli, sindaco della Cattedrale. Nella nota di apertura infatti si legge: « *Qui se fa
    mention de la uxita de lo Camerlenghato de Messer Sigismondo Migliano, scritto per mano de me
    Lactantio de Simone* ». La notizia che Lattanzio Mucciarelli era sindaco della Cattedrale,
    si ricava invece dal contratto per la costruzione della facciata della cattedrale di cui si
    dirà più avanti (Archivio di Stato di Ascoli Piceno (ASAP), Archivio Notarile di Ascoli
    (ANA), *M. Ludovici*, vol. 552, f° 178r°-179v°).

Le causali sono sempre piuttosto sintetiche anche se il dettaglio delle informazioni – come si vedrà – può variare sensibilmente a seconda del redattore o delle circostanze. In linea di massima, comunque, per ogni voce di spesa sono indicati, almeno: la data, l'importo (in cifre o in lettere), il motivo della spesa e il nome di eventuali intermediari[71]. I redattori hanno inoltre sempre cura di precisare se esiste un altro documento (generalmente un atto notarile) o un'altra scrittura contabile che certifichi l'uscita registrata[72].

Anche le sezioni che contengono gli esiti delle revisioni dei conti dei cessati camerlenghi risultano strutturate in modo abbastanza regolare. In questo caso, le scritture iniziano con l'indicazione della data (in alto al centro), seguono poi: un breve testo descrittivo che riepiloga il nome e la carica del revisore o dei revisori, il nome e la carica del redattore del testo (se diverso da quello dei revisori); il nome del camerlengo il cui conto è sottoposto a riesame e, nella maggior parte dei casi, l'anno o gli anni del suo mandato. La relazione prosegue con il dettaglio dei debiti e crediti totali di ciascuna gestione e si chiude con un paragrafo che precisa se la partita è stata saldata e, in tal caso, in quale data e in quali forme è stato pareggiato il conto[73].

Come si potrà facilmente intendere, la varietà dei contenuti del *Liber* offre, nel suo insieme, un'interessante panoramica sulle modalità di gestione delle finanze della chiesa Cattedrale e sulle diverse mansioni, competenze e responsabilità dei camerlenghi ascolani di primo Cinquecento.

L'aspetto più interessante del registro – almeno per quanto concerne questo studio – riguarda, come si è anticipato, le scritture degli anni dal 1529 al 1535, nelle quali si trovano chiari riferimenti alla fabbrica della facciata della Cattedrale.

Analizzando in sequenza tali scritture e mettendole in rapporto con quanto tramandato dagli atti notarili, è infatti possibile verificare come le vicende del cantiere abbiano condizionato sia le caratteristiche

---

71   Ad esempio: « *Et a di 24 de febbraio […] pago ad ser Fabio et ser Nardo per doy legna stimata per mano de magistro bozo carlini ventuno* » (ADAP, Arch. Cap., sez. I, reg. 2, f° 16r°).

72   Ad esempio: « *Et ad ditto [22 febbraio 1530] paco […] ad magistro Bozo et ad magistro Matteo fiorini 100. Fu rogato ser Marsilio* » (*ibid.*).

73   Per alcuni esempi di queste scritture si veda quanto citato e riportato nelle pagine successive.

delle registrazioni contabili, sia le modalità operative dei tesorieri incaricati.

Si cominci con l'osservare il contenuto delle scritture in relazione allo svolgersi della fabbrica per come attestato nelle carte dei notai e dall'analisi materiale della facciata.

Il 14 aprile 1529 il futuro camerlengo Sigismondo Miliani, insieme ad un altro canonico e ai due sindaci della Cattedrale, sottoscrisse con i *magistri* lombardi Giovanni *de Cunardo*, detto *Bozo*, e Matteo di Giovanni Mattei il contratto per « *componere et scarpellare facciatam dicte ecclesie [...] secundo lo desegnio che glie serra dato da li signori cannonici facto et convenuto per mastro Cola Filotesio de Lamatrice*[74] ». Trascorsi circa due mesi, il 12 luglio i *magistri Bozo* e Matteo certificarono al notaio Marsilio Ludovici di aver ricevuto « *ad nomine Petrosanti Nicolai de Capite Aquis canonico asculano et camerario* » 337.40 ducati per le opere di fondazione e di muratura della facciata[75].

Nel frattempo, nei primi giorni di maggio, Piersante Capodacqua aveva iniziato il suo incarico come tesoriere e, contestualmente, aveva dato corso alla stesura della prima parte del *Libro Entrata ed Esito*. Nei conti del camerlengo però non c'è traccia del pagamento del 12 luglio, così come non risultano gli altri pagamenti erogati ai due lombardi e a Cola dell'Amatrice nei mesi di settembre e ottobre dello stesso anno[76]. Le prime uscite relative alla facciata che Capodacqua annota nel suo registro risalgono al 2 agosto e al 20 novembre 1529 e riguardano, in entrambi i casi, soltanto spese extra-capitolato (acquisto di un agnello per il vitto delle maestranze e il trasporto di un certo quantitativo di legna per il cantiere)[77].

---

74   ASAP, ANA, *M. Ludovici*, vol. 552, f° 178r°-179v°.

75   *ibid.*, f° 320r°.

76   I pagamenti, documentati, anche in questo caso, da scritture notarili, sono i seguenti: il 13 settembre 1529, 50 ducati ai *magistri* Matteo e *Bozo*, per le opere eseguite presso il cantiere della facciata (*ibid.*, f° 415r°); il 24 settembre 1529, 100 fiorini a Cola dell'Amatrice, per supervisionare il lavoro degli scalpellini (*ibid.*, f° 436r°); il 14 ottobre, 50 scudi d'oro, ancora ai due lombardi, per opere murarie della facciata (*ibid.*, f° 454r°).

77   ADAP, Arch. Cap., sez. I, reg. 2, f° 12r°. – Il capitolato d'appalto contenuto nel contratto con i lombardi prevedeva che i due magistri prendessero in appalto ad un prezzo pattuito tutte le opere edili (ivi incluso il salario dei lavoranti), mentre al Capitolo competevano le altre spese, tra le quali, appunto, i trasporti del materiale e l'acquisto dei ferri e delle vettovaglie (ASAP, ANA, *M. Ludovici*, vol. 552, f° 178r°-179v°).

Le ragioni di queste omissioni si chiariscono analizzando in dettaglio il contenuto degli atti notarili. In ciascuna delle *confessio* firmate dai *magistri* dopo aver ricevuto il saldo parziale dei lavori, si precisa infatti che le somme versate provengono dagli avanzi di gestione degli anni precedenti[78]. Pertanto, tali uscite competevano al conto dei cessati camerlenghi e, per questo, non trovarono spazio nelle scritture di Capodacqua.

Nei mesi di gennaio e febbraio 1530, iniziarono invece ad essere iscritti nel conto di Piersante anche gli importi corrisposti a *Bozo* e Matteo per le opere murarie: 170 ducati e 29 ducati l'11 gennaio[79], 60 scudi d'oro il 7 febbraio[80] e 100 ducati il 22 febbraio[81]. Due ulteriori pagamenti, sono registrati poi il 4 aprile e il 16 maggio dello stesso anno[82].

Intanto, il 1 maggio 1530 era iniziato il *camerariato* di Sigismondo Miliani, la cui prima registrazione contabile riguarda proprio la fabbrica della facciata e, in particolare, un pagamento di due bolognini (datato 10 maggio 1530) al notaio Marsilio Ludovici per « *trovar lu contratto de magistro Bozo*[83] ». Il successivo 24 maggio è annotata un'altra spesa di 2 fiorini per l'acquisto di coppi per la chiesa; poi, non si trova alcuna altra scrittura inerente al cantiere fino al 15 ottobre, quando è annotato un versamento di 51 fiorini e 27 bolognini a favore di *Bozo* e di Cola dell'Amatrice. Quest'ultimo era in società con i due *magistri* lombardi sin dal 1529, ma il 15 ottobre 1530 è la prima volta in cui viene menzionato nel *Libro*, in veste di appaltatore[84].

---

78 Si veda, ad esempio, quanto precisato nella *confessio* del 14 ottobre 1529: « *Magister Bozo Guglielmi et Matheus Johannis de Sala de lacu Come partibus Lombardiae habitantis civitatis Asculi [...] pactum fecerunt contenti [...] habuisse et recepisse [...] a domino Tiberio Caffarello de Urbe canonico[...] pro restiis tempis suis camerariatis [...] scutos quinquaginta de auro* » (ibid., f° 454r°).

79 ADAP, Arch. Cap., sez. I, reg. 2, f° 13r°; ASAP, ANA, M. *Ludovici*, vol. 553, f° 30r°-31v°.

80 ADAP, Arch. Cap., sez. I, reg. 2, f° 14r°; ASAP, ANA, M. *Ludovici*, vol. 553, f° 77r°.

81 ADAP, Arch. Cap., sez. I, reg. 2, f° 14r°; ASAP, ANA, M. *Ludovici*, vol. 553, f° 106v°-107r°.
    – Si noti che, per ciascuno di questi pagamenti, il camerlengo ebbe cura di riportare il riferimento alla ricevuta notarile e di convertire l'importo in fiorini, per facilitare computo finale della partita.

82 ADAP, Arch. Cap., sez. I, reg. 2, f° 18r°-19r°; ASAP, ANA, M. *Ludovici*, vol. 553, f° 282r° (atto del 16 maggio 1530). Si segnala che l'atto del 4 aprile 1530, non è reperibile nelle cartelle del notaio Ludovici, anche se, nel registro, il camerlengo fa riferimento all'esistenza di una ricevuta propria di questo notaio.

83 ADAP, Arch. Cap., sez. I, reg. 2, f° 32r°.

84 Cola dell'Amatrice, nel 1529, dopo aver fornito il progetto e ad aver garantito ai canonici la supervisione dei lavori, era entrato in società con i due magistri lombardi, concordando

Gli episodi appena descritti sono da intendersi come un primo segnale delle trasformazioni che stavano iniziando ad interessare il cantiere e – di conseguenza – la sua contabilità.

Fino alla fine di maggio del 1530 i lavori erano infatti proseguiti rapidamente: dopo aver completato le fondamenta (luglio 1529), si era iniziato a lavorare alle murature e agli elementi scolpiti della facciata[85] (luglio 1529 – maggio 1530). Con l'inizio dell'estate però il cantiere subì un significativo rallentamento. Da maggio a ottobre nessun pagamento venne infatti registrato dal tesoriere e nessuna transazione venne rogata dai notai. Nel mese di ottobre 1530, finalmente, le attività del cantiere ripresero a buon ritmo, come dimostrano i numerosi pagamenti registrati nel *Libro*.

Proprio a partire dall'ottobre 1530, però si rilevano alcuni sensibili cambiamenti nelle voci di spesa del *cunto* di Sigismondo Miliani. Innanzitutto, non si incontrano più i due appaltatori principali (*Bozo* e Matteo) mentre si fa più frequente il nome Cola dell'Amatrice che, in più di una occasione, risulta in credito verso il Capitolo per aver acquistato di tasca propria le attrezzature da lavoro per gli scalpellini[86]. Inoltre, le uscite per le opere edili e per la mano d'opera non appaiono più computate e pagate in unica soluzione ai responsabili di cantiere (*Bozo* e Matteo, appunto), vengono invece registrate una ad una, ed erogate personalmente agli scalpellini e ai «*rompitori di pietre*», allo scadere di ogni mese, come veri e propri salari[87]. Infine, a partire dal mese di gennaio del 1531, nella causale di quest'ultimo tipo di uscite,

---

di dividere con loro costi e ricavi dell'impresa. L'atto con cui viene costituita la società risale al 12 luglio 1529 (ASAP, ANA, *M. Ludovici*, vol. 552, f° 319v°-320r°).

85 Una lettura dettagliata delle fasi di cantiere, per come si ricostruiscono attraverso il *Libro*, gli atti notarili e le caratteristiche materiali del prospetto è contenuta nella mia tesi di Dottorato «Cola dell'Amatrice architetto nei cantieri ascolani», tutor Massimo Bulgarelli, difesa il 6 maggio 2019, presso la Scuola di Dottorato dell'Università IUAV di Venezia.

86 «*Item [30 novembre] pago per ferro […] libbre 100 qual fu comprato da magistro Cola f. 4 bol. 5[…] et pago a ditto magistro Cola per tre martelli per ferri […] f. 1 bol. 26*» (ADAP, Arch. Cap., sez. I, reg. 2, f° 34r°-34v°).

87 Ad esempio: «*Item [30 novembre 1530] pago a magistro Tommaso scarpellino […] f.7 / Item pago a magistro Giorgio scarpellino […] f.6 / Item pago […] a magistro Tadeo scarpellino […] f.6 / Item pago […] a magistro Giorgio rompitor di prete […] f.3 / Item pago […] a Ferrone lombardo rompitor di prete […] f.3 / Item pago […] ad Antonio rompitor di prete […] f.3 / Item pago a magistro Johanni Antonio scarpellino […] f.6 bol. 20 […]*» (ADAP, Arch. Cap., sez. I, reg. 2, f° 34r°). Analoghe scritture si trovano anche nelle registrazioni del 28 dicembre (*ibid.*, f° 34v°)

comincia ad essere indicato anche l'esatto periodo a cui il salario fa riferimento[88].

Queste variazioni nei contenuti delle registrazioni denunciano, inconfutabilmente, il passaggio da un appalto a corpo, affidato a dei *contractors* (*Bozo* e Matteo), a una attività edile con salariati direttamente gestita dal Capitolo. La ragione di tale importante cambiamento è da riconoscersi, con ogni probabilità, nell'annullamento *causa mortis* del contratto con i lombardi[89], la cui dipartita, in data non precisata, è infatti attestata da un atto notarile del 3 aprile 1531[90].

Con la morte dei lombardi e con la mediazione soltanto sporadica di Cola dell'Amatrice (a quel tempo affaccendato in altre commesse[91]) sul finire del 1530 Sigismondo Miliani si trovò dunque costretto a farsi carico in prima persona dell'amministrazione della fabbrica e della gestione delle maestranze. A questo proposito, le precisazioni aggiunte alle causali dei salari a partire dal gennaio 1531 rappresentano un'interessante dimostrazione di come il camerlengo e il suo collaboratore Lattanzio Macciarelli si siano via via adattati alla nuova situazione.

Le ultime scritture inerenti alla fabbrica registrate nel conto del tesoricre Miliani portano la data del 30 maggio 1531 e comprendono spese per opere da farsi fino alla fine del mese di luglio dello stesso anno; dopodiché, come si è visto, le registrazioni di entrata ed esito si interrompono fino al 1542. Nello stesso tempo, anche il cantiere, che doveva aver quasi completato le prime due campate della facciata, cominciava a rallentare.

---

88 « *Et a di 19 ditto [gennaio] pago Messer Sigismondo scudi sette et mezi d'oro, computationi una soma de vino avuta da Messer Piersante a magistro Tommaso scarpellino et pagato per fino a mezo febbraro suo salario f. 15 [...] / Et pago a detto [20 gennaio] ad Antonio scarpellino scudi quattro e mezo pacati per mezo febraro* » (ADAP, Arch. Cap., sez. I, reg. 2, f° 35v°-36r°).

89 Il contratto in questione è quello del 14 aprile 1529, citato in apertura (ASAP, ANA, M. Ludovici, vol. 552, f° 178r°-179v°).

90 Si tratta di un arbitrato fra i canonici della Cattedrale e gli eredi dei *magistri Bozo* e Matteo, datato 3 aprile 1531 (ASAP, ANA, M. *Baldassarri*, vol. 524, f° 121r°-122v°). Nell'atto si precisa che due magistri erano morti alcuni mesi prima, probabilmente – riteniamo – fra il mese di maggio e il mese ottobre del 1530 quando, come si è visto, i loro nomi scompaiono quasi completamente dal registro di tesoreria. Si ricordi, a tal proposito, che, in quegli stessi mesi, il capitolo, dopo aver fatto cercare il contratto del 1529, aveva cominciato ad erogare rimborsi solo al terzo appaltatore, Cola dell'Amatrice.

91 Giuseppe Fabiani, *Cola dell'Amatrice...*, *op. cit.*; Adriano Ghisetti Giavarina, *op. cit.*; Giannino Gagliardi, *Cola dell'Amatrice...*, 2015.

Se le caratteristiche delle voci di spesa del *Liber* mostrano un'evidente dipendenza dalle vicende della fabbrica, lo stesso non può dirsi, almeno ad un primo sguardo, per le scritture di revisione che si trovano subito dopo i conti dei camerlengati di Piersante Capodacqua e Sigismondo Miliani.

Tuttavia, osservandone con attenzione la cronologia e il contenuto, anche queste scritture rivelano una certa attinenza con la storia costruttiva del fronte della Cattedrale.

Innanzitutto, si ricordi che le prime spese per la fabbrica sono state finanziate con i ricavi delle precedenti amministrazioni camerali. Il che significa che il capitolo, dopo aver deciso di dare avvio alla costruzione della facciata – della quale si discuteva almeno dal 1525[92] – aveva iniziato a raccogliere le risorse necessarie accantonando gli avanzi di gestione e i crediti di ciascuna annata. I fondi raccolti in questa prima fase, come si è accennato, permisero di sostenere le spese del cantiere fino alla fine del 1529; dopodiché, l'11 gennaio 1530, il tesoriere in carica Piersante Capodacqua dovette cominciare a pagare i conti con le risorse della sua amministrazione[93]. Circa un mese prima, lo stesso Piersante aveva però cominciato a far riesaminare i registri dei suoi predecessori, individuando i debiti e i crediti maturati da ciascuno e pareggiando, ove possibile, le partite a vantaggio della Chiesa e del cantiere della facciata. La revisione de « *lu cunto de Messer Tommaso Miliano* » reca infatti la data 12 dicembre 1529 e si conclude con la donazione alla Cattedrale, da parte del cessato camerlengo, di un credito di 28 ducati d'oro[94]. Le revisioni successive datano 7 e 12 gennaio, 27 marzo e 9 aprile 1530 ed interessano, rispettivamente: il conto di Sigismondo Miliani, che cede anch'egli il suo credito alla « *ecclesia de santa Maria maiore*[95] »; i conti di Eliseo Vittorelli e Tiberio Caffarelli, che risultano invece in debito e che si impegnano a saldare le partite quanto prima[96]; e, infine, il conto

---

92   All'inizio del 1525 era stato siglato un primo accordo con dei *magistri* lombardi, per la costruzione della facciata, sempre su disegno di Cola dell'Amatrice. Per ragioni, ancora oggi non molto chiare, il cantiere non aveva però mai preso avvio (Giuseppe Fabiani, *Cola dell'Amatrice...*, op. cit.; Adriano Ghisetti Giavarina, op. cit.; Roberto Cannatà, Adriano Ghisetti Giavarina, op. cit.; Giannino Gagliardi, op. cit.; Francesca Rognoni, « Cola dell'Amatrice architetto... », op. cit., 216-217).

93   ADAP, Arch. Cap., sez. I, reg. 2, f° 13r°.

94   *ibid.*, f° 21r°.

95   *ibid.*, f° 21v°.

96   *ibid.*, f° 21v°; f° 22r°.

di Amelio Parisani che, trovato anch'esso debitore, restituisce subito una parte del dovuto comprando « *tanta calcina [...] a magistro Bozo e magistro Mattheo*[97] ».

Quest'ultima annotazione, insieme alla coincidenza cronologica fra il periodo delle revisioni e il momento in cui Piersante Capodacqua comincia a pagare i conti della fabbrica, inducono a credere che, una volta esauritisi i fondi accantonati negli anni precedenti, il camerlengo e il capitolo abbiano deciso di avviare la procedura di revisione, con l'obiettivo proprio di sostenere parte dei costi della facciata. Avvalora questa ipotesi un'altra scrittura di revisione: quella redatta nel 1532 dal successore di Sigismondo Miliani, Giovanni Almonte; il quale, trovatosi a dover gestire con i propri conti il cantiere ormai in difficoltà, avviò subito il riesame dei registri del suo predecessore, ottenendone una donazione di 31 fiorini la cui destinazione a favore della facciata è, questa volta, inequivocabile. Nel registro si legge infatti: « *se trova ne li supradicti cunti esser lo prefato Messer Sigismondo creditore de fiorini 31 de marcha li quali da et dona ha la fabbrica dela nostra ecclesia*[98] ».

Dunque si può concludere che il *Libro di Entrata ed Esito dal 1529 al 1549*, benché incompleto e compilato in modo, apparentemente, abbastanza convenzionale, se analizzato in dettaglio, si rivela un vero e proprio specchio delle vicissitudini del cantiere della facciata e delle attività che il capitolo mise in atto per amministrarlo e sostenerlo. Inoltre, il registro dimostra come le articolate vicende del cantiere, di cui i tesorieri erano responsabili, possano condizionare non soltanto le pratiche finanziarie ma anche le caratteristiche ed i contenuti delle scritture contabili che ne danno testimonianza.

Francesca ROGNONI
Università IUAV di Venezia

---

97 *ibid.*, f° 22v°.
98 *ibid.*, f° 41r°.

LA COMPTABILITÉ DU GÉNIE MILITAIRE EN ALGÉRIE DE 1830 À 1848

Les mémoires de projet d'une place forte sont des documents mis à la disposition du commandement du génie militaire pour définir et estimer l'envergure des travaux à entreprendre pour l'année en cours. Résultat d'une longue histoire marquée par des enjeux successifs, leur forme traduit une certaine normalisation des échanges entre les ingénieurs et hauts fonctionnaires du génie militaire, lors de la conquête de l'Algérie.

La France s'engage en 1830 dans une œuvre prétendument « civilisatrice » contre les « barbaresques » de la régence d'Alger. L'occupation s'étend au-delà d'une confrontation armée entre les puissances algéroise et française, en instaurant une domination politique, économique, sociale et spatiale des territoires nouvellement conquis. Selon Nicolas Schaub, les militaires ont le plein pouvoir administratif et intellectuel en Algérie pendant les premières décennies. En effet, « ce sont eux qui font progresser la conquête, qui produisent textes et images pendant qu'ils s'embourbent dans la situation coloniale[1] ». Le corps du génie militaire est un des groupes professionnels qui permet d'atteindre ces objectifs par la création d'un réseau routier pour le ravitaillement des garnisons et le déplacement des colonnes, l'assainissement et l'assèchement des régions marécageuses ainsi que l'établissement des fortifications et la construction de bâtiments militaires.

L'historiographie a souligné à quel point le XIXe siècle a constitué une étape décisive dans la conquête spatiale des territoires colonisés. En s'appuyant sur des sources générées par le corps du génie militaire, Xavier Malverti et Aleth Picard ont fourni une première lecture des méthodes de travail des ingénieurs du génie militaire dans la conception

---

1   Nicolas Schaub, *Représenter l'Algérie : images et conquête au XIXe siècle*, Paris, CTHS : Institut national d'histoire de l'art, 2015, p. 19.

des villes[2], tandis que l'étude des ingénieurs influencés par les idées saint-simoniennes[3] et fouriéristes a mis en évidence la complexité des relations entre musulmans et Européens (civils et militaires) et ses répercussions sur les projets urbains[4].

C'est la production de documents liés à la comptabilité des chantiers des places fortes algériennes dans le contexte particulier de la Monarchie de Juillet que cet article vise à analyser. Replacer l'étude de la rédaction de ces documents et des budgets affectés aux travaux dans ce contexte politico-militaire tourmenté nous amène à nous intéresser au profil de leurs auteurs. En effet, les mémoires du chef du génie de la place et les apostilles du directeur des fortifications en Algérie sont une correspondance officielle entre deux protagonistes des transformations des villes, ce qui nous permet d'apporter des éclairages sur l'installation de cette administration.

Notre méthode consiste à définir les documents produits par les ingénieurs du génie militaire liés à l'exécution des travaux de fortification, puis à les analyser pour déterminer l'organigramme administratif et appréhender le mécanisme d'attribution des budgets. Formés en métropole à une maîtrise des principes des sciences et des arts, les ingénieurs du génie militaire opérant en Algérie ont acquis « toutes les connaissances positives qui sont nécessaires pour ordonner, diriger et administrer les travaux de tous les genres[5] ». Cela se traduit par une importation des modèles de comptabilité et des pratiques de gestion des chantiers établis en France, qui se substituent aux pratiques auparavant habituelles en Algérie.

---

2   Xavier Malverti, « Les officiers du Génie et le dessin de villes en Algérie (1830-1870) », *Revue des mondes musulmans et de la Méditerranée*, vol. 73, n° 1, 1994, p. 229-244 ; Xavier Malverti et Aleth Picard, *Les villes coloniales fondées entre 1830 et 1880 en Algérie*, Paris, Ministère de l'Équipement, du Logement, de l'Aménagement du territoire et des Transports/Bureau de la recherche architecturale (BRA) ; Ministère de la Recherche et de l'Enseignement supérieur ; École nationale supérieure d'architecture de Grenoble/Association grenobloise pour la recherche architecturale (AGRA), 1988.
3   Antoine Picon, *Les Saint-simoniens : raison, imaginaire et utopie*, Paris, Belin, 2002.
4   Saïd Almi, *Urbanisme et colonisation : présence française en Algérie*, Sprimont, Mardaga, 2002, p. 1-56.
5   Antoine Picon, *L'invention de l'ingénieur moderne : l'École des Ponts et Chaussées, 1747-1851*, Paris, Presses de l'École nationale des ponts et chaussées, 1992, p. 294.

UNE COMPTABILITÉ DOCUMENTÉE

Pour définir la structure de la comptabilité du génie militaire, un détour chronologique s'impose pour retracer l'histoire de la comptabilité des chantiers de fortifications. La production archivistique des ingénieurs du génie militaire réunie au dépôt des fortifications depuis le 10 juillet 1791 regroupe plusieurs types de documents : mémoires de projet rédigés par les ingénieurs du génie militaire, apostilles du directeur des fortifications, plans et devis[6]. Cette documentation, conservée au Service historique de la Défense, est un jalon important dans l'édification d'une place forte et remonte à l'arrivée des ingénieurs dans les villes françaises au cours du XVIe siècle[7].

En 1685, l'illustre Sébastien Le Prestre de Vauban (1633–1707) publie un traité intitulé *Le Directeur des fortifications*. Nommé commissaire général des Fortifications en 1678, il développe, depuis plusieurs années, de nouveaux systèmes défensifs et offensifs des frontières du royaume et des places fortes[8]. S'appuyant en grande partie sur l'expérience du siège de Maastricht en juin 1673, l'ingénieur du roi pointe des irrégularités provenant des acteurs responsables des chantiers militaires. Dans son étude, Vauban associe la mauvaise gestion des travaux de fortifications aux fréquentes mutations du corps du génie militaire. Il propose avec ce traité une restructuration de la chaîne de commandement en replaçant le Directeur général des fortifications au centre de ce nouvel organigramme. Cette production documentée des chantiers de fortifications est mise en pratique avant même la publication du traité. Par exemple, le mémoire de projet de Belle-Île-en-Mer et son *Abrégé estimatif des dépenses contenues en ce projet*, rédigés les 30 et 31 mars 1683 par Vauban, font partie intégrante de l'exercice de construction. Dès les premières pages de ce mémoire, il émet des observations générales sur l'état des fortifications du château, décrit les principaux ouvrages d'art militaire qui encerclent la place et

---

6   Nicole Salat, « Le Dépôt des fortifications et ses archives (1660-1940) », *Revue historique des armées*, n° 265, 15 décembre 2011, Service historique de la Défense, p. 113.

7   Hélène Verin, *La gloire des ingénieurs : l'intelligence technique du XVIe au XVIIIe siècle*, Paris, Albin Michel, 1993.

8   Philippe Prost, *Les forteresses de l'Empire : fortifications, villes de guerre et arsenaux napoléoniens*, Poitiers, Éditions du Moniteur, 1991, p. 97.

liste les fonctions de chaque bâtiment à l'intérieur de la citadelle[9]. Le mémoire est accompagné de deux dessins mentionnés dans le texte et d'un devis estimatif. Ce dernier reprend chaque article du mémoire en donnant des détails sur le travail à exécuter, le mètre cube pour chaque opération et le coût en livres. Cette disposition perdure au XVIIIe siècle, durant lequel les ingénieurs du génie militaire adoptent le procédé mis en place par Vauban.

Ce n'est qu'après la Révolution que les ingénieurs du génie adoptent une typologie de rédaction de mémoire uniforme pour toutes les places. Dans un contexte de développement de la science des fortifications et d'une refonte de toute l'administration fiscale[10], une rationalisation des mémoires se met en place au sein des institutions militaires. Les mémoires de projet sont divisés en deux entités : les fortifications que Jean-François Gaspard Noizet de Saint-Paul[11] (1749-1837) définit comme « l'art de mettre un terrain occupé par des troupes, en état de résister à des forces supérieures qui voudroient s'en emparer[12] » ; et les bâtiments militaires que Joseph Gay de Vernon (1760–1822) définit comme *des accessoires essentiels à la fortification*[13] qui comprennent les casernes, les magasins aux vivres etc. Cette distinction dans chaque mémoire entre ces deux entités se répercute dans le budget alloué aux chantiers militaires. Elle permet au commandement militaire d'ajuster le budget suivant les prérogatives stratégiques, à savoir défendre et fortifier la place ou construire les équipements nécessaires au campement des soldats.

Ainsi, le futur lieutenant général de l'armée du génie à Naples, Martin Campredon (1761–1837) rédige en 1793 pour la place de Sète un *Mémoire abrégé sur l'état actuel des ouvrages de la fortification et des bâtiments qui en dépendent*[14] en distinguant dans chaque fort de la place,

9   Vincennes, Service Historique de la Défense (désormais SHD), fonds : Belle-Isle-en-Mer, côte : 1 VH 282, Place de Belle-Île. Mémoire de Vauban. 1683.

10   Matthieu De Oliveira, *Comptabilité privée et comptabilité publique aux XIXe-XXe siècles : formes et normes*, Olivier Mattéoni, Patrice Beck, éd., *Classer, dire, compter. Discipline du chiffre et fabrique d'une norme comptable à la fin du Moyen Âge*, Paris, Comité pour l'histoire économique et financière de la France-IGPDE, 2015, p. 391-401, notamment p. 392-394.

11   Gaspard Noizet-Saint-Paul (1749–1837), chef de brigade dans le corps du génie, directeur des fortifications.

12   Gaspard Noizet-Saint-Paul, *Traité Complet de fortification, ouvrage utile aux jeunes militaires, et mis à la portée de tout le monde*, Paris, Barrois l'aîné, Librairie, 1800, p 1.

13   Simon François Gay de Vernon, *Traité élémentaire d'art militaire et de fortification à l'usage des élèves de l'École polytechnique et des élèves des écoles militaires. Tome 2*, Paris, Allais, 1805, p. 48.

14   SHD, 1VH1692, Place de Sète.

les ouvrages de fortifications et les bâtiments militaires. En 1825, les apostilles du directeur des fortifications Charles Baron de Brichambault-Perrin (1777–1841)[15] sur les articles des ouvrages de fortification et des bâtiments militaires achèvent cette modalité de gestion des travaux. Le document est rédigé en deux parties distinctes : les fortifications et les bâtiments militaires, spécifiant pour chaque article les sommes demandées par le chef du génie et par le Directeur des fortifications.

Si les bases de la rédaction des mémoires de projet qui régissent les activités des ingénieurs du génie militaire ont été formalisées par Vauban, l'évolution des techniques de guerre et l'expérience de ce corps ont nécessairement fait évoluer ces documents. À la fin du XVIIIᵉ siècle, ces derniers répondent à un modèle par une division en deux parties (fortifications et bâtiments militaires) qui renvoie à une distinction spatiale et comptable.

L'ADMINISTRATION DU GÉNIE MILITAIRE
EN ALGÉRIE (1830–1848)

Les documents établis par les ingénieurs du génie militaire occupent une place particulière dans l'élaboration du projet d'expédition. Dès 1808, le document intitulé *Reconnaissance générale des villes, forts et batteries d'Alger, des environs*[16] rédigé par le chef de bataillon au corps impérial du Génie Vincent-Yves Boutin (1772–1815)[17] marque l'émergence du projet colonisateur et témoigne des expertises technique et opérationnelle du génie militaire. Ce rapport n'est sans doute pas unique ; il a néanmoins

---

15 Antoine Charles de Brichambault-Perrin né à Nancy, le 28 novembre 1777, d'une famille ancienne attachée aux ducs régnants, puis au roi Stanislas ; fut admis à l'école militaire de Pont-à-Mousson en 1786 et en sortit en 1792 ; officier de l'ordre royal de la Légion d'honneur en 1823. D'après Charles Mullié, *Biographie des célébrités militaires des armées de terre et de mer de 1789 à 1850*, Paris, Poignavant et Compagnie, éditeurs, 1852, p. 233 ; Archives nationales (France), Base de données Léonore (Légion d'honneur), Côte : LH/2111/42.

16 SHD, 1 VH 59, Place d'Alger, Reconnaissance de la ville et des forts d'Alger, Le chef de bataillon Boutin, 1808.

17 Léo Berjaud, *Boutin : agent secret de Napoleon Iᵉʳ et précurseur de l'Algérie française*, Paris, F. Chambriand, 1950.

« préparé, à plus de vingt années de distance selon un historique rétros-
pectif classique, les opérations de 1830[18] ».

Les premiers documents rédigés par le génie, lors du débarquement à
Sidi-el-Ferruch, révèlent des prérogatives militaires. En plein champ de
bataille, les priorités pour ces ingénieurs sont la sécurisation des places
fortes et la reconnaissance du terrain. En effet, le *Croquis de la presqu'île de
Sidi-el-ferruch avec le retranchement tracé le soir du débarquement*[19] (**fig.**1) dessiné
par le capitaine du génie L. Gay[20], fait état des premières constructions du
génie militaire en Algérie[21], à savoir creuser des puits et des fours par les
mineurs, loger les officiers dans des baraquements provisoires et tracer le
chemin jusqu'à Alger. S'en suivent la représentation du *Fort de Bab-Azoun*[22]
dressée à Alger le 28 juillet 1830 par le capitaine du génie Franciade Fleurus
Duvivier (1794–1848)[23], celle du *Fort des 24 heures*, dressée par le capitaine
Ernest Chabaud-Latour (1804–1885)[24], et le *plan des environs d'Alger jusqu'à
la ligne des avant-postes*[25] levé à la boussole et au pas par le capitaine du génie
Eugène Bouëssel (1799–1837)[26]. L'occupation d'un territoire entraîne des

---

18   Daniel Nordman, *Tempête sur Alger : L'expédition de Charles-Quint en 1541*, Saint-Denis,
     Éditions Bouchène, 2011, p. 327.
19   SHD, 1 VH 59, Place d'Alger, Croquis de la presqu'île de Sidi-el-ferruch avec le retranche-
     ment tracé le soir du débarquement, dressé par le capitaine du génie L. Gay, 17 juin 1830.
20   En se basant sur la liste des ingénieurs du génie militaire admis à l'école Polytechnique,
     on peut supposer que cet ingénieur est Louis Marie Gay (1791 - ?), admis à l'école
     Polytechnique en 1809 et dans le service du génie militaire en 1811. © Bibliothèque
     Centrale école Polytechnique, bibli-aleph.polytechnique.fr, consulté le 30 octobre 2020.
21   *Turetta chica* (Quartier général), logement du commandant en chef du génie, batterie en
     maçonnerie, cavaliers…
22   SHD, 1 VH 60, Place d'Alger, Plan Fort de Bab-Azoun, levé au mètre par le capitaine
     du génie Duvivier, 1830.
23   Franciade Fleurus Duvivier (1794-1848), fils de François Marie Duvivier chef de batail-
     lon d'artillerie de Marine, intègre l'École polytechnique en 1814 et admis au service du
     génie militaire en 1816. Instructeur des troupes du Bey de Tunis en 1825, commandant
     d'un bataillon de zouaves pendant l'expédition d'Alger. « Il se heurte à Bugeaud avec
     lequel il est en désaccord » et rentre en France en 1841 et meurt en défendant l'Hôtel de
     Ville de Paris. Bibliothèque Centrale école Polytechnique, bibli-aleph.polytechnique.fr,
     consulté le 30 octobre 2020.
24   Ernest Chabaud-Latour (1804-1885), fils d'Antoine Georges François Chabaud-Latour
     membre et questeur de la chambre des députés à Paris, est admis au service du génie mili-
     taire en 1822 après avoir intégré l'École Polytechnique en 1820. En 1830, il est volontaire
     pour l'expédition d'Alger. cheminsdememoire.gouv.fr, consulté le 8 novembre 2020.
25   SHD, 1 VH 60, Place d'Alger, Plan des environs d'Alger jusqu'à la ligne des avant-postes,
     dressé par le capitaine du génie E. Bouëssel, 1831.
26   Eugène Bouëssel (1799-1837), fils de Guy-Joseph Bouëssel inspecteur divisionnaire des
     Ponts et Chaussée à Rennes, est élève de l'école Polytechnique de 1819 à 1821 et admis

travaux de défense qui n'étaient pas prévus initialement et ne sont pas forcément notifiés dans un mémoire avec une estimation établie[27].

FIG. 1 – L. Gay, Croquis de la Presqu'île de Sidi-el-ferruch, 17 juin 1830, Fonds Place d'Alger – 1 VH 59, SHD.

---

au service du génie militaire dès 1822. Bibliothèque Centrale école Polytechnique, bibli-aleph.polytechnique.fr, consulté le 30 octobre 2020.

27 SHD, 1 VH 60, Place d'Alger, « En même temps qu'on établissait ces camps, on occupait une partie de ce qu'on appelle la nouvelle enceinte de Blidah, et l'on construisait un petit ouvrage sur la rive droite du ravin auquel est appuyé le camp supérieur. »

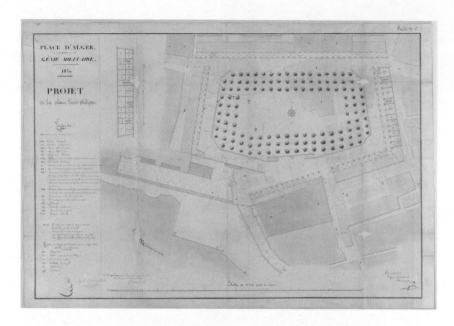

FIG. 2 – B. Gallice, Projet de la place Louis-Philippe,
Fonds Place d'Alger – 1 VH 60, SHD.

Dès la prise d'Alger, l'armée française a projeté l'édification d'une
nouvelle place d'armes pour le rassemblement des troupes (fig. 2).
Construite en face du Palais du Dey, cette nouvelle place commandée par
le général Clauzel (1772-1842) a abouti dès 1830 à l'élaboration d'un projet
par le génie militaire sous la direction de François Auguste Le Mercier
(1787–1836)[28]. Le *Projet de la place Louis-Philippe*[29] élaboré le 31 octobre
1830 par le capitaine du génie Barthélémy Gallice (1790–1863)[30] et

28   François Auguste LE MERCIER (1787-1836) né à Candebec-lès-Elbeuf, élève de l'école
     polytechnique en 1807 et de l'école du génie de Metz en 1809, il participe aux campagnes
     d'Espagne, du Portugal et d'Allemagne. Nommé commandant du génie à Alger dès 1830
     et directeur des fortifications dès 1832, il participe aux expéditions de Médéa, Bougie,
     Mascara et Constantine. Archives nationales (France), Base de données Léonore (Légion
     d'honneur), Côte : LH/1579/18 ; Bibliothèque centrale École polytechnique, bibli-aleph.
     polytechnique.fr, consulté le 30 octobre 2020.
29   SHD, 1 VH 60, Place d'Alger, Feuille n° 6, Projet de la place Louis-Philippe, dressé par
     le capitaine du génie Gallice, 1830.
30   Barthélémy Gallice (1790-1863), fils de Benoit Gallice officier sous l'Empire, est nommé
     sous-lieutenant du génie en 1811 après des études à Polytechnique et à l'École de Metz.
     En 1830, il est nommé chef de bataillon et directeur du parc du génie à Alger et assiste

approuvé par la commission de grande voirie présidée par le maréchal de camp comte de Damrémont (1783-1837) est de forme pentagonale et constitué d'une place d'armes arborée avec au centre une fontaine, des galeries de magasins au rez-de-chaussée et des fonctions domestiques au premier étage pour faire la connexion avec les voûtes de la Pêcherie[31].

Ce n'est qu'en 1832 que le maréchal de camp, inspecteur général du génie Joseph de Puniet de Monfort (1774–1855) introduit le premier *mémoire militaire sur la place d'Alger* par une description de l'enceinte « composée d'un mur en pisé » et insiste sur sa faiblesse face à une potentielle attaque ennemie. Dans cette introduction, il formule directement l'objectif du projet du génie militaire : positionner plusieurs bastions à l'extérieur de la Casbah, protéger au mieux le fort de l'Empereur (Bordj Moulay Hassan) et couvrir les escarpes entre le fort et la citadelle. Cet objectif selon Le Mercier peut être obtenu en élevant d'immenses glacis sur des contrescarpes.

> L'enceinte de la Casbah est presqu'entièrement dépourvue de flanquements. Elle n'a que 400 à 450 mètres de développement. Son intérieur est rempli de bâtiments qui y rendent tout mouvement de troupes presqu'impossible[32].

Ce mémoire contient un deuxième volet, intitulé *les bâtiments militaires*, et s'appuie essentiellement sur le nombre d'hommes et de chevaux qui composent la force militaire stationnée à Alger[33]. Un premier tableau fixe, pour chaque bâtiment, sa fonction avec la contenance en hommes et en chevaux. Un deuxième tableau reprenant les ouvrages de fortifications et de bâtiments militaires détermine trois degrés d'urgence.

Ainsi, en ce début de colonisation française en Algérie, le génie militaire prend en charge toutes les constructions militaires dans le secteur d'Alger. Au mépris du traité de capitulation du 5 juillet 1830, l'armée française s'arroge le droit de s'accaparer et d'exproprier d'innombrables

---

aux expéditions de Coléah et de Médéah. Il poursuit une carrière en Égypte en tant que colonel puis nommé général et directeur des fortifications par Méhémet Ali ; Bibliothèque Centrale école Polytechnique, bibli-aleph.polytechnique.fr, consulté le 30 octobre 2020.

31 SHD, 1 VH 60, Place d'Alger.

32 SHD, 1 VH 61, Place d'Alger, Mémoire militaire de la place d'Alger en 1832 rédigé par Jospeh de Puniet de Monfort.

33 SHD, 1 VH 61, Place d'Alger, Mémoire militaire de la place d'Alger, 1832 : « La force actuelle du corps d'occupation d'Alger est de 14 800 hommes de toutes armes, non compris les officiers et de 1960 chevaux ».

propriétés publiques, cultuelles et privées pour ses services[34]. Dans ce contexte, l'établissement de l'administration des domaines marque le transfert juridique et administratif des anciennes institutions ottomanes à l'État français[35].

Or, durant la période ottomane, la direction des travaux militaires est assurée par des offices de l'État pour ses propres besoins et la direction des travaux d'utilité publique est dirigée par des caïds[36], des khodjas[37] ou des militaires relevant de l'État aux frais des Habous[38]. Ces deux types de travaux donnent lieu à la rédaction de registres comptables selon l'administration en charge de ses ouvrages[39]. Les institutions étatiques ou religieuses gèrent et administrent les chantiers de construction et de restauration avec un lien indéniable entre les ressources produites par les biens habous et les impôts perçus par le Beylik.

L'état de guerre et les besoins des nouveaux occupants légitiment, selon le commandement, la création d'un domaine public et l'accaparement des fonds de l'ancienne administration[40]. Selon Oissila Saaidia, les autorités coloniales, par le biais d'arrêtés et d'ordonnances, ont réuni, dès 1836, les principales corporations religieuses *Les Andalous* et le waqf de la Mecque et Médine. Cet acte marque le transfert progressif de la gestion du culte et du personnel musulmans aux fonctionnaires

---

34 Isabelle Grangaud, « Dépossession et disqualification des droits de propriété à Alger dans les années 1830 », *in* Abderrahmane Bouchène, Jean-Pierre Peyroulou, Ouanassa Siari Tengour, Sylvie Thénault, *Histoire de l'Algérie à la période coloniale. 1830-1962*, Paris, La Découverte, 2014, p. 70-76.

35 Isabelle Grangaud, « Prouver par l'écriture : propriétaires algérois, conquérants français et historiens ottomanistes », *Genèses*, 74, 2009, p. 25-45.

36 Caïd, fonctionnaire ottoman qui a pour charge un aspect prévis de la vie sociale. Voir : Abderrazak Djellali, « Le caïdat en Algérie au XIXe siècle », In Cahiers de la méditerranée, n° 45, 1992, Bourgeoisies et notables dans le monde arabe (XIXᵉ et XXᵉ siècles), p. 37-49.

37 Khodjas, défini comme secrétaire particulier, chargé du contrôle de la comptabilité du waqf. Voir : Nacereddine Saidouni, *Le waqf en Algérie à l'époque ottomane, XIᵉ-XIIIᵉ siècles de Hégire, XVIIᵉ-XIXᵉ siècles*, Koweït, Fondation Publique des Awqaf, 2009, p. 85.

38 Nacereddine Saidouni, *op. cit.* (note 37) ; Lemnouar Merouche, *Recherches sur l'Algérie à l'époque ottomane*, Paris, Éd. Bouchène, 2002, p. 250-280.

39 L'étude de ces registres a donné lieu à plusieurs travaux sur les chantiers de construction ou de restauration pendant la période ottomane : Samia Chergui, *Les mosquées d'Alger : construire, gérer et conserver : XVIᵉ-XIXᵉ siècles*, Paris : Presses de l'Université Paris-Sorbonne, 2011 ; Nabila Cherif-Seffadj, *Les bains d'Alger durant la période ottomane, XVIᵉ-XIXᵉ siècles*, Paris : Presses de l'Université Paris-Sorbonne, 2008.

40 François Dumasy, « Propriété foncière, libéralisme économique et gouvernement colonial : Alger, 1830-1840 », *Revue d'histoire moderne contemporaine*, n° 63-2, n° 2, 2016, Belin, p. 40-61.

français[41]. Héritier des ordonnances du 31 octobre 1838 et du 21 août 1839, et dans un contexte d'expansion coloniale, l'arrêté du 23 mars 1843 publié par le ministère de la Guerre rattache les dépenses et recettes des corporations religieuses et des établissements religieux au budget colonial et accorde la gestion à l'administration des Domaines.

> Au fur et à mesure que les besoins de la population et la nécessité de ménager de toutes susceptibilités toutes premières, l'administration des corporations musulmanes a été régularisée, la manutention de leurs biens a été réunie à celle des biens domaniaux[42].

Au-delà de l'organisation financière et administrative des biens appartenant aux corporations religieuses, ce rattachement à l'administration française peut être interprété comme un acte politique établissant dorénavant l'État français comme successeur légal des anciennes institutions du Beylick. Très imprégnée du courant saint-simonien, la nouvelle administration a pour objectif « *de gouverner les arabes, d'étudier l'ancien gouvernement turc* » et « *d'y apporter les modifications réclamées par le nouvel état des choses*[43] ». Ces mesures sont complétées d'une part par une réorganisation des corporations indigènes[44] de métiers et de professions[45], d'autre part par l'arrêté du 7 septembre 1831 qui impose aux indigènes de recevoir en paiement les monnaies françaises au détriment des monnaies locales[46].

En effet, pour l'auteur du *Tableau des établissements français en Algérie* « le premier effet de la conquête fut de relâcher tous les liens anciens

---

41 Oissila Saaïdia, *Algérie coloniale, musulmans et chrétiens : le contrôle de l'état, 1830-1914*, Paris, CNRS éditions, 2015, p. 45.

42 ANOM, F80 1082, Lettre du 9 novembre 1849 rédigée par l'Inspecteur général de la Direction des Finances Blondel au conseil, concernant la réorganisation du Beit-el-Mal sur tous les points de l'Algérie.

43 ANOM, F80 1082, Lettre du 9 novembre 1849, concernant la réorganisation du Beit el-Mal sur tous les points de l'Algérie.

44 Pour cet article, j'ai pris le parti de ne pas utiliser de guillemets pour les termes indigène, arabe ou autre, car il correspond à la définition légale de l'époque coloniale et désigne tous les Algériens (autochtones) de l'époque précoloniale. Voir : Annie Rey-Goldzeiguer, *Le Royaume arabe : la politique algérienne de Napoléon III, 1861–1870*, Alger, Société nationale d'édition et de diffusion, 1977, p. 11.

45 Arrêté du 19 janvier 1831, signé par le Général Clauzel, portant l'extension des droits de patentes à tous les négociants, artisans et ouvriers maures ou israélites.

46 Arrêté du 7 septembre 1831 portant obligation pour les indigènes de recevoir en payement les monnaies françaises. Ministère de la Guerre, *Collection des actes du gouvernement depuis l'occupation d'Alger jusqu'au 1er octobre 1834*, Paris : Imprimerie Royale, 1843, p. 138.

créés par l'usage[47] ». Ainsi, les mesures mises en place, à savoir le paiement par la monnaie française, le contrôle des ressources produites par
les corporations religieuses et l'établissement d'une nouvelle fiscalité,
illustrent une forme d'annexion de la comptabilité d'une manière
générale à celle de la métropole. Les crédits ordinaires alloués aux travaux de fortification des villes algériennes sont votés depuis Paris et la
comptabilité de ces chantiers suit le modèle métropolitain.

Les travaux militaires et publics sont régis par une commission mixte,
créée par l'ordonnance royale du 18 septembre 1816[48], chargée de délibérer,
de donner son avis et d'examiner les projets de fortifications en France,
lesquels concernent les départements des Travaux publics, de l'Intérieur, de
la Guerre et de la Marine. Néanmoins, pour l'Algérie, le commandement
général et la haute administration sont confiés au Général en chef des
forces armées ou au Gouverneur général, qui exerce ses pouvoirs sous les
ordres et la direction du ministre Secrétaire d'État de la Guerre[49].

De « la période d'incertitude » *(1830–1834)*[50] durant laquelle la
Monarchie de Juillet est confrontée à des tensions intraeuropéennes
et à l'affaiblissement de l'armée française, à la capitulation de l'Émir
Abdelkader en 1847, en passant par les expéditions de Constantine[51]
et le traité de Tafna, l'histoire du génie militaire en Algérie est étroi-
tement liée à celle des directeurs des fortifications. Alors que l'armée
d'occupation française en Algérie connaît cinq commandants militaires
(1830–1834)[52] et cinq gouverneurs généraux (1834–1847)[53], le corps

47   Ministère de la Guerre, *Tableau de la situation des établissements Français dans l'Algérie*,
     Paris : Imprimerie Royale, 1838 (vol. 1), p. 164.
48   *Almanach royal et national : annuaire officiel de la République française, pour l'an 1843*,
     A. Guyot et Scribe, Paris, p 133.
49   Ordonnance du Roi du 22 juillet 1834, in *Almanach royal et national : annuaire officiel de
     la République française, pour l'an 1843*, A. Guyot et Scribe, Paris, p 135.
50   Charles-André JULIEN, *L'histoire de l'Algérie contemporaine, La conquête et les débuts de la
     colonisation (1827–1871)*, Paris, Presses Universitaires de France, 1986, p 64.
51   La première expédition de Constantine de novembre 1836 est une tentative française de
     prendre la ville aux mains d'Ahmed Bey qui se solde par un échec pour l'armée française.
     La deuxième expédition d'octobre 1837, se solde cette fois-ci par une victoire du général
     Bugeaud.
52   Louis Auguste Victor de Bourmont (juil. 1830 à août 1830) ; Bertrand Clauzel (août 1830
     à févr. 1831) ; Pierre Berthezène (févr. 1831 à déc. 1831) ; Anne Jean Marie René Savary
     (déc. 1831 à avril 1833) ; Théophile Voirol (avril 1833 à juil. 1834).
53   Jean-Baptiste Drouet d'Erlon (juil. 1834 à juil. 1835) ; Bertrand Clauzel (juil. 1835 à
     fév. 1837) ; Charles-Marie Denys de Damrémont (fév. 1837 à oct 1837) ; Sylvain Charles
     Valée (déc. 1837 à déc. 1840) ; Thomas Robert Bugeaud (déc. 1840 à sept. 1847).

du génie militaire est sous la direction de seulement quatre directeurs des fortifications durant toute la Monarchie de Juillet : Le Mercier (1833–1836), Jean-Baptiste Philibert Vaillant (1837–1838), Adolphe Pierre Marie Bellonet (1839–1840), Viala Charon (1837, 1840–1845).

Au sommet de la hiérarchie, le ministre de la Guerre et le Gouverneur général de l'Algérie définissent la stratégie militaire à mettre en place dans les nouvelles places conquises en déterminant le nombre de soldats et de chevaux stationnés dans ces villes. Le capitaine en chef de la place et ses lieutenants rédigent un mémoire pour l'année en cours (fig. 3). Ce document est divisé en deux parties : les fortifications et les bâtiments militaires. Chaque partie est introduite par un état des lieux de la place forte et une description générale des travaux à entreprendre. Par la suite, le chef du génie décrit tous les types de projets (restauration, entretien et construction) et demande un financement pour chaque opération. Ces travaux sont définis par un cahier des charges sous forme d'articles et sous-articles, accompagnés de dessins numérotés et réalisés sous la direction du capitaine en chef. Pour chaque mémoire de projet, le chef du génie de la place joint un devis estimatif reprenant la même structure. Les premières lignes sont dédiées à la description des fonctions des officiers et des ouvriers, à la détermination du nombre de jours nécessaires pour l'achèvement des travaux et du prix d'une journée de travail. Ces informations permettent une meilleure appréhension du profil des acteurs engagés ainsi qu'une étude comparative de la nature du travail demandé aux militaires, civils et indigènes. Les données, ci-dessous, quantifient le matériel et les matières premières nécessaires à l'accomplissement des travaux. Ces documents étaient envoyés directement à la direction des fortifications à Alger où le directeur rédigeait ses apostilles, reprenant la même structure que le mémoire, accompagnées d'un avis favorable quand la nature des travaux correspondait au budget alloué et aux recommandations du comité des fortifications, ou défavorable quand le projet devait être reformulé (fig. 4).

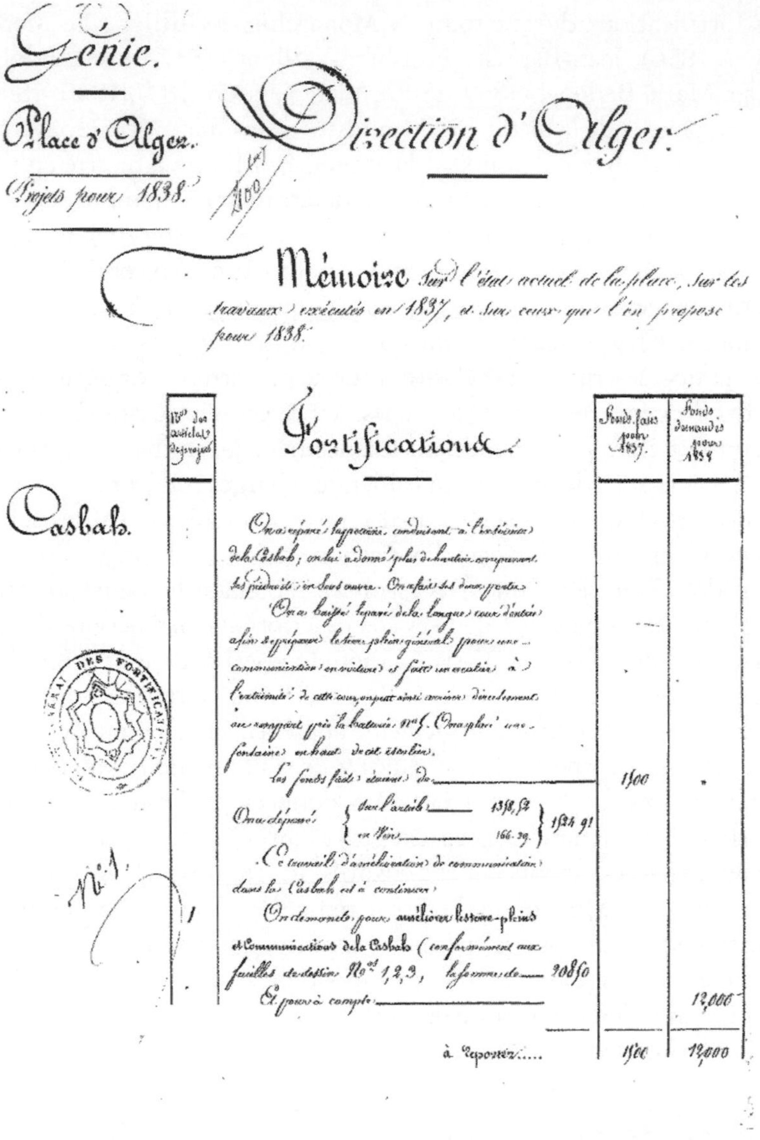

Génie.

Place d'Alger.

Projets pour 1838.

Direction d'Alger.

Mémoire sur l'état actuel de la place, sur les travaux exécutés en 1837, et sur ceux que l'on propose pour 1838.

Fortifications.

Casbah.

N° 1.

Fonds faits pour 1837.

Fonds demandés pour 1838.

1500

1524 91

2080

12,000

à reporter..... 1500 12,000

FIG. 3 – Mémoire sur l'état actuel de la place, sur les travaux exécutés en 1837 et sur ceux que l'on propose pour 1838, rédigé le 6 avril 1838 par V. Charon, chef du génie à Alger, Fonds Place d'Alger – 1 VH 62, SHD.

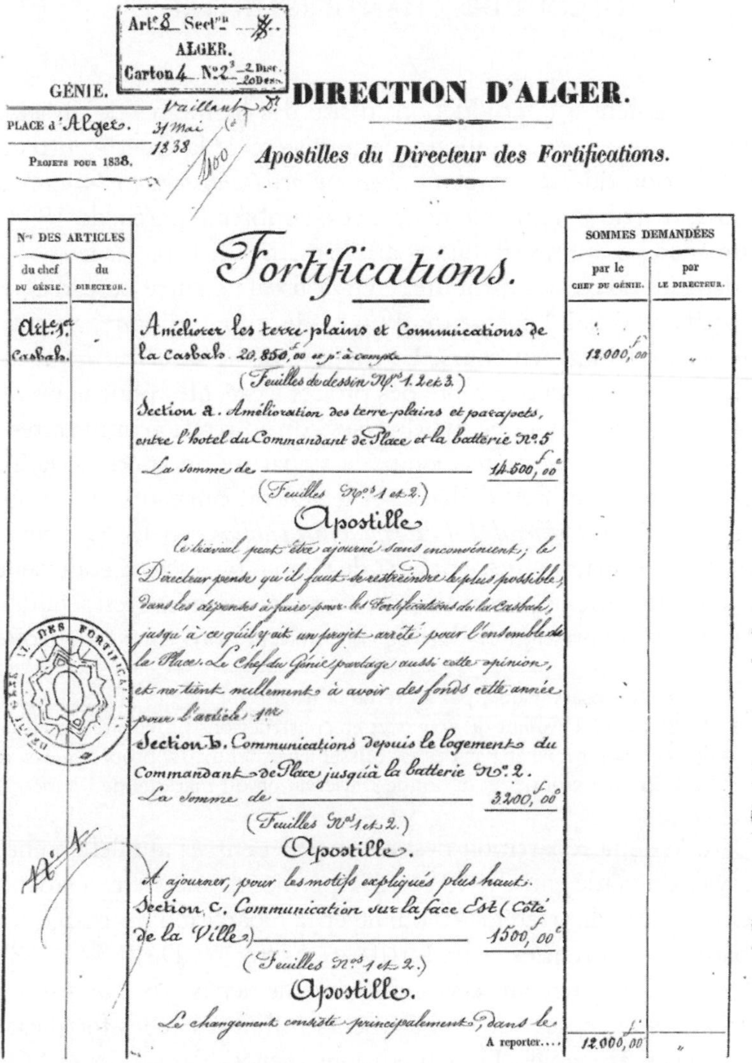

Art.e 8 Sect.on ...
ALGER.
Carton 4 N° 2

GÉNIE. **DIRECTION D'ALGER.**

PLACE d'Alger. Vaillant Dr 31 mai 1838

PROJETS POUR 1838.

Apostilles du Directeur des Fortifications.

N°s DES ARTICLES du chef DU GÉNIE.	du DIRECTEUR.	Fortifications.	SOMMES DEMANDÉES par le CHEF DU GÉNIE.	par LE DIRECTEUR.
Art.e 1er Casbah.	"	Améliorer les terre-plains et Communications de la casbah 20.850f,00 et p.r à compte	12.000f,00	"
		(Feuilles de dessin N.os 1. 2 et 3.)		
		Section a. Amélioration des terre-plains et parapets, entre l'hotel du Commandant de Place et la batterie N.o 5 La somme de 14.500f,00c (Feuilles N.os 1 et 2.)		
		Apostille		
		Le travail peut être ajourné sans inconvénient; le Directeur pense qu'il faut se restreindre le plus possible, dans les dépenses à faire pour les Fortifications de la Casbah, jusqu'à ce qu'il y ait un projet arrêté pour l'ensemble de la Place. Le Chef du Génie partage aussi cette opinion, et ne tient nullement à avoir des fonds cette année pour l'article 1er		
		Section b. Communications depuis le logement du Commandant de Place jusqu'à la batterie N.o 2. La somme de 3200f,00c (Feuilles N.os 1 et 2.)		
		Apostille.		
		A ajourner, pour les motifs expliqués plus haut.		
		Section c. Communication sur la face Est (Côté de la Ville) 1500f,00c (Feuilles N.os 1 et 2.)		
		Apostille.		
		Le changement consiste principalement, dans le		
		A reporter....	12.000f,00	"

FIG. 4 – Apostilles du directeur des fortifications sur les projets de 1838, rédigé le 31 mai 1838 par Vaillant, Colonel Directeur des fortifications en Algérie, Fonds Place d'Alger – 1 VH 62, SHD.

LE COÛT DES CHANTIERS MILITAIRES

Parallèlement à la production in situ des mémoires de projets par les ingénieurs du génie militaire, le ministère de la Guerre entreprend la publication du *Tableau de la situation des établissements français dans l'Algérie*, distribué annuellement aux chambres à partir de 1838. Ce document a pour objectif d'une part de mettre en avant les faits accomplis dans les domaines militaire, civil et fiscal ; d'autre part, d'exposer les motifs relatifs à l'ouverture d'un crédit extraordinaire, au titre de l'exercice de l'année en cours. Le chapitre dédié aux *Travaux du génie militaire en Algérie* rend compte des projets « exécutés pour la première installation des troupes et des diverses administrations militaires » et ceux en cours d'exécution. Depuis la signature du traité de la Tafna en 1837, entre l'Émir Abdelkader et le général Bugeaud, et la mise en place du *Règlement général de la comptabilité publique* en 1838, le financement de la campagne algérienne est de plus en plus scruté et devient un sujet d'ordre national. Les différents rapports montrent les défaillances de l'armée d'occupation et l'usage de constructions dites provisoires.

> On a fait observer que, par suite de la nature même des choses, la plupart de ces travaux avaient dû consister en constructions provisoires, qu'il fallait désormais remplacer par des établissements définitifs, propres à assurer le bien-être des troupes et la bonne conservation du matériel de l'armée[54].

L'étude de la répartition des sommes dépensées annuellement par le service du génie entre 1830 et 1851 permet de mettre en évidence le basculement de la stratégie coloniale et la répartition du budget entre les bâtiments militaires et les fortifications (fig. 5). De 1830 à 1835, le budget total consacré au service du génie ne dépasse pas le million de francs et les dépenses sur les bâtiments militaires et les fortifications sont à peu près stables. Les expéditions menées dans l'Est et l'Ouest algériens, de 1836 à 1840, augmentent le budget consacré aux travaux militaires et creusent un peu plus l'écart entre les fonds alloués aux bâtiments militaires et ceux alloués aux fortifications. La nomination

---

54   Ministère de la Guerre, *Tableau de la situation des établissements Français dans l'Algérie*, Paris, Impr. Royale, 1839 (vol. 2), p. 54.

de Bugeaud au poste de Gouverneur général en 1840 et celle de Charon au poste de Directeur des fortifications accroissent considérablement le budget global consacré aux travaux du génie militaire et amplifient l'écart entre les budgets attribués aux bâtiments militaires et aux fortifications.

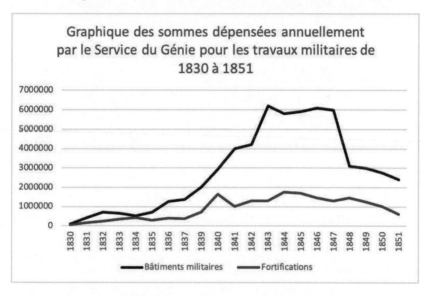

FIG. 5 – Graphique des sommes dépensées annuellement par le service du Génie pour les travaux militaires de 1830 à 185155. © M. Hadjiat.

Si cette tendance se confirme pour la plupart des villes fortifiées, avec un rebond des activités du génie militaire dès 1840, il convient de compléter cette étude par une analyse des budgets alloués par place forte, puisque chaque cité nouvellement conquise acquiert un nouveau rôle dans le système défensif. On obtient alors une impression de fort contraste selon les années, les villes et les acteurs militaires. De 1830 à 1848, la colonisation de l'Algérie se base essentiellement sur une occupation militaire des anciennes capitales administratives ottomanes et des « points fortifiés, généralement des villes, qui servaient de base à Abdelkader[56] ».

55 Les sources utilisées pour ce graphique : Tableau de la situation des établissements Français dans l'Algérie publié dès 1838 ; Revue du Génie militaire, Librairie Militaire Berger-Levrault, Paris, Mars 1931, p. 293.
56 Jean-Pierre Peyroulou, Ouanassa Siari Tengour, Sylvie Thénault, dir., *1830-1880 : la conquête coloniale et la résistance des Algériens*, Paris, La Découverte, 2014, p. 31.

On peut dans le cas de cet article se limiter à quelques grandes villes qui marquent les différentes phases de la conquête : Alger (1830), Oran (1831), Constantine (1837), Médéa (1840), Mascara (1841), Tlemcen (1842) (fig. 6).

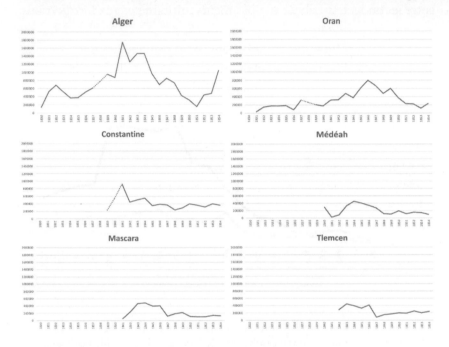

FIG. 6 – Graphique des sommes dépensées annuellement par le service du Génie pour les places militaires de 1830 à 185157. © M. Hadjiat.

L'analyse des sommes dépensées montre un rebond d'activité à partir de 1842 jusqu'en 1847 à part pour Alger et Constantine qui connaissent un pic d'investissement en 1841. Les sommes exceptionnelles dépensées en 1841 coïncident avec l'arrivée de Bugeaud au poste de Gouverneur général en Algérie et de Viala Charon au poste de Directeur des fortifi- cations et la proclamation de l'Algérie par Louis-Philippe comme terre « *désormais et pour toujours française*[58] ». Dotés d'une plus grande force

---

57   Les sources utilisées pour ce graphique : Tableau de la situation des établissements Français dans l'Algérie publié dès 1838 ; SHD, série VH, places fortes Alger, Oran, Tlemcen, Constantine, Mascara.

58   Jacques Frémeaux, *La conquête de l'Algérie : la dernière campagne d'Abd el-Kader*, Paris, CNRS éditions, 2019, p. 13.

militaire, Bugeaud et Charon engagent dès leurs prises de postes des travaux de fortifications et de construction de bâtiments militaires, à Constantine et à Alger, pour consolider la présence française à l'Est et au centre. En 1842, le dispositif français repose à l'Ouest sur l'établissement de deux lignes intérieures de places fortifiées[59]. La plus importante est celle qui réunit les places fortes de Tlemcen, Médéa et Mascara qui ont un budget moyen de 400 000 francs jusqu'à la reddition de l'Émir en 1847.

Il est vrai que le budget alloué par l'État français à la colonisation de l'Algérie a nettement augmenté pendant la période Bugeaud. Cependant, dans un contexte de répression envers la population musulmane par les impôts, confiscations et accaparements, l'application du séquestre donne le droit aux militaires non seulement de s'approprier tous les immeubles nécessaires à leur établissement, mais aussi de se positionner comme nouveaux administrateurs de la cité. L'établissement d'une administration des Domaines marque un changement important dans la gestion et le financement des travaux du génie militaire en Algérie puisque « toutes les propriétés provenant de l'ancien Beylik, du séquestre ou de l'absence de justification des détenteurs du sol[60]... » sont considérées comme propriétés de l'État. Établie lors des derniers mois de 1830 et constituée par arrêté du 17 mars 1832, l'administration des domaines comprend dans ses attributions trois branches principales et distinctes, à savoir : « les produits des immeubles domaniaux, les rentes, créances et prix de vente d'objets mobiliers appartenant à l'état ; les droits d'enregistrement, les amendes et les frais de justice ; les contributions diverses maintenues ou imposées par l'autorité française[61] ». La comptabilité de cette nouvelle institution nous permet d'évaluer les prélèvements sur les anciennes structures économiques précoloniales, mais l'affectation de ces ressources dans le vote des budgets coloniaux est omise dans les *TEF* et compromet le traçage du financement de ces travaux.

---

59 *Ibid.*, p. 29.
60 ANOM, F80 1082, Lettre du 4 février 1848 rédigée par le Lieutenant-Gouverneur Général de l'Algérie, H. D'Orléans à Monsieur le Lieutenant Général Commandant la division d'Alger, concernant les prescriptions relatives aux mesures à prendre pour cantonner des indigènes habitant l'Oued de la Métidja et pour ouvrir cette région à la colonisation Européenne.
61 ANOM, F80 1082, Extrait du rapport de l'inspecteur chef du service des domaines et contributions diverses sur la situation et l'organisation définitive de cette administration (les domaines).

LE CAS DE TLEMCEN

Face à des préoccupations militaires telles que le maintien de l'ordre et la sécurisation des places fortes, l'analyse des mémoires de projet du chef du génie à Tlemcen Charles Gaubert et des apostilles des directeurs des fortifications met en lumière un réel débat sur la permanence des constructions militaires. La collaboration entre Charon et Gaubert au service du génie militaire en Algérie commence dès l'arrivée de ce dernier à Tlemcen le 1er mars 1842 et se poursuit jusqu'en 1845. Nommé en 1846 au poste de directeur des fortifications de la province d'Oran, Dalesme devient l'intermédiaire entre Gaubert chef du génie à Tlemcen et Charon directeurs des fortifications de l'Algérie. D'abord chargés de réaliser les aménagements nécessaires à l'installation de 5000 hommes à Tlemcen, ils furent les trois protagonistes des transformations urbaines et architecturales pendant six années. Certes, cette période fut brève, au regard des chantiers de construction entrepris au XIXe siècle en métropole ou dans la nouvelle colonie, mais la place dont a hérité Tlemcen dans le système de colonisation français dans l'Ouest algérien mérite d'être soulignée en raison de sa proximité avec le Royaume du Maroc.

Viala Charon, né à Paris le 29 juillet 1794, et Jean-Baptiste Casimirs Dalesme, né à Poitiers le 19 juin 1793, sortent de l'École polytechnique en 1813 pour entrer dans le génie militaire. Charles Gaubert, de son nom complet Pierre Marie Hyacinthe Célestin Gaubert, né à Castres le 14 septembre 1804, d'un père greffier au tribunal de commerce de Castres[62], ne fut admis au corps du génie militaire qu'en 1829 et participa à la défense de Lyon en tant que lieutenant en 1832. Charon commença sa carrière au service du génie militaire, à une période marquée par plusieurs évènements déterminants pour la France, jusqu'à ce qu'il parte pour l'Algérie en 1835 et devienne en 1840 directeur des fortifications en Algérie. Dalesme participe à l'expédition de Morée en 1828 et reste en Grèce jusqu'en 1833, avant de rejoindre l'Algérie en 1846, sur sa demande, en tant que directeur des fortifications dans la province d'Oran. Gaubert entame une carrière en tant que capitaine de génie de plusieurs

---

62 Bibliothèque centrale de l'École polytechnique, Annuaire des anciens élèves, bibli-aleph. polytechnique.fr.

places fortes en France dès 1831[63] et est désigné comme chef du génie pour l'Algérie le 15 février 1841, avant d'être nommé à Tlemcen le 2 mars 1842. Ces trois personnages aux parcours identiques dans leurs formations s'affrontent quant à la définition des travaux et leurs priorités.

Selon le tableau ci-dessous, il convient d'admettre que des disparités existent entre les crédits demandés par le chef du génie et le directeur des fortifications et le budget adopté par l'administration militaire (fig.7). À l'exception de l'année 1842[64], le budget alloué aux travaux militaires de la ville de Tlemcen est nettement inférieur aux sommes demandées par le chef du génie. En effet, le ministère de la Guerre se réfère le plus souvent aux recommandations du directeur des fortifications, qui privilégie la construction de nouveaux bâtiments militaires plutôt que l'édification d'une nouvelle enceinte fortifiée. La nomination de Dalesme au poste de directeur des fortifications dans la province d'Oran, le 25 juin 1846[65], confirme cette tendance avec l'adoption d'un budget représentant un 1/5ᵉ de ce que demandait Gaubert.

	1842	1843	1844	1845	1846	1847
Crédits Forti.–Gaubert	46 000	61 500	89 300	88 000	115 000	207 500
Crédits Forti.–DF	46 000	37 700		57 000	23 320	
Budget adopté Forti.	46 000	40 000	52 930	77 300	23 320	63 710
Crédits Bât. M – Gaubert	241 400	511 210		386 200	401 000	1.483.000
Crédits Bât.–DF	241 400	358 000		235 100	394 530	
Budget adopté Bât. M	241 400	409 000	348 630	254 280	394 530	19 330

FIG. 7 – Tableau des sommes demandées par le chef du génie et par les directeurs des fortifications de 1842 à 1847 pour Tlemcen et les budgets adoptés[66].
© M. Hadjiat

---

63   SHD, archives pensions de retraites de l'armée de terre, Cote : 4YF 22 244. Valencienne 1831, Lyon 1832, chef du génie à Doullens en 1833, à Amiens en 1834, à Boulogne-sur-Mer de 1835 à 1836, détaché à Arras en 1837 et à Paris en 1839 puis capitaine de 1ᵉʳᵉ classe à l'État-major du Génie en 1841.

64   Date à laquelle Tlemcen fût occupée pour la deuxième fois par l'armée française.

65   *Annuaire de l'état militaire de France pour l'année 1847*, Paris, Veuve Levrault, 1847, p. 598.

66   SHD, 1 VH 1809 à 1811, Place de Tlemcen. L'absence de données pour l'année 1844 est probablement justifiée par les évènements et hostilités qui se produisirent sur les frontières de l'ouest et qui « ne permirent point au chef du génie d'expédier en temps opportun les projets », SHD 1 VH 1810, Place de Tlemcen, Mémoire sur les projets de 1845, établis le 15 juillet 1845.

Cette différence entre les crédits demandés par le chef du génie et les directeurs des fortifications s'explique d'une part par une politique coloniale centrée sur la permanence des constructions militaires, d'autre part par le rôle assigné au directeur des fortifications comme garant de la bonne marche du service. Par exemple, la restructuration de la citadelle du Méchouar à Tlemcen entraîne le percement de nouvelles communications et la mise en état des rues existantes. Gaubert décrit, dans l'article 9 intitulé *Communications intérieures*, des travaux de blanchissage et de crépissage des fronts opérés dès 1842 et demande un crédit de 2500 f, ce qui représente 0,3 % du total demandé pour l'exercice 1843. Le Directeur émet un avis défavorable concernant ce type de travaux :

> Le chef du Génie a déjà dépensé 1600 francs sur cet article dans lequel il a compris à tort les mépris et les blanchissages des nouvelles rues du Méchouar qu'il annonce avoir régularisés. C'est à tort que cet officier emploie à des blanchissages et crépissages les fonds affectés à ouvrir des communications.... Ces travaux d'ailleurs sont souvent des travaux de luxe et d'extérieur et ils ne doivent être supportés par les articles auxquels ils appartiennent réglementairement que quand ils sont complètement indispensables. L'administration de la ville doit faire payer sur les fonds coloniaux dont elle dispose les ouvertures et élargissements de rue qui sont dans l'intérêt public et commercial. Ceux de ces travaux qui n'ont qu'un but purement militaire actuellement et à toujours doivent être acquittés par le service du Génie. Le directeur se borne à accorder 2 500 f qu'il se propose d'augmenter si les besoins lui en sont démontrés par des demandes bien justifiées[67].

Autre exemple, Gaubert utilise à plusieurs reprises l'existant pour l'édification de la nouvelle enceinte de Tlemcen. Il décrit dans le mémoire sur les projets pour 1843, dans l'article 1 intitulé *Mettre en état les fronts 9-10, 10-11, 11-12, 12-13*, avoir tracé la courtine 9-10 et 10-12 « de manière à toucher le moins possible aux habitations existantes[68] » et dans l'article 5 intitulé *Construire la caserne G de Ahmet pour 370 hommes*, avoir fait le projet « de manière à utiliser entièrement les bâtiments ou murs existants[69] ». Cette prise de position est désapprouvée par Charon qui mentionne dans l'apostille de l'article 1 :

---

67 SHD, Archives du Génie, 1VH1809, Mémoire sur les projets de la place de Tlemcen.
68 SHD, Archives du Génie, 1VH1809, Mémoire sur les projets de la place de Tlemcen pour 1843.
69 *Ibid.*

> Le Directeur pense que c'est une mauvaise mesure que de chercher à recons-
> truire la vieille enceinte et à la faire flanquer par des maisons particulières
> {…} ; et ne peut être regardé que comme un provisoire fâcheux dont il faut
> se débarrasser le plutôt possible[70].

INDIGÈNES, MILITAIRES OU CONDAMNÉS :
UNE HISTOIRE DE LA MAIN-D'ŒUVRE COLONIALE

Les principales missions des ingénieurs du génie militaire envoyés en Algérie consistent à diriger la construction des structures militaires nécessaires au déploiement des troupes, concevoir des bâtiments et des fortifications et établir le budget nécessaire à l'accomplissement de ces travaux. Suivant une approche strictement économique, le génie militaire met à disposition des ressources définies selon le coût des travailleurs et des matières premières dans le but d'exécuter les ouvrages. Les ambitions coloniales sont mises à l'épreuve, dès les premières années de la colonisation par des obstacles géographiques, par l'hostilité des habitants ainsi que par les maladies meurtrières expliquant en grande partie la lenteur des chantiers de construction[71]. Si le contingent du génie militaire suffit à répondre au besoin en matière de main d'œuvre pendant les premières années de la colonisation, l'expansion coloniale amène la direction du génie militaire à solliciter d'autres forces ouvrières. Dans un contexte de crise économique et politique, les *forçats* ou détenus sont une force non négligeable.

En 1833, plusieurs rapports mentionnent l'état de santé dégradé des troupes. L'article 1er du mémoire des projets de la place d'Alger, rédigé en 1834 par le chef bataillon Nicolas Morin (1793– ?), intitulé *Continuation de la route du fort de l'empereur*, fait état de l'usage des condamnés. La section *a* de cet article décrit des travaux d'empierrement de toutes les parties de la route dont le sol est mauvais et requiert des condamnés, des cantonniers civils et des surveillants militaires en remplacement des

---

70 SHD, Archives du Génie, 1VH1809, Apostilles sur les projets de la place de Tlemcen pour 1843.
71 Charles-André Julien, *L'histoire de l'Algérie contemporaine, La conquête et les débuts de la colonisation (1827–1871)*, Paris, Presses Universitaires de France, 1986, p. 270.

troupes atteintes par les maladies. Le recours à cette main-d'œuvre est très vite apprécié par la hiérarchie pour l'exécution des travaux qui ne nécessitent pas forcément un savoir-faire spécifique. En effet, l'ingénieur des ponts et chaussées Léopold-Victor Poirel décrit dans son *Mémoire sur les travaux à la mer* le recours à cette main-d'œuvre pour les travaux du môle d'Alger et établit une comparaison entre les ouvriers civils et les condamnés militaires :

> Les travaux du môle ont été exécutés avec des condamnés militaires dont le nombre a varié entre 300 à 500, depuis 1833 jusqu'à 1840. Le prix de la journée de chaque homme varie entre les mains de leur comptable, était d'abord de 25 centimes ; en 1837 il a été élevé à 35 centimes. À cette somme qui allait à la masse des condamnés pour servir à leur nourriture et à leur entretien, il faut ajouter une gratification en argent ou en nature que l'on donnait individuellement, après chaque journée de travail, aux hommes qui l'avaient méritée. Cette gratification variait de 6 à 15 centimes, plus un demi-litre de vin et un quart de kilo de pain, pour les travaux extraordinaires tels que ceux de nuit. Ainsi, tout compris… la journée de 10 heures {revenait} à 75 centimes ; c'est-à-dire que la journée de travail du condamné était à peu près deux fois et demie moins chère que celle du manœuvre civil qui coûtait moyennement 1 fr. 85 c. L'emploi des condamnés militaires apportait donc une économie de 250 pour 100 dans la dépense de la main-d'œuvre, et l'économie était même plus grande en réalité, puisqu'on trouvait dans ces condamnés des ouvriers beaucoup plus intelligents et beaucoup plus forts que les ouvriers civils recrutés dans le pays[72].

En 1834, le mémoire et le devis pour *l'assainissement de la plaine de la Mitidja*[73], rédigés par le capitaine du génie de la place d'Alger Charles Mangay (1806– ?)[74], comportent une analyse des prix et une

---

72　Léopold-Victor Poirel, *Mémoire sur les travaux à la mer : comprenant l'historique des ouvrages exécutés au port d'Alger, et l'exposé complet et détaillé d'un système de fondation à la mer au moyen de blocs de béton*, 1841, p. 101.

73　SHD, 1 VH 61, Place d'Alger. Ce devis élaboré le 23 octobre 1834 pour l'assainissement de la Métidjah comportant dix articles correspondant aux dix terrains marécageux : Marais de Sidi Haissa, Marais du fort de l'eau à l'embouchure de la hamise, Marais de l'oued Smar, Marais de ziderzine, Marais de la maison carrée, Marais de la rive droite de l'aratch, Marais de la rive gauche de l'aratch, Marais de la ferme modèle, Marais de la rive droite de l'ouest el Kerma, Marais de la rive droite de l'aratch, en face de Bab-Ali.

74　Charles Paul Mangay, né le 16 novembre 1806 à Rocroi (Département des Ardennes), neveu de Philippe Louis Mangay avocat à la cour royale de Metz, intègre l'École poly-technique en 1824, et admis dans le service dans génie militaire en 1826.

comparaison entre le coût d'une journée par mètre cube d'un ouvrier « *arabe* » et d'un ouvrier militaire.

> La journée des ouvriers arabes étant de 1^f,30 ^{c} et leur travail par jour de 6^{m}00, le mètre cube de terre à une homme coutera 0^f,22 ^{c}, la terre étant supposée jetée sur des berges de 1^{m}60 de hauteur, ou jetée à la pelle à 4m de distance horizontale. La journée des ouvriers militaires étant de 0^f,25 ^{c} en sus des gratifications en vin et en pain qu'on leur distribue et leur travail pouvant être estimé à 3^m,000 par jour, le prix de la terre à un homme, jetée sur une berge de 1^m,60 de hauteur, ou à 4m de distance horizontale sera de 0^f,083[75].

Ce montant est dévalué par rapport à l'estimation faite en 1808 par Boutin puisqu'il établit le prix d'une « journée d'un maitre ouvrier 30 à 35 f dans toutes les saisons » et celle « d'un manœuvre, labourcur etc. 15 à 18 f vivres comprises[76] ». L'estimation du coût par mètre cube d'une journée de travail d'un militaire est deux fois plus basse que celle d'un ouvrier arabe. Cependant, les ingénieurs du génie militaire mentionnent l'usage de ces ouvriers dans certains devis établis dans la construction ou la restauration d'édifices.

Pour la construction des baraquements du poste de Boufarik en 1833, Le Mercier envisage le recrutement de la population autochtone, car « les arabes ne sont pas aussi facilement malades que nos soldats, à Bouffarick ; cet été il y a eu deux cents travailleurs pendant un mois entre les ponts, et il y a eu deux malades[77] ».

Par conséquent, si l'ouvrier indigène est bon marché par rapport à la population civile et ne tombe pas malade selon les ingénieurs du génie militaire, il devient pendant la période Bugeaud un médiateur politique dans certains chantiers militaires.

En 1842, Bugeaud propose d'affecter, sur le fonds de réserve du Budget colonial, une somme de 60 000 francs, à la réparation de cinq mosquées[78]. Ces projets sont financés par les revenus de la Mecque et Médine mis en

---

75 SHD, 1 VH 61, *Analyse des prix pour l'assainissement de la Plaine de Metidjah*, dressé par le capitaine du Génie Charles Mangay. 6m00 équivaut à mètres cubes.

76 SHD, 1 VH 59, *Reconnaissance de la ville et des forts d'Alger…*, par Boutin en 1808.

77 SHD, 1 VH 60, *Notice sur l'occupation exclusive du littoral par des troupes françaises et sur celle de quelques positions principales étendues successivement dans le sens de la profondeur*, par Le Mercier, le 15 février 1833.

78 ANOM, GGA 2 N 4, Rapport fait au ministre de la Guerre, le 25 juillet 1842, pour affecter la somme de 60 000 francs à la réparation de cinq mosquées (Tlemcen, Mascara, Cherchelle, Milianah, Médéah).

place par une pensée politique partagée par le Gouverneur général et le Maréchal, suite à « l'affectation provisoire {de ces mosquées} au logement des troupes et à l'établissement des ambulances et des magasins[79] ».

Le projet de restauration dressé pour la grande mosquée de Mascara par le chef du génie Devary comprend la consolidation des cinq arcades distribuant symétriquement la mosquée par rapport à l'entrée des vestibules, qui sont presque en ruine, et le badigeonnage avec du « plâtre de manière à leur rendre leur caractère et leur style primitif[80] ». À l'intérieur, Devary prévoit la restauration du bassin et le rétablissement des conduites d'eau qui l'alimentent[81] ; il estime les travaux à 8060,42 fr, avec une participation de « maçons arabes » payés à 3,33 fr et des « manœuvres » à 1,40 fr la journée.

La même année, le rapport du 12 octobre 1842, rédigé par Gaubert et adressé à Charon, intitulé *L'état et l'origine de la grande mosquée de Tlemcen*[82], expose plusieurs sujets concernant cet édifice. Il identifie l'origine de la construction de cette mosquée, d'après les renseignements recueillis auprès de la population locale, décrit l'édifice de forme irrégulière « soutenue par des piliers massifs[83] » et dresse un constat sur l'état de conservation de la grande mosquée. Les principales « réparations à faire, consistent à relever les cases environnantes, restorer les façades, recouvrir quelques parties, {et} remanier entièrement la couverture en tuiles[84] ». Ce document est accompagné d'un devis, rédigé le 22 novembre, intitulé « estimatif des dépenses à faire pour la restauration de la Grande Mosquée de Tlemcen », qui porte l'estimation du coût de ces réparations à 10 800 fr, avec une mise en œuvre par des indigènes (maçons, manœuvres, couvreurs etc.) sous la surveillance d'un militaire.

Reste que la main-d'œuvre militaire est celle qui est la plus utilisée dans les chantiers militaires. L'avènement de la Deuxième République et l'arrivée des colons entraînent une chute dans le recrutement d'ouvriers *arabes* et placent ces derniers à la fonction de manœuvres.

---

79   ANOM, GGA 2 N 4, Rapport fait au ministre de la Guerre, le 25 juillet 1842.
80   ANOM. Fonds GGA 2 N 58. Rapport du génie militaire de la place de Mascara.
81   *Ibid.*
82   ANOM, Fonds GGA 2 N 58. Rapport du génie militaire de la place de Tlemcen.
83   *Ibid.*
84   *Ibid.*

CONCLUSION

L'ordonnancement des moyens humains et techniques mis en place par les ingénieurs dans les mémoires de projets, les apostilles et les devis permet d'apporter une lecture des conditions économiques, sociales, politiques et militaires. Les quatre premières années de la colonisation en Algérie ont été marquées par une substitution des anciennes institutions ottomanes chargées de la construction et de l'entretien des édifices militaires par de nouvelles administrations importées depuis la métropole.

Si la comptabilité des travaux de construction et de restauration menés par le génie militaire en Algérie donne à voir une image de places fortes, composées de bâtiments militaires et de fortifications, ces ouvrages doivent être analysés à la lumière d'une étude approfondie des transformations socio-économiques induites par la transition du système ottoman au système colonial. La comptabilité du génie militaire en Algérie est un exemple significatif de ces transformations où se manifestent les tensions entre les différents acteurs politiques et techniques. Ainsi, l'avènement de la IIe République symbolise la mise sous tutelle et l'annexion de l'Algérie à la France administrativement, économiquement et culturellement.

L'examen de la comptabilité du génie militaire en Algérie entre 1830 et 1848 permet de comprendre comment le pouvoir colonial se met pratiquement en place. À la structure administrative, sociale et économique centrée sur des corporations religieuses et à une comptabilité gérée par les administrateurs ottomans au service des beys et des deys, l'armée coloniale substitue dès 1830 une nouvelle structure dirigée par le seul pouvoir central métropolitain. Le financement de ces ouvrages permet de vérifier que très tôt, la France, en ayant investi massivement dans les bâtiments militaires, a une volonté de rester en Algérie. En effet, le coût des chantiers du génie militaire affiche, dès 1830, un écart assez important entre les bâtiments militaires à vocations pérennes et les fortifications.

Mohammed HADJIAT
Université de Strasbourg

INFORMING RESTORATION PLANNING
AT ST PAUL'S ANGLICAN PRO-CATHEDRAL
IN MALTA

From Foundation to Intervention
through Historical Building Accounts

ST PAUL'S ANGLICAN PRO-CATHEDRAL

There is no building in Malta more symbolic of the presence of the British on the Maltese Islands than St Paul's Anglican pro-Cathedral, built between 1839 and 1846. Its elegant steeple, designed by William Scamp in the neo-classical tradition, is the most iconic element on the Valletta skyline. Queen Adelaide (widow of William VI) came to Malta in the winter of 1838-1839 to put the mild and airy weather to her health's benefits. Her stay was chronicled contemporaneously in local newspapers and gazettes, and so was her initiative to fund and commission a church for the Anglican community in Malta. The lengthy proceedings and hesitations that led to the construction of the pro-Cathedral have been discussed in detail in Bonnici's *Thirty Years To Build A Protestant Church*.[1] Several aspects of the church's history have also been developed in monographs, by Kirkpatrick,[2] and Keighley,[3] and have been discussed in the wider context of the Anglican presence in Malta in Gill[4] and Dixon.[5]

---

1 Arthur Bonnici, "Thirty years to build a Protestant church", *Melita Historica*, 6 (2), 1973, p. 183–191.
2 Reginald Nicholls Kirkpatrick, *St Paul's Anglican Pro-Cathedral, Valletta, Malta*, Malta, 1988.
3 Alan Keighley, *Queen Adelaide's Church, Malta*, Trowbridge, Qrendi, Best Print Ltd, 2000 (republished 2016).
4 Robin Gill, *Changing Worlds: Can the Church Respond?*, Edinburgh, T&T Clark Ltd, 2002.
5 Nicholas Dixon, "Queen Adelaide and the Extension of Anglicanism in Malta", *Studies in Church History*, 54, 2017, p. 281–295.

FIG. 1 – William Scamp, Sketch from Fort Tigne of the City of Valletta, shewing the Church as seen from the Sea (detail), March 1844, fo. 25, Wignacourt Collegiate Museum (Malta).

The architectural significance of this iconic building is to be placed in the socio-historical context of its construction. Ruled by the Order of St John from the second half of the 16th century, Malta's ecclesiastical architecture has been strongly influenced by Italian, French and to a certain extent Spanish architecture.[6] The architecture of the new church presented a departure from the usual church design found in Malta, not the least by introducing a towering spire dominating what was then known as the Quarantine Harbour, but also since non-Roman Catholic churches could not assume the design of traditional churches.[7] Contemporary forays in new ecclesiastical architecture include the restrained and pared-down

6   Conrad Thake, "Influences of the Spanish Plateresque on Maltese Ecclesiastical Architecture", in Joan Abela *et al.*, éd., *Proceedings of History Week 2013: Second colloquium on Spanish-Maltese history*, Malta, Book Distributors Ltd., 2013, p. 63–73.

7   Lino Bianco, "The realization of the Rotunda of Mosta, Malta. Grognet, Fergusson and the episcopal objection", *European Journal of Science and Theology*, 14 (4), 2018, p. 203–213.

garrison chapels built around 1850 with one remaining example in Valletta, St Andrew's Scots Church, Valletta (1857) and the Wesleyan Church in Floriana (1881-1883). It must be noted, however, that only the church of Santa Maria Addolorata in the eponymous cemetery in Paola, built between 1862-1869 by Emmanuel Luigi Galizia, followed with a tower and spire combination, albeit in neo-gothic style. As it is being exposed in the present paper, Scamp's design was undertaken after the demise of the first architect who had been selected from another two candidates through a call for proposals,[8] including Giorgio Grognet who had been appointed architect of the church of the Assumption of Mary, known as the Rotunda of Mosta, in 1833. The Queen Dowager had established a committee of non-technical people to oversee the construction of the church, whereas the proposed designs for the Rotunda were endorsed "by a technical commission of four 'periti' appointed by the British Governor General".[9] All this in the context of the strengthening of the local "periti" training between 1828 and 1839[10] might also have contributed to the relative antagonism against the first architect, Lankesheer.

The pro-Cathedral is located on the northern side of the Valletta Peninsula, rising above the fortifications of Marsamxett harbour, and includes a bell tower located on the northwest side of the cathedral, standing independently of the church building. The tower reaches a height of 67m above the terrace, seating on a square-shaped base built out of solid stone masonry up to a height of 10m. The spire, on top of the tower, consists of an octagonal conical masonry shell, crowned with a metal ball and cross. The change in section between the square plan of the tower and the octagonal shape of the spire is handled on the outside by a series of four independent terraces—one per façade, separated by stone pedestals that previously supported stone urns. On the inside walls of the tower the change in plan is negotiated with stepped squinches just below the level of the tower head. The church building

---

8   Dr M. M. Edwards, "The Queen's Church", *Scientia*, 28, 1962, p. 161–167.

9   N.D. Denny, "British temperance reformers and the island of Malta 1815-1914", *Melita Historica*, 9 (4), 1987, p. 329–345.

10 For a discussion on the practice and training of the Maltese architect and engineer known as *perit* see Denis De Lucca, "The Maltese 'perit' in history", *Melita Historica*, 6 (4), 1975, p. 431–436; André Zammit, *Our Architects. A private archive unveiled*, Malta, Book Distributors Ltd, 2009; Alex Torpiano, "A periti education", THINK Magazine, 16 December 2015, available online at https://www.um.edu.mt/think/a-periti-education/?utm_source=rss&utm_medium=rss&utm_campaign=a-periti-education (consulted on 29 August 2021).

itself with its Ionic portico, frieze and classical pediment is contained within a cast-iron-fenced boundary wall, separating the parvis from the public roads. Wall animation of the church elevations follows classical orders and symmetry with plain windows animating each bay. This is reflected inside the church, where the nave is framed by two aisles defined by Corinthian columns under a flat coffered ceiling. Unfortunately, the nave's ceiling was replaced in the 1960s following the partial destruction of the original ceiling due to reported infestation issues. The original building assembly consisted of timber trusses supporting slates as roofing material with a suspended coffered ceiling made of lath and plaster, an often-used lightweight roofing technique in the Mediterranean from the 16th century.[11] The cathedral miraculously escaped serious war damage, and since then, has stood silently, with its continuous use contributing greatly to its preservation. It is to be noted that the uninterrupted presence of British forces in Malta until 1979 has also proven to be a useful resource, from the surveys carried out by the Royal Engineers, to the various works undertaken by the Royal Navy Dockyard.

FIG. 2 – *The spire of St Paul's Anglican pro-Cathedral overlooking Marsamxett Harbour, Valletta,* AP Valletta.

---

11   Marco Rosario Nobile, Maria Mercedes Bares, "The use of 'false vaults' in 18th century buildings of Sicily", *Construction History*, 30 (1), 2015, p. 54.

RESEARCH CONTEXT

The research presented in this paper was undertaken within the framework of a restoration project, partially funded under the ERDF Operational Programme I – European Structural and Investment Funds 2014–2020. It is important to remark that under the current local regulations, any preliminary building studies, historical research, archaeological investigations, etc. are the responsibility of the owner/applicant (and of the commissioned architect), and not that of the planning and heritage authorities. These can eventually require additional information if they deem necessary. At the time when the Restoration Appeal Committee commissioned AP Valletta in early 2017 – in their capacity of architect, conservation architect, engineer and project manager – to plan and oversee the restoration of St Paul's Anglican Pro-Cathedral, the consensus was that the project would consist in the restoration of the historical fabric, with as little intervention to the original materials and fabric as possible. Following initial meetings to discuss the scope of the project, a documentation exercise was initiated, to research, compile, and analyse all documentary sources available. These included published papers and monographs, as well as known primary sources.

Three publications stand out for their interest in the construction processes and materials and for their exploration of the church's construction documentation: Edwards,[12] Caruana and Gingell Littlejohn,[13] and Thake.[14] Whilst Caruana's and Thake's analysis rely mainly on the documents held at the Wignacourt Museum, Edwards denoting the number of workers employed on the church construction site refers to a *Day Book of St Paul's Valletta*, with no indication of location or provenance. It was, however, that reference that motivated the start of the search for the *Day Book* referred to in Edwards's article. The reference *"Cathedral building accounts and vouchers". Containing weekly lists of payments and some monthly summaries 1839–1846* (CLC/408/MS30774) was eventually found

---

12   Dr M. M. Edwards, *op. cit. cf. n. 8.*
13   Martina Caruana, Ann Gingell Littlejohn, "St Paul's Anglican Pro-Cathedral in Valletta", *Treasures of Malta*, 4 (2), 1998, p. 67–72.
14   Conrad Thake, "William Scamp – an appraisal of his architectural drawings and writings on St Paul's Pro-Cathedral", *Treasures of Malta*, 23 (2), 2017, p. 12–24.

in the holdings of the London Metropolitan Archives (LMA), amongst baptism, marriage and service registers, some of them predating the construction of the church. The records of the Diocese of Gibraltar in Europe were originally deposited by the cathedral at the Guildhall Library in 1996 – which might shed light on why Edwards had access to the records in 1962 and did not mention the location of the archives since they were probably still kept within the church itself – and were transferred to the London Metropolitan Archives in 2009.

Drawings found at the Records and Archives Section of the Public Works Department in Malta, provided some additional documentary background on the early setting of the church, as well as subsequent proposals for improvements or modifications to the building, whether these were actually carried out or not. This due to the fact that the site allocated for the construction of the church was granted by the Government of Malta and subsequently cleared by the Public Works Department in January 1839 at the sum of £289.[15] The right of ownership was eventually granted to the Anglican Church by Ordinance VI of 1876.[16]

The Restoration Appeal Committee also made available to us a digital copy of the two reports authored by the British Admiralty architect William Scamp in November 1842[17] and in March 1844.[18] The manuscript volumes form part of the collections of the Wignacourt Collegiate Museum, who additionally permitted access to the original Scamp documents. On the other hand, the Reverend Canon Simon Godfrey, Chancellor of St Paul's Pro-Cathedral granted access to the archives of the church. These contain several rolls of drawings including plans by British architects Caroe and Passmore for improvements in and around the church, together with a proposal for a new roofing by Maltese architects Mortimer and de Giorgio and drawings of the roofing system that replaced the original timber trusses in the 1960s. Furthermore, a building survey carried out in 1969 by Captain Butler of the Royal Engineers proved to be very instructive in evaluating the rate of deterioration of the building from the initial construction to today. The church archives also hold a series of newspaper cuttings extending from the initial arrival in

---

15 *Malta Blue Book 1839*, Chapter 7, Public Works, Malta (unpublished).
16 Section 5 of the Anglican Church (Property and Administration) Ordinance (Ord. VI of 1876) (Cap. 19 of the 1984 Revised Edition of the Laws of Malta), Malta (unpublished).
17 WCM, Volume A.
18 WCM, Volume B.

Malta of the Queen Dowager Adelaide in December 1838, to the debate surrounding the idea of a "Protestant college" in 1862.

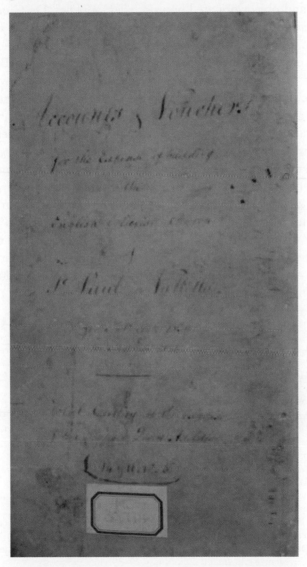

FIG. 3 – *Accounts & Vouchers for the expense of build the English Collegiate Church of St Paul in Valletta*, 1846, CLC/408/MS30774, London Metropolitan Archives (with permission of The Anglican Church in Malta & Gozo).

Unlike in other European countries, construction history in Malta has seldom been studied from a critical viewpoint, preferring the monographic and object-oriented approach.[19] Hoppen,[20] De Giorgio[21] and Spiteri[22] have touched upon the topic from a broader stance, yet mainly limited to fortifications and Order's period. Dealing specifically with 19th-century architecture, Borg[23] has encompassed both Buhagiar[24] and Borg[25] previous studies of defined eras to propose an overview of British architecture in Malta, and of the transfer of knowledge between British engineers and Maltese *periti*. Finally, Buhagiar's research on the construction of Fort Chambray in the 18th century, included a study of the construction accounts available.[26] Drago[27] must also be cited for his interest in technological advancement in the field of architecture in the 19th century, in particular with the introduction of iron in masonry assembly. There is nevertheless a need for a comprehensive compendium of research, to document and study history of construction in Malta, especially with a view to understanding the influence of the role of the Maltese *perit* – being both architect and engineer, on what Lorenz[28] described as the "frontiers" of both disciplines, in the development of interactions between object and process.

---

19 I refer here to the framework as outlined by Robert Carvais *et al.*, "On Construction History", in Antonio Becchi *et al.*, éd, *L'Histoire de la construction/Construction History*, Tome II, *Relevé d'un chantier européen/Survey of a Europena Building Site*, Paris, Classiques Garnier, 2018 p. 1191–1201.

20 Alison Hoppen, *The Fortifications of Malta by the Order of St. John 1530–1798*, Edinburgh, Scottish Academic Press, 1979.

21 Roger De Giorgio, *A City by an order*, Malta, Progress Press, 1998.

22 Stephen Spiteri, *The art of fortress building in Hospitaller Malta, 1530–1798: a study of building methods, materials, and techniques*, Malta, Book Distributors Ltd, 2008.

23 Malcolm Borg, *British colonial architecture: Malta 1800–1900*, M.A. Thesis, University of Malta, 1996 (unpublished).

24 Konrad Buhagiar, *Romanticism in the 19th century: a history of Neo-Gothic in Malta*, B.E.&A. Thesis, 1982 (unpublished).

25 Karl Borg, *Neo-classical architecture in Malta in the 19th century*, B.E.&A. Thesis, 1982 (unpublished).

26 Konrad Buhagiar, JoAnn Cassar, "Fort Chambray: the genesis and realization of a project in eighteenth century Malta", *Meltia Historica*, 13(4), 2003, p. 347-364.

27 David Drago, Guillaume Dreyfuss, "An Innovation for Malta: The Valletta Covered Market", *Treasures of Malta*, 20 (2), 2014, p. 29–39.

28 Werner Lorenz, "From Stories to History, from History to Histories. What Can Construction History Do?", in Antonio Becchi *et al.*, éd., *L'Histoire de la construction/Construction History*, Tome II, *Relevé d'un chantier européen/ Survey of a Europena Building Site*, Paris, Classiques Garnier, 2018, p. 767–788.

In the context of this study, initiated by a research-based architecture practice, the specific place of the project[29] in architecture was envisaged as the consistent way to approach the restoration commission. This archival research was conducted in parallel to an extensive architectural survey of the building and a visual assessment of the structural condition of the historical fabric. Transdisciplinary cross-examination of the results was carried out at team level – with input from architects, conservation architects, structural engineers, following the discovery of cracks in the masonry assembly, prompting further studies and analysis.[30] It was in that context that CLC/408/MS30774 was traced to the London Metropolitan Archives in 2017 and afterwards consulted and studied with a view to strengthen and refine the interpretation of the data gathered through site investigations and previous research.

STRUCTURE AND COMPOSITION OF THE ARCHIVAL VOLUME

The London volume is both voluminous, containing 817 vouchers, and exhaustive, covering the entire construction period April 1839 to April 1846. In that respect it is, to date, the sole account of the church construction that covers both Lankesheer's and Scamp's works. The bound volume is structured and organised. The first folios (f°.01 to f°.04) consist of an "Account of Disbursements made out of Funds granted by Her Majesty Adelaide, the Queen Dowager, for building the English Collegiate Church of St Paul in the City of Valletta [...]" listing a total of 86 "accounts" containing "65 sets of bills". This account was signed by the Committee members in May 1846 and totals the cost of the church to £14,911.105 (approximately £1.7 million in 2020 equivalent).

---

29 I refer here to Alain Findeli, "Will Design Ever Become a Science? Epistemological and Methodological Issues in Design Research, Followed by a Proposition", in Pekka Korvenmaa, Pia Strandman, éd., *No guru, no method: Discussion on art and design*, Helsinki, UIAH, 1998, p. 63–69.

30 Guillaume Dreyfuss *et al.*, "Analisi delle cause di degrado di una struttura muraria", *Recupero e Conservazione magazine*, 156, November-December 2019, p. 52–54; Annalisa Morelli *et al.*, "Georadar ad alta frequenza e videoendoscopie digitale", *Recupero e Conservazione magazine*, 156, November-December 2019, p. 55-58.

The subsequent folios present an earlier and shorter summary of the accounts, dated April 1846, with a slightly higher total cost. However it is here important to remark that this is possibly the initial review of the accounts carried out at the end of the construction process; some annotations within the original bills seem to have been made by the same hand with a distinctive red ink. The ensuing folios are divided between monthly "account of payments" numbered in Roman numerals between I dated April 1839 and LXXXVI dated April 1846, and wage vouchers and "stores or materials" vouchers. Both sets of vouchers alternate regularly, on printed paper setting out the standards to follow. Whilst the wage vouchers have a Saturday to Friday period specified in the printed text, the others are left open but typically keep a six-day period. All vouchers were to be signed by the Clerk of Work. However a few of them have been signed or counter-signed by the two successive architects. Bar for the first few days when Matteo Garsin was employed as Clerk, the remaining stages of the construction were attended to by William Martin as Clerk of Work, and Charles Beck as Overseer.

Weekly wage vouchers detail the names of the workmen listed by trades, the number of days employed on the job within the week, their *per diem* rate and signature, which for most consisted of a cross – with a few exceptions that will change from a cross to a personal signature along the project's duration. Notwithstanding the valuable information contained in these weekly wage vouchers for the details they present on the skills and trades made available on site at every stage of the project, it was decided, in the immediate interest of the ongoing restoration project, to focus on the "stores or materials vouchers" in order to identify and refine the understanding of the range of materials used in the construction of the church, and if possible, infer the construction methodologies employed. The wage vouchers were nevertheless studied as supporting documentation for the understanding of the other bills. These remain, on the other hand, a very relevant insight into the Maltese construction industry in the first half of the 19th century. Additional papers can also be found interspersed in between the two main categories. These consist of receipts or individual accounts from specific suppliers, although most of these are listed and recorded as vouchers, and also a few shipping and insurance notices together with letters of commission supporting subsequent vouchers, all of which are unmarked. The Committee for Building the English Church of St Paul in Valletta also had their own issue of such voucher, draught made to the payee, and counter-signed by the clerk of work.[31] The chronology of the volume seems to follow the general building progress, with possibly some ordering with lead time which would need to be reconciled with site works, but in few instances, it also integrates payment for invoices issued or received weeks or months earlier. Overall, the material vouchers tally with the wage vouchers in so far as the required skills are present on site immediately following the supply of the materials; this is particularly evident with carpenters and blacksmiths.

The account vouchers are a testimony to the changing political and societal landscapes in the first half of 19th century Malta. For instance, vouchers templates are in English, and so are the materials (bar a few exceptions) and trades described within the vouchers. Units, however, do not follow either British Imperial (in use in the UK since 1824) or metric systems.[32] Bills, although drawing payment and supplies from both Maltese (a colony of the Crown at the time) and English suppliers, only uses local units of measure to quantify the amounts ordered and brought to the construction site; yearly conversion tables were, however, published by the government. The only exceptions are for the supply of coal, in *chaldrons* and *bushels*, and tar, in gallons. Stone supply is quantified in *palms*, a unit of length equivalent in Malta to approximately 26.13cm.[33] This is close to the "standard" limestone masonry course length still in use today. Lime used as part of the mortar mix for the masonry assembly is quantified in *Salms* and *Tumoli*, indicating that these were sold per volume; a *salma* was equivalent to 290,944 litres, and a *tummolo* was equivalent to 1/16 *salma* at 18.10L.[34] This unit was also used for *Pozzollana* (crushed pottery) and sand. Other units of measure include the *Rottolo* (ratal) for nails, rope, timber beams and iron, as well as white lead, linseeds oil, and red ochre, and sheets and cartloads for *ad hoc* items. The *Rottolo* was equivalent to 1/100 of a *Cantar*, at 793.8g for each *rottolo* (*ratal*), and individual items are given as an equivalence in *Rottoli*.[35] Finally, the "stores or materials"

31   LMA, Voucher No. 9.
32   The metric system was in fact only made official in Malta in 1912 by Ordinance XII of 1910, *Weights and Measures Ordinance*, Malta (unpublished).
33   Innocent Centorrino, private correspondence, January 2020.
34   Joseph Aquilina, *Maltese-English Dictionary*, Sta Venera, Midesa Books Ltd, 1987–2000, Appendix 10, p. 1658.
35   E.g. LMA, Voucher No. 265 [01 May 1841].

vouchers also account for the supply and repair of tools, such as hand-spikes, carts, wheels and transportation charges for various items. These units are used consistently throughout the accounts book, despite the change of architect, owing here no doubt to the long-serving clerk of work, and there is no mention of an equivalence between local (Maltese) measurement units and British Imperial units, despite the fact that payments are reviewed by British administration, and effected in English pounds.

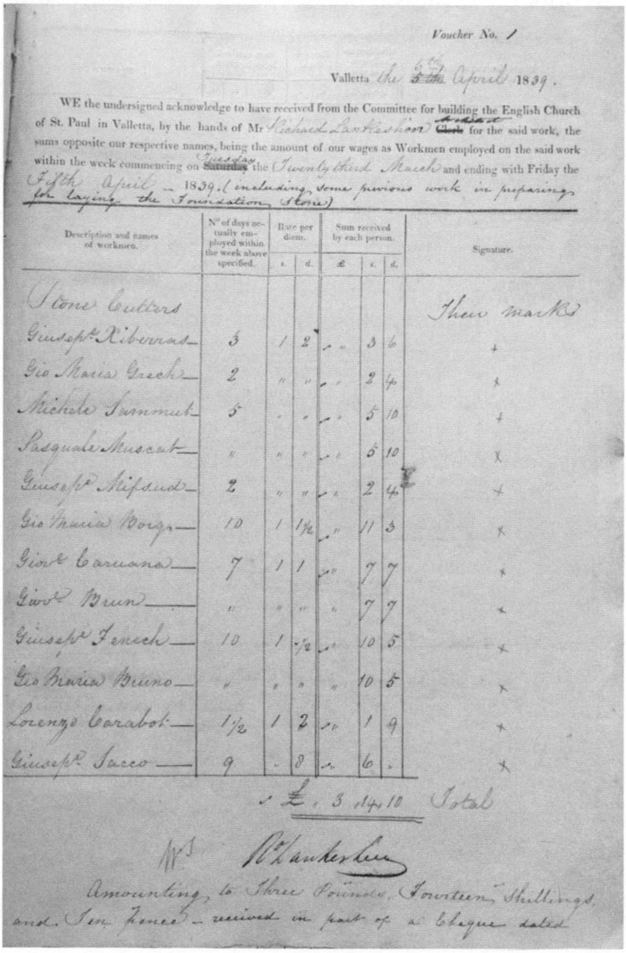

Voucher No. 1

Valletta the ~~5th~~ 6th April 1839.

WE the undersigned acknowledge to have received from the Committee for building the English Church of St. Paul in Valletta, by the hands of Mr Richard Lankesheer ~~Clerk~~ Architect for the said work, the sums opposite our respective names, being the amount of our wages as Workmen employed on the said work within the week commencing on ~~Saturday~~ Tuesday the Twenty third March and ending with Friday the Fifth April – 1839. (including some previous work in preparing for laying the Foundation Stone)

Description and names of workmen.	No. of days actually employed within the week above specified.	Rate per diem. s.	d.	Sum received by each person. £	s.	d.	Signature.
Stone Cutters							Their marks
Giuseppe Xiberras	3	1	2	"	3	6	+
Gio Maria Grech	2	"	"	"	2	4	+
Michele Sammut	5	"	"	"	5	10	+
Pasquale Muscat	"	"	"	"	5	10	+
Giuseppe Mifsud	2	"	"	"	2	4	+
Gio Maria Borg	10	1	1½	"	11	3	+
Giovanni Caruana	7	1	1	"	7	7	+
Giovanni Brun	"	"	"	"	7	7	+
Giuseppe Fenech	10	1	½	"	10	5	+
Gio Maria Bruno	"	"	"	"	10	5	+
Lorenzo Carabot	1½	1	2	"	1	9	+
Giuseppe Sacco	9	-	8	"	6	-	+

£ 3 14 10 Total

W.S. R. Lankesheer

Amounting to Three Pounds, Fourteen Shillings and Ten Pence – received in part of a Cheque dated

FIG. 4 – *Voucher N°*. 1, 6th April 1839, CLC/408/MS30774, London Metropolitan Archives (with permission of The Anglican Church in Malta & Gozo).

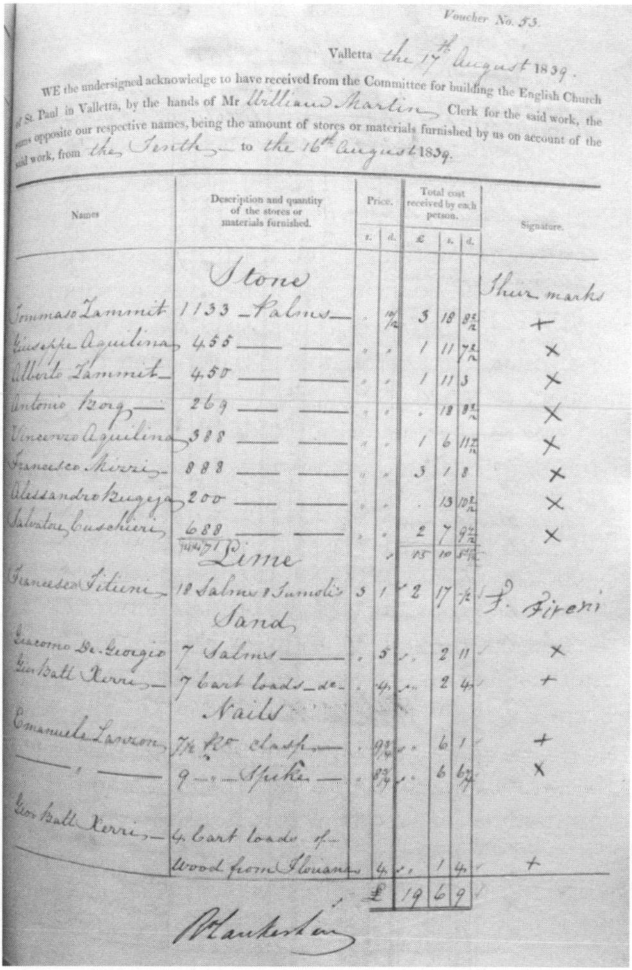

Voucher No. 53.

Valletta the 17th August 1839.

WE the undersigned acknowledge to have received from the Committee for building the English Church of St. Paul in Valletta, by the hands of Mr William Martin Clerk for the said work, the sums opposite our respective names, being the amount of stores or materials furnished by us on account of the said work, from the Tenth to the 16th August 1839.

Names	Description and quantity of the stores or materials furnished.	Price. s.	Price. d.	Total cost received by each person. £	s.	d.	Signature.
	Stone						Their marks
Tommaso Zammit	1133 Palms	.	10/12	3	18	8 2/12	+
Giuseppe Aquilina	455	"	"	1	11	7 2/12	×
Alberto Zammit	450	"	"	1	11	3	×
Antonio Borg	269	"	"	.	18	8 [illegible]	×
Vincenzo Aquilina	388	"	"	1	6	11 [illegible]	×
Francesco Mizzi	888	"	"	3	1	8	×
Alessandro Bugeja	200	"	"	.	13	10 2/12	×
Salvatore Cuschieri	688	"	"	2	7	9 [illegible]	×
	4471			15	10	5 [illegible]	
	Lime						
Francesco Fitieni	18 Salms 1 Tumoli	3	1	2	17	½	F. Fireni
	Sand						
Giacomo De Giorgio	7 Salms	.	5	.	2	11	×
Gio Batt Xerri	7 Cart loads do.	.	4	.	2	4	+
	Nails						
Emanuele Lanzon	7½ R° clasp	.	9¾	.	6	1	+
— " —	9 " Spike	.	8¾	.	6	6¾	×
Gio Batt Xerri	4 Cart loads of Wood from Floriana	.	4	.	1	4	+
			£	19	6	9	

W Martin

FIG. 5 – *Voucher N°. 53*, 17th August 1839, CLC/408/MS30774, London Metropolitan Archives (with permission of The Anglican Church in Malta & Gozo); see transcript in appendix.

The inclusion of the *chaldron* a measure for coal which should have been officially abolished in 1835[36] is witness to the perseverance of *historical/*

36 Aashish Velkar, "Institutional facts and standardization: the case of measurements in the London coal trade", *Working Papers on The nature of evidence: how well do "facts" travel?*, London, Economic History Department, London School of Economics, 2006, p. 3.

traditional measurement units in the local 19th century construction industry.[37] The effects on tax duties of the actual variance between recorded and sold quantities of coal sold using this unit of measure throughout the British Empire was the subject of various discussions at the time.[38] Another interesting item that came out of the study of the vouchers for the construction of St Paul's are materials which have been singled out, possibly due to the complexity of their production/manufacturing, as well as repairs and supplies of tools. In this respect, it has proven difficult to correlate the quantities of stone listed as supplied with the quantities and typologies listed for transport, with clear examples of amounts for similar items quoted over the span of the construction. Using data being recorded during the restoration project, this aspect will benefit from further historical study and in-depth comparative analysis of the numerical and volumetric values to establish whether the quantities of stone mentioned in the bills actually tally with the existing church as built and the various stages of design, and whether a complete redesign or how much of a redesign was carried out after Scamp took over and how much of the original fabric was retained or reused in the new building. This study can be informed by comparing the bills with the annotated plans contained within the bound volumes drawn by Scamp at the Wignacourt Collegiate Museum.

It is nonetheless relevant to mention here that while the removal of rubbish is constantly itemised in the bills filed, there is no mention of scaffolding material or labour in this respect, neither in respect of taking down any existing work. Timber and tools as well as rope, of diverse quality and type, are invariably mentioned at various points, but no specific item deals with the structure supporting the edifice during its construction.

---

37 Interestingly, in his correspondence related to the Mosta church, Grognet in 1833 expresses a correspondence between *Palmi Maltesi* and *Palmi Romani*, as well as various equivalences to the *palmo cubo di pietra tenera di Malta*. See Edgardo G. Salamone, *La Rotonda della Musta. Relazione architettonica del Grognet. Documenti editi*, Malta, Tipografia Casa San Giuseppe, 1913.

38 "Coal duties", *Commons Sittings*, 04 June 1844, Series 3, HC Deb Vol. 75 cc227-72 (unpublished).

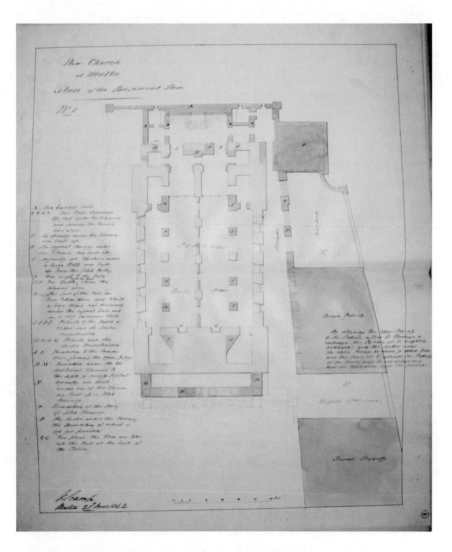

FIG. 6 – William Scamp, *Plan of the Basement Floor*, indicating portions of the building that have been removed, retained, modified or that need to be built, November 1842, f°. 8, Wignacourt Collegiate Museum (Malta).

SIGNIFICANCE OF THE *ACCOUNTS & VOUCHERS* VOLUME

The rediscovery of the London volume in 2017 has been fundamental in the understanding of the processes and administration of the Church construction. This archival volume is substantial, and its compilation appears to be contemporaneous to the church construction. There are several marks throughout the volume that indicate a review of the individual accounts *a posteriori*, with a clearly distinct handwriting and ink, and with added comments or corrections; these were carried out in 1846 and concluded on May 8th of the same year.[39] Other corrections made in pencil are more difficult to identify and date. The main issue arises from a lack of contextual information to ascertain whether on site structures were built as per the items listed in the bills or whether these were actually orders that were never fully executed on site, or subsequently modified. In a similar way, there is no cross-referencing of the bills' items with graphical references—drawings or sketches, sequence of works, or site instructions. Whilst reference to this type of information is lacking the accounts' book, it is, however, present in Scamp's reports. Historical accounts and existing research on the present building have generally relied on the same sources, excluding the London *Day Book*, excepted for Edwards's couple of anecdotic references. The resulting publications have in turn mainly focused on the struggles to build an Anglican church in Malta's 19th century Catholic society[40] and on the architectural battles of Lankesheer and achievements of Scamp[41] (Caruana, Thake). The architectural singularity of the building in the local context at the time, and its prominent position on the skyline of Valletta to be witnessed by all upon approaching the island combined with its meaning in the religious landscape of the Maltese islands[42] has somewhat shifted the focus of study of that building to the chronicle side lines of history. To the misfortune of Lankesheer, who died during the construction of the church in March 1841, was also added a report by Scamp[43] about the defects encountered in the initial building assembly.

39   LMA, MS30,774 [f04].
40   Arthur Bonnici, *op. cit.*
41   Martina Caruana, Ann Gingell Littlejohn, *op. cit.*
42   Nicholas Dixon, *op. cit.*
43   William Scamp, *op. cit.*

It is to be noted, however, that to date no comprehensive study has been carried out on the extent of defects in the initial design and execution of Lankesheer's designs. An article published in The Malta Times of June 20, 1841, reporting on the suspension of the works, quotes "a portion of a communicated article from one of our contemporaries":

> In Malta free stone of the Island had never before been so boldly tested, therefore the partial failure of the first experiment cannot excite wonder; our contemporaries, however, state with much glee that part of the new Protestant Church is to be demolished that it may not fall – the truth is that the Ionic columns of Malta stone forming the portico and supporting a weighty entablature and pediment have chipped at the joints under the pressure of the superincumbent weight; that there is no greater probability of the portico falling than that the pyramids of Egypt should fall, but as such a defect would be unsightly. In a new building it has been very judiciously decided that they should be reconstructed. The immediate causes of the stone scaling, or as professional men would term it, of the failure of the arrases are these: the application of the material while in damp state of fresh from the quarry, the suffering of stone by the men employed in laying it to come in parts in contact, the great projection of the Ionic cornice, the weight of which necessarily pressed in a diagonal direction on the unseasoned material, and lastly the defective manner in which the blocks or courses of the columns were laid by the masons employed in their construction, which has been thus explained: – before one circular block was laid on another, the border or supper periphery of the lower stone was thinly covered with substantial cement, the stone to be laid was then lowered upon it and through an aperture which perforated the upper stone a quantity of grout or lengthened cement was then poured till every interstice between the two stones was filled; this grout possessed not the solidity of the mortar used at the edge of the joint, its liquid part soon became absorbed by the porous stone and left a vacuum between the two, so that the immense weight of the entablature superimposed had to exert its influence for the moment on cylinders instead of solid masses – the natural consequence was that the arrases were immediately fractured.[44]

Defects quoted in the report above, make mention of "free-stone" a translation for *franka*, a generic term for the Maltese Globigerina limestone,[45] together with an implementation on site that would have implied a very thin mortar layer between the column shafts. Existing masonry assembly

---

44 (No author) "The suspension of the building of the Protestant church", *The Malta Times*, 20th June 1841, p. 352.

45 Lino Bianco, "Architectural ruins: geoculture of the anatomy of buildings as illustrated by Casa Ippolito, Malta", *Heritage Science*, 9 (27), 2021. https://doi.org/10.1186/s40494-021-00500-9 (only online).

visible on site today still exhibits very tight mortar joints, including on the portico columns, a practice rarely witnessed in local historical architecture. Previous papers have dealt mainly with the report drawn by Scamp in November 1842 to remedy defects in the existing construction, and his subsequent account for the works necessary to complete the building of the church issued in March 1844. The surveys and annotated drawings within Scamp's volumes though take on a different dimension in the light of the accounts and vouchers collated in the London volume. The coherence and detail of the accounts and vouchers produced weekly from 1 April 1839 to 6 April 1846 has provided a sound basis for reviewing the works carried out before Lankesheer's demise and the subsequent report by Scamp in November 1842. Furthermore, the drawings included in the report of 1842 can now be interpreted in the light of the information gathered from the study of the whole accounts' volume. Current research based on the observations made during site works, seeks to establish how much of the building volumes were actually constructed before the events of 1841, and what proportion of the original works and materials were retained in the final building as completed in 1846. The Malta Times stated on June 25, 1841, that "the late M. Lankesheer, in order to diminish as much as possible the expenditure of building from the great depth of foundation rock, included in his plan fewer and wider arches than were adapted to distances between the columns but which he designed with a massiveness and strength sufficient to counterbalance this irregularity".[46] The same article alludes to the interior columns being ready to receive the roof, although "strong doubts expressed by experienced English Engineers" have been voiced, indicating an advance state of completion, which is cor-roborated by the quantities and types of materials and supplies indicated in the individual vouchers as recorded in CLC/408/MS30774. Similarly, the variations between Lankesheer and Scamps designs have already been discussed in both Caruana and Thake, however, solely from an aesthetic and architectural point of view and not from a building assembly and technology perspective, which could highlight areas of interface between the initially erected structures and the final building. For instance, in WCM, Vol. B, f° 26, Scamps gives an estimate for completing the work. In item 3, he lists: "Cutting away mouldings of the original masonry, and

---

46   (No author) "English church of St Paul in Valletta", *The Malta Times*, 25ᵗʰ June 1841, p. 355.

fitting in the Panels to the plain surface of the Walls – East and West end of the Church,"[47] referring here to the main entrance portico and the back façade to the West.[48] This clear reference to a possible substantial amount of the original masonry remaining in place after 1841 still needs to be investigated during the current restoration campaign on site as initial visual observations have not revealed clear signs of differences in the design or workmanship in the masonry construction.

FIG. 7 – *The columns of St Paul's portico showing tight mortar joints*, AP Valletta.

47   WCM, Vol. B, f° 26.
48   See Conrad Thake, *William Scamp (1801–1872). An architect of the British Admiralty in Malta*. Sta Venera, Midsea Books, 2011, p. 102 for transcript.

RELEVANCE TO THE RESTORATION PROJECT

Early vouchers and stages of construction have been of particular interest to the study preceding the restoration project. Whilst the political and contextual genesis of the church building has been detailed in previous papers,[49] the assumption has always been the opposition between Lankesheer, failed architect (?) or cabinet maker according to texts, and Scamp, celebrated architect and member of the Royal Engineers, based in Malta to supervise the construction of the first British dockyard in the Three Cities, at the request of the Queen. The eventual commission by Richard B. Lankesheer as the architect of the church is undoubtful, and the early vouchers are signed by him in person. However, it is evident that the appointment came out of a selection process, including the presentation of different designs, in the early days of 1839, with the Malta Government Gazette (9 January 1839, p. 14) noting that "architects have already been solicited to submit the necessary plans for Her Majesty".[50] There are no other references available, to date, to how many architects were invited to present a design or whether this was an open process. In this respect, voucher 19 refers to payments to Giorgio Grognet "for presenting a plan for the erection of an English Church" on February 23rd, and to Antonio Ruggier "as above" on February 28, 1839.[51]

---

49   Dr M. M. Edwards, *op. cit.*; Martina Caruana, Ann Gingell Littlejohn, *op. cit.*; Nicholas Dixon, *op. cit.*; Conrad Thake, *op. cit.*
50   *Malta Government Gazette*, 9 January 1839, p. 14.
51   LMA, Voucher No. 19. [18 May 1839].

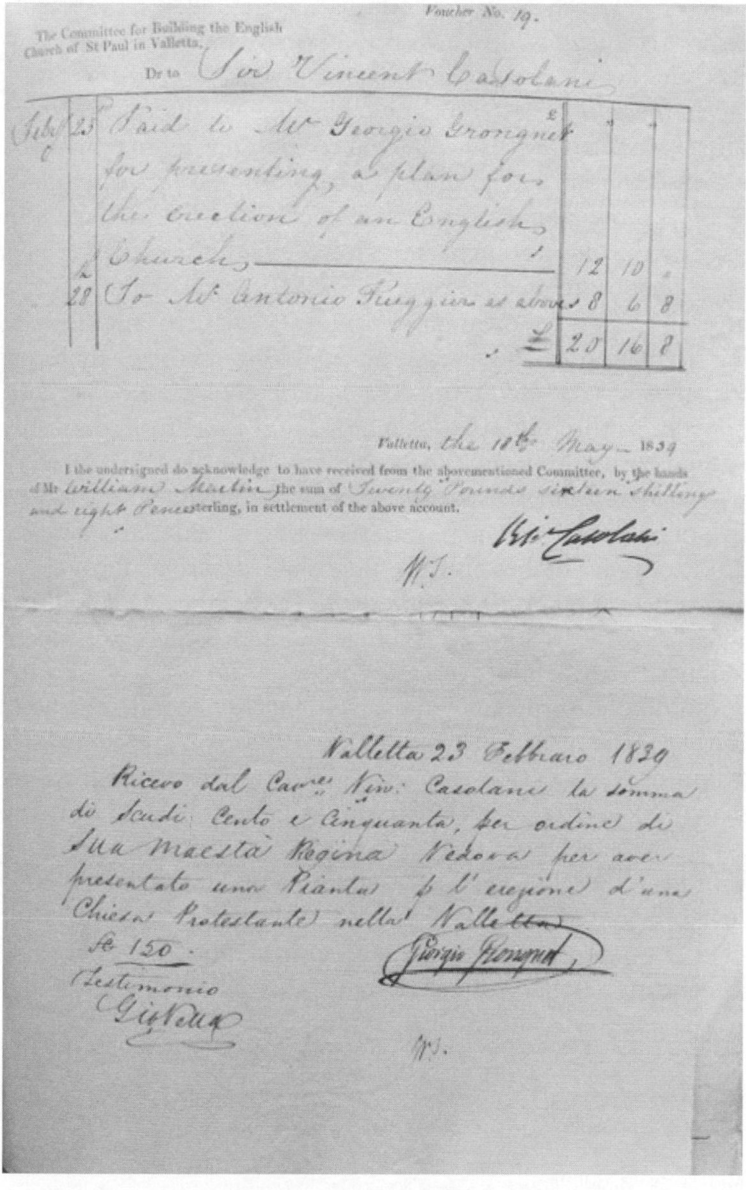

Voucher No. 19.

The Committee for Building the English Church of St Paul in Valletta,

Dr to Sir Vincent Casolani

			£	s	d
Feby	23	Paid to Mr Georgio Grongnet for presenting a plan for the erection of an English Church	12	10	.
Do	28	To Mr Antonio Ruggier as above	8	6	8
		£	20	16	8

Valletta, the 18th May 1839

I the undersigned do acknowledge to have received from the abovementioned Committee, by the hands of Mr William Martin the sum of Twenty Pounds sixteen shillings and eight Pence sterling, in settlement of the above account.

Vi: Casolani

W.S.

Valletta 23 Febbraro 1839

Ricevo dal Cavre Vin: Casolani la somma di Scudi Cento e Cinquanta, per ordine di Sua Maestà Regina Vedova per aver presentato una Pianta p l'erezione d'una Chiesa Protestante nella Valletta

Sc 150.

Giorgio Grongnet

Testimonio

Gio Vella

W.S.

FIG. 8 – *Voucher N°*. 19, 18th May 1839, CLC/408/MS30774, London Metropolitan Archives (with permission of The Anglican Church in Malta & Gozo); see transcript in appendix.

Grognet, of French descent and who had been enrolled in the Napoleonic armies, was by then a well-known architect in Malta, having started works on the church of the Assumption of our Lady in Mosta in 1833, but perhaps even more for his attempt at establishing Malta as the remnants of Atlantis.[52] Ruggier was also an architect[53] or a master mason[54] (as cited earlier, the definition and remit of the *perit* and of the *capo maestro* was still in the process of being established – see note 10), who collaborated with Grognet on the Mosta church, and is recorded in the vouchers as *Perit (o)*, the equivalent of architect-engineer in the Maltese construction industry. Noticeably there is no mention of payment towards Lankesheer, since, having been awarded the project, he would have most likely recovered his expenses as part of the project's emoluments. Lankesheer's design is known to us through a lithograph by Luigi Brocktorff, published by The Malta Penny Magazine in November 1839. Voucher 41 accounts for payment to Luigi Brocktorff for copying drawings of the English Church of St Paul.[55] It is not established whether all plans were copied by Brocktorff or whether only the published elevations formed part of his assignment. Brocktorff, together with the Schranz were well-known family dynasties of artists of 19th century Malta. According to Voucher 176 (22 August 1840), Schranz was also paid for a "Drawing of the progress of the building".[56] If this drawing has yet not been found, it is, however, a record of the active involvement of local artists in the commissioned recording of construction site activity. Documented progress on the construction site as recorded by Scamp can be corroborated by a series of sketches, kept at the Victoria & Albert Museum, London, and drawn by Richard Dadd in 1843, from his quarantine on Manoel Island between February 13, and March 7 when he left the island.[57]

The bills contained in the London volume allow to develop a better understanding of the original design, in so far as the materials and

52   Albert Ganado, "Discovering Atlantis", in Konrad Buhagiar *et al.*, éd., *The founding myths of architecture*, London, Artifice, 2020, p. 109–123.
53   Pietro Paolo Castagna, *Lis storia ta Malta bil Gzejer tahha*, Valletta, Midsea Books, 1890 (facsimile edition 1985), vol. I, p. 199.
54   Michael Ellul, *Maltese-English dictionary of architecture and building in Malta*, Sta Venera, Midsea Books, 2009, p. 132.
55   LMA, Voucher No. 41. [15 July 1839].
56   LMA, Voucher No. 176. [22 August 1840].
57   Giovanni Bonello, "Richard Dadd. The murderous painter in Malta", *Treasures of Malta*, 20 (2), 2014, p. 13–21.

general assembly can be summarised. No design details are actually recorded in the bills' descriptions except for descriptive details in the finishes items, nor are any drawings or representations appended to the volume. Materials are listed as individual building components, with more complex or specific elements singled out, both in the skills required or in the materials accounted for. There is for instance a convincing correlation between wage vouchers mentioning the employment of blacksmiths on site with the presence of iron or iron-made items within the materials bills.[58] In this respect, these construction accounts bring to light an earlier use of iron than previously understood in Maltese construction. Cassar[59] and Drago[60] mention the Naval Bakery (also designed by Scamp) as being one of the earliest buildings making structural use of iron with limestone, in Malta. However, records show bills for the supply of iron bars as early as November 1840, as well as cast iron. The specific use of iron in the building assembly is unclear in the early stages of the accounts. Yet, later material vouchers also list specific trades with the mention "making" in respect to the supplies manufactured or transformed on site. One such instance is V403, of 20 August 1842,[61] where the bill lists iron both in *rottoli* and *bars*, together with a *chaldron* of coal, which would be over one ton of coal; certainly a high volume of coal in any Maltese summer, presumably indicating that a forge would have been running on site to manufacture items on demand. The same bill includes for blacksmiths "making iron straps, bolts, plates, bars". No additional records were found that can confirm this actually happening on site.

Lankesheer appears to have been very certain of his design and works on site must have been fairly advanced as by December 1839[62] the first 4 bases were being transported from the quarry; a mere 8 months from the laying of the foundation stone. Subsequent bills[63] indicate that a total of 28 "bases" were transported to the church up until May 1840.

58 LMA, Voucher No. 92, 93, 94. [December 1839].
59 JoAnn Cassar, "The use of limestone in a historic context: the experience of Malta", in B. J. Smith *et al.*, ed., *Limestone in the built environment: present-day challenges for the preservation of the past.* Special Publications, 332 (1), London, Geological Society of London, 2010, p. 13–25.
60 David Drago, *op. cit.*
61 LMA, Voucher No. 403. [20 August 1842].
62 LMA, Voucher No. 92. [14 December 1839].
63 LMA, Voucher No. 103, 105. [18, 25 January 1840].

The dimensions or on-site location of the bases are not indicated, and following bills include for several shafts to be delivered on site and more "basis" (sic)[64] to be delivered on site. There is also a staggering total of over 500 shafts being delivered from the quarry to the church site between December 1839 and February 1841. This needs to be moderated by the lack of drawings or precise description as to what the "shaft" description represents or their location in the overall building assembly, which precludes any definite understanding of the chrono-logical relation between bills (vouchers) and works executed on site. Interestingly subsequent bills, after the demise of Lankesheer, include timber beams,[65] and another four beams for the Portico,[66] with a total of over 40 timber beams by the end of May 1841, another indication of the advanced stages of construction reached by mid-1841. This is further confirmed by account XXX of May 1841, which details the order "of the late R. Lankesheer Esq[r]. for the New Church, To R. Wilkins and Son for Stained and painted Glass Windows for Saint Pauls Church Malta" including all metal works, crating and shipping on the Flora Watkins.[67] The account further includes "one window the same size with the Figure of Christ ascending taken from Raphael's Transfiguration" and "one circular opening [...] containing the Dove, Cross, Holy Bible". There is no indication of the liturgical theme of the first stained glass window mentioned in the account. However, voucher 637 of 30 March 1844, reveals payment to Giuseppe Hyzler for "completing stained glass window with the figure of Our Saviour bearing his Cross", with a footnote specifying, "that is to say, for painting two frames of plain glass substituted for two broken frames of the painted window".[68] Hyzler was a proficient Maltese artist and a "leading advocate" of the Nazarene Movement in Malta, who is responsible for several commissions in Maltese churches.[69] Later descriptions of the church have always accen-

---

64   LMA, Voucher No. 123. [14 March 1840].

65   LMA, Voucher No. 255. [03 April 1841].

66   LMA, Voucher No. 258. [10 April 1841]. The amount/type of timber ordered and used on site as mentioned in the vouchers/accounts has to be moderated with the complete lack of information regarding any scaffolding or any support structure during construction. It is a probability that some of the materials listed were used as part of temporary works.

67   LMA, Account XXX. [14 May1841], r°.

68   LMA, Voucher No. 637. [30 March1844].

69   John Debono, "A short note on the artist Giuseppe Hyzler (1787–1858), *Melita Historica*, 15 (1), 2008, p. 55–72.

tuated the austerity and lack of ornaments of the design. Keighley for instance mentions that a window in the Chapel of the Ascension "was and still is the only stained-glass window in St Paul's".[70]

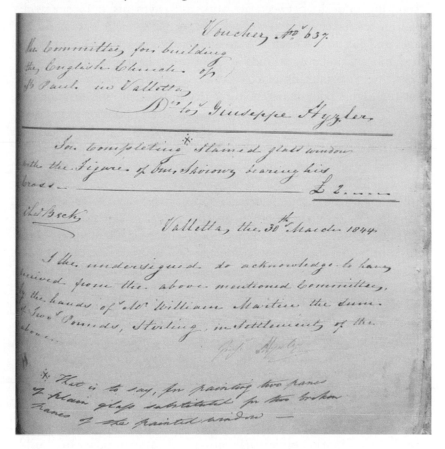

FIG. 9 – *Voucher N°. 637*, 30th March 1844 (detail), CLC/408/MS30774, London Metropolitan Archives (with permission of The Anglican Church in Malta & Gozo); see transcript in appendix.

Weekly bills between the death of Lankesheer on the 8th of March 1841 and the works resuming on site in November of the same year under the direction of Scamp,[71] are a bit more problematic to extrapolate.

70 Alan Keighley, *op. cit.*, p. 103.
71 Alan Keighley, *op. cit.*, p. 19.

For instance, whereas no payments were made against stone quantities between 12 June 1841[72] and 8 January 1842,[73] other payments included quantities of iron bars, more timber beams, and even lead, possibly accounting for delays between site works and payments, or for site works requiring reinforcement. Interestingly, voucher 308[74] includes stonecutter's wages and Salvatore Grech as guardian of the building for almost the entire month, probably an indication of works having resumed on site or clearing works taking place before proceeding with the new build. This highlights once again the difficulty to reconcile the chronologies of both the construction site and the accounts and bookkeeping. With the works seemingly resuming on site, voucher 377 of 18 June 1842 lists a complement of 9 masons, 90 stonecutters, 36 stone carriers, 60 boys, and 3 carpenters, a rather large number of workers on such site for a week.[75]

Ensuing bills indicate that works appear to have carried on at a good pace as implied by the payment of clay model of Corinthian capital in August 1842,[76] or the payment on account on October 8, 1842, for sculptures in the interior.[77] Voucher 564 of 24 February 1843 is a description of the supply and works involved in providing and setting the six stone columns for the front portico: "plinth, bases and shafts".[78] The voucher/letter further details that these will be delivered "within 3 months", agreeing, "to leave in deposite [sic] all that quantity of stone which will be ordered for the pedestals of the above-mentioned columns". All seemed to work towards the set consecration date in 1843.[79] This was postponed a few times till November 1844[80] whilst the spire was still to be completed.

Whereas these historical bills may seem of limited relevance beyond any local interest, their reading within the framework of an ongoing large-scale restoration project has proven critical in anticipating building pathologies and site conditions which would have been otherwise

---

72   LMA, Voucher No. 281. [12 June 1841].
73   LMA, Voucher No. 324. [08 January1842].
74   LMA, Voucher No. 308. [27 November 1841].
75   LMA, Voucher No. 377. [18 June 1842].
76   LMA, Voucher No. 398. [06 August 1842].
77   LMA, Voucher No. 419. [08 October 1842].
78   LMA, Voucher No. 564. [24 February 1843].
79   Alan Keighley, *op. cit.*, p. 27.
80   *Ibid.*, p. 29.

unnoticed until later stages of the project. The continuing analysis of these archival sources in the light of on-site discoveries will lead to a refined understanding of the sequence and methodologies implemented during the construction of the church which will in turn assist in the long-term implementation of restoration operations.

CONCLUSIONS

The study of the *Accounts & Vouchers* volume located at the London Metropolitan Archives has shed light on unknown characteristics of St Paul's church initial planning and subsequent construction stages, providing a springboard for preliminary investigations in the architectural assembly of the building, which required a deeper involvement from a transdisciplinary team to exploit the full potential of the historical records. It is, however, undeniable that these have provided an invaluable source of data, highlighting the complexities and workings of the original construction. Whereas early data reading revealed powerful and relevant correlations between historical records and on-site investigations, broader research has underlined the difficulty in using account books without graphical records and related references. Initial stages of the research were also necessary to establish a historical and contextual background without which the accounts' book would have proven less meaningful to the restoration project. The research carried out within the framework of the restoration project has also highlighted the importance of understanding the socio-historical and professional context in which the construction accounts were recorded. In this respect, the demands of an active restoration project require that multiple historical and archival sources be compiled and consolidated in coherent and cross-referenced data sets, to be analysed simultaneously with the formulation of the intervention. In the Maltese context, this research would have been impossible without the initiative of the architectural team, and the commitment of the client's team.

This research has also reasserted the necessity to approach restoration projects within a cross-disciplinary team, with the inclusion of preliminary data but also parallel archival research to guide physical on site investigations and enhance the interpretation of results which will in turn inform the outcomes of the archival research. Studying the original construction accounts for St Paul's Anglican pro-Cathedral also proved to be critical in substantiating on site observations, which were subsequently confirmed by physical investigations, and also uncovered new developments in the local architectural landscape.

It is, however, the explicit choice of placing the project, rather than the object, at the centre that has contributed to cross-pollinate the discoveries and endeavours made in the research and on-site investigations. The study shows the required correlation between the constructive process and the restoration process in order to deliver a successful project. To this extent, the next steps of the project will record the investigations, and the site discoveries made during restoration project using BIM software (Building Information Modelling). Data will be inputted on a model informed by the archival and historical research.

The integration of archival, architectural and visual sources through a BIM environment has the potential to ascertain the place of the project in the built environment, not only as an object of study, but as part of a sustainable process of preservation.

Guillaume DREYFUSS
AP Valletta

APPENDIX 1
Transcripts

FIG. 05

Voucher No. *53*
Valletta *the 17th August* 1839.

WE the undersigned acknowledge to have received from the Committee for building the English Church of St. Paul in Valletta, by the hands of Mr *William Martin* Clerk of the said work, the sums opposite our respective names, being the amount of stores or materials furnished by us on account of the said works, from *the Tenth* to the *16th August* 1839.

Names	Description and quantity of the stores or materials furnished.	Price.		Total cost received by each person.			Signature.
		s.	d.	£	s.	d.	
Stone							*Their marks*
Tommaso Zammit	1133 – Palms–	«	$^{10}/_{12}$	3	18	8	+
Giuseppe Aquilina	455 — –	«	«	1	11	7	x
Alberto Zammit	450 — –	«	«	1	11	3	x
Antonio Borg	269 — —	«	«	«	18	8	x
Vincenzo Aquilina	388 — —	«	«	1	6	11	x
Francesco Mizzi	888 — —	«	«	3	1	8	x
Alessandro Bugeja	200 — —	«	«	'	13	10	x
Salvatore Cuschieri	688 — —	«	«	2	7	9	x
	4471		«	15	10	5	
Lime							
Francesco Fitieni	18 Salms 8 Tumoli	3	1	2	17	$^{-}/_{2}$	F. Fiteni
Sand							
Giacomo De-Georgio	7 salms —	«	5	«	2	11	x
Gio Batt Xerri	7 Cart loads – d° –	«	4	«	2	4	+
Nails							
Emanuele Lanzon	7$^1/_2$ R° clasps –	«	9$^3/_4$	«	6	1	+
—— « ———	9 – « – Spike –	«	8$^3/_4$	«	6	6$^3/_4$	x

Gio Batt Xerri	4 Cart loads of wood from Floriana	«	4	«	1	4		x
				£	19	6	9	

RLankesheer

FIG. 08

Voucher No. *19*

The Committee for Building the English Church of St. Paul in Valletta,
Dr to *Sir Vincent Casolani*

			£	"	"	
FebrY	*23ʳᵈ*	*Paid to Mr Georgio Grongnet for presenting as plan for the erection of an English Church* ————————	12	10	"	
	28ᵗʰ	*To Mr Antonio Ruggier as above*	8	6	8	
		£	20	16	8	

Valletta, *the 18ᵗʰ May* 1839

I the undersigned do acknowledge to have received from the abovementioned Committee, by the hands of Mr *William Martin* the sum of *Twenty Pounds sixteen shillings and eight Pence* sterling, in settlement of the above account.

V. Casolani

W.ˢ·

	Valletta 23 Febbraio 1839

Ricevo dal Cavʳᵉ Vin, Casolani la somma di scudi Cento e Cinquenta, per ordine di sua maesta Regina Vedova per aver presentato una Pianta cf l'erezione d'una Chiesa Protestante nella Valletta.

Sc 150.	*Giorgio Grongnet*
Testimonio GioVella	**W.ˢ·**

FIG. 09

Voucher No. 637.

The Committee for Building the English Church of

St. Paul in Valletta,

Dr to Giuseppe Hyzler
For completing ✳ stained glass window
with the Figure of Our Saviour bearing his
Cross — £2. ~. ~

Cha^{es} Beck

Valletta, the 30th March 1844

I the undersigned do acknowledge to have
received from the above mentioned Committee,
by the hands of Mr William Martin the Sum
of Two Pounds, Sterling, in settlement of the
above.

Gius^e Hyzler

✳ That is to say, for painting two panes of plain glass substituted for two broken frames of
the painted window —

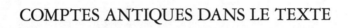

COMPTES ANTIQUES DANS LE TEXTE

AVERTISSEMENT

Les pages qui suivent ont été conçues comme un retour aux sources. Retour aux sources d'abord, parce que ces quatre courts articles concernent des périodes plus anciennes que celles qui ont été abordées dans les contributions précédentes : Sylvie Rougier-Blanc nous conduit à Pylos en Grèce autour de 1200 av. J.-C., Pierre Villard à Dūr-Šarru-kīn en Iraq à la fin du VIIIe s. av. J.-C., Virginie Mathé à Délos dans les Cyclades à la fin du IIIe s. av. J.-C. et Pauline Ducret en Italie au tournant des IIe et Ier s. av. J.-C. Retour aux sources ensuite, parce qu'il s'agit de donner directement à voir et à lire des documents qui ont trait à la comptabilité de la construction. Selon les lieux, les époques et les milieux, les manières de produire les comptes diffèrent, que ce soit dans leurs aspects matériels, leur contenu, leur organisation et leurs visées. L'historienne ou l'historien qui s'aventure hors de sa période de prédilection est souvent surpris de ce que ses collègues spécialistes d'autres terrains peuvent, ou ne peuvent pas, tirer de leur documentation. Cette section se veut donc être un outil de découverte des comptabilités antiques de la construction, une porte ouverte sur des domaines dont l'accès est parfois rendu difficile par l'absence de traductions ou de remise en contexte. Les sources présentées ici ont déjà publiées par ailleurs. Elles ont été choisies pour leur caractère singulier ou, au contraire, parce qu'elles sont représentatives des écritures comptables qui leur sont contemporaines. Les auteurs les décrivent dans leur matérialité, en donnent une traduction en français et proposent un commentaire qui ne vise pas à l'exhaustivité, mais souligne leurs apports pour l'histoire de la construction et s'interroge sur les raisons de leur existence. Ils livrent enfin quelques pistes bibliographiques pour qui voudrait en savoir plus.

Virginie MATHÉ

DES INVENTAIRES DE BOIS DE CONSTRUCTION À PYLOS À L'ÉPOQUE MYCÉNIENNE ?

Remarques autour des tablettes PY Vn 46 et 879

Les fouilles archéologiques des palais mycéniens et des édifices associés ont livré au tout début du XXe siècle des tablettes d'argile, brouillons de l'administration palatiale[1], tout d'abord en Crète puis en Grèce continentale, plus particulièrement à Mycènes et à Pylos, et datés, pour la plupart, des années 1225-1200 av. J.-C., la fin de l'Helladique Récent III B2[2]. Ces documents, écrits en syllabaire hérité des pratiques minoennes crétoises (appelé linéaire B), sont des inventaires d'objets, de matériaux ou de personnes qui intéressent l'administration palatiale. Ils n'ont pu être déchiffrés qu'en 1952, grâce aux découvertes de M. Ventris. Les tablettes transcrivent du proto-grec, une forme ancienne du grec alphabétique, et fournissent des listes de tout ce qui entrait ou sortait du palais, permettant ainsi aux autorités de vérifier les quantités et la nature des objets stockés ensuite dans les magasins palatiaux pour être utilisés, distribués à la population ou exportés en échange d'autres biens recherchés[3]. On y trouve des comptes précis de troupeaux de moutons enregistrés avec leur berger, de quantités d'huile et de parfum, des listes de personnels avec des noms de métier (des ouvrières textiles tout particulièrement), des inventaires de

---

1   La documentation est relativement restreinte par rapport aux archives orientales du IIe millénaire av. J.-C.. Au total, nous disposons de moins de 5 000 documents écrits (tablettes, étiquettes ou nodules). Pour une présentation générale de la documentation, voir par exemple René Treuil, Pascal Darcque, Jean-Claude Poursat, Gilles Touchais, *Les civilisations égéennes du Néolithique et de l'âge du Bronze*, Paris, PUF « Nouvelle Clio », 2008, p. 313-347.

2   Les premiers textes ont été découverts à Cnossos, en Crète par A. Evans qui a classé les trois grandes écritures créto-mycéniennes : les hiéroglyphes crétois, le linéaire A et le linéaire B. Voir Yves Duhoux, Anna Morpurgo-Davies, *A Companion to Linear B. Mycenaean Greek Texts and their World*, vol. I, Louvain-la-Neuve, Dudley Peeters, 2008, p. 1-12.

3   Sur la question générale de la spécificité des sources écrites mycéniennes, voir par exemple Françoise Rougemont, *Contrôle économique et administration à l'époque des palais mycéniens (fin du IIe millénaire av. J.-C.)*, Athènes-Paris, École française d'Athènes-De Boccard, BEFAR 332, 2009, p. 11-13, dont nous reprenons ici les principaux éléments.

mobiliers, de pièces de char, d'armes… Trois éléments sont déterminants à prendre en compte pour toute analyse historique. Cette documentation, de par sa nature même, offre le seul point de vue du palais : elle ne préjuge en rien de l'économie mycénienne dans son ensemble (activités, artisanat et propriétés des particuliers ne sont pas mentionnés). De plus, il s'agit d'une documentation provisoire, qui n'a été conservée que grâce aux hasards des incendies : il ne s'agit pas d'archives, mais de brouillons probablement destinés à être recopiés sur d'autres supports (papyrus, bois, voire parchemin ?) qui ne nous sont pas parvenus. Enfin, les inventaires sont rédigés en style sténographique (avec très peu de phrases complexes) et les non-dits sont autant de lacunes pour l'historien.

Parmi les nombreux inventaires mycéniens, deux tablettes ont assez tôt retenu l'attention, car il s'agit probablement des seuls exemplaires d'inventaires de pièces de bois connus à ce jour. Leur caractère exceptionnel est renforcé par l'absence de ce qui pourrait s'apparenter à des comptes de chantier. Aucun autre inventaire de matériaux de construction n'a été identifié jusqu'ici.

1. **TEXTES**
   PY Vn 46
   .1 pi-ṛạ₃ –[
   .2 ka-pi-ni-ja, a-ti-ṭa, 6[
   .3 ka-pi-ni-ja, e-ru-mi-ni-ja, 4 [
   .4 ka-pi-ni-ja, ta-ra-nu-we 12[
   .5 *35-ki-no-o 81 o-pị-ṛạ₃-te-re 40[
   .6 e-to-ki-ja 23[ ]pạ-ke-te-re 140[
   .7 pi-ri-ja-o, ta-ra-nu-we 6
   .8 qe-re-ti-ri-jo 2 me-ta-se-we 10
   .9 e-pọ-wo-ke, pu-to-ro 16
   .10 *35-ki-no-o, pu-to-ro 100
   .11 ta-to-mo, a-ro-wo, e-pi-*65-ko 1
   .12 ẹ-ṛụ-ṃị-ni-ja 2 ki-wo-qe 1

   PY Vn 879
   .1 a-ti[ ], pe-*65-ka 8
   .2 ko-ni-ti-ja, pe-*65-ka 24
   .3 e-to-ki-ja, qa-ra-de-ro 10
   .4 pa-ke-te-re, qa-ra-de-ro 86
   reliqua pars sine regulis

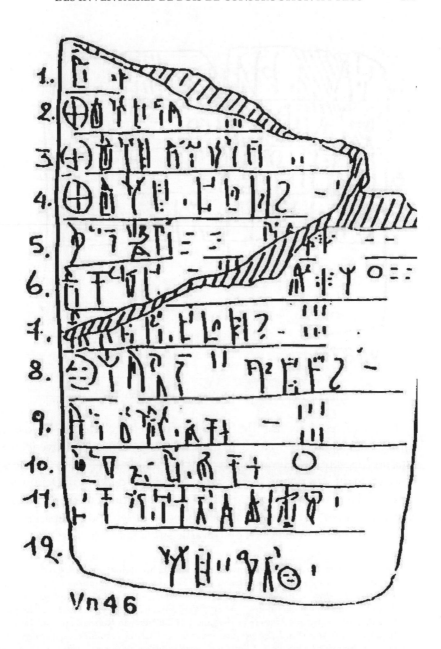

Fig. 1 – Fac-similé de PY Vn 46 (Sali 1990, p. 21-22).

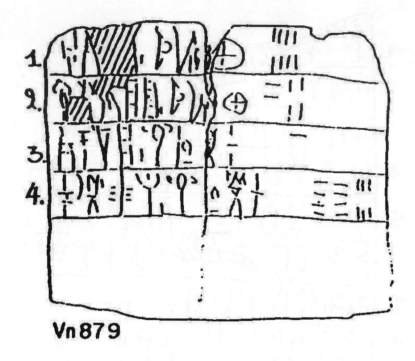

FIG. 2 – Fac-similé de PY Vn 879 (Sali 1990, p. 21-22).

Découvertes dans la salle 8 du secteur des archives de Pylos et appartenant à la même main (Cii, un scribe du palais), elles peuvent être interprétées comme relevant de la construction de navires ou d'édifices en fonction du sens donné à *ka-pi-ni-ja* (l. 2, 3 et 4 de Vn 46). Depuis les années 1970, les chercheurs se divisent sur la question et se répartissent en deux groupes distincts, surtout en fonction de leur préoccupation du moment. L'intérêt, selon que l'on travaille sur la flotte[4] ou l'architecture

---

4   Henri Van Effenterre, « Un navire mycénien ? », in Michel Mollat, éd., *Sociétés et compagnies de commerce en Orient et dans l'Océan Indien (Actes du huitième Colloque International d'histoire maritime 5-10 septembre 1966)*, Paris, SEVPEN, p. 43-53, notamment p. 45-46 ; Jean-Louis Perpillou, « Les syllabogrammes * 34 et * 35 », *SMEA* 25, 1984, p. 229-231 ; Thomas G. Palaima, « Maritime Matters in the Linear B Tablets », in Robert Laffineur, Lucien Basch, éd., *THALASSA. L'Égée préhistorique et la mer (Actes de la troisième rencontre égéenne internationale de l'Université de Liège 23-25 avril 1990)* = Aegaeum 7, Liège, Université de l'État à Liège, 1991, p. 295-301 ; Fred Hocker, Thomas G. Palaima, « Late Bronze Age Aegean Ships and the Pylos Tablets Vn 46 and Vn 879 », *Minos*, 25/26, 1990/1991,

mycénienne[5], est de pouvoir mobiliser des documents écrits à l'appui de sa démonstration et d'ajouter des éléments au dossier[6]. Notons dans un premier temps que la charpenterie navale et la construction en bois possèdent de nombreux points communs, même si les impératifs structurels sont différents[7] : les assemblages bois à bois sont déterminants ; les essences doivent obéir à des impératifs de durabilité (imputrescibles si possible en charpenterie navale, résistantes aux attaques de parasites pour la construction, et spécialement pour les charpentes, à la flexion) ; les pièces de bois doivent souvent avoir de grandes dimensions (selon les bordées, les portées) ; chaque pièce de bois remplit une fonction particulière dans l'équilibre structurel de l'ensemble.

2. PY Vn 46

L'organisation du texte d'inventaire de PY Vn 46 respecte les caractéristiques des autres exemples connus : un anthroponyme en début de ligne précise le nom de la personne responsable de l'inventaire (*pi-ra₃* -[).

---

5   *Doc²*, p. 349, 503-506 ; Lydia Baumbach, « Further Thoughts on PY Vn 46 », *Acta Micenaea* (= *Minos* 12), 1971, p. 383-397 ; Tesi Sali, Το μυκηναϊκό μέγαρο με βάση τις πινακίδες της Γραμμικής γραφής Β, Athènes, Ekdoseis Papadema, 1990 : l'ensemble de l'ouvrage est consacré à l'interprétation de ces deux tablettes ; Katerina Voutsa, « Mycenaean Crafts men in Palace Archives : Problems in Interpretation », in Anna Michailidou, éd., *Manufacture and Measurement, Counting, Measuring and Recording Craft Items in Early Aegean Societies*, Athènes, Research Center of Greek and Roman Antiquity, Melethemata 33, 2001, p. 156 ; Barbara Montecchi, *Luoghi per lavorare, pregare, morire. Edifici e maestranze edili negli interessi delle* élites *micenee*, Firenze, Firenze University Press, 2013, p. 155-159.

6   L'approche de Tesi Sali (*op. cit.*) est notamment assez troublante : elle consiste à interpréter les deux tablettes comme la description précise des matériaux de construction du toit de l'édifice principal dit megaron de Pylos pour la première et des murs et des éléments du toit des propylées ou du porche de l'unité principale pour la seconde (probablement parce qu'une seule colonne est mentionnée). La démarche, qui consiste à confronter données des textes et données archéologiques, n'a rien d'incongru en soi. Ce qui l'est davantage est de considérer un inventaire pylien comme l'équivalent d'un devis de construction (à la manière de la *syngraphê* de l'arsenal du Pirée, par exemple) et de partir de reconstitutions anciennes de l'unité principale de Pylos, en reprenant l'hypothèse de l'existence (très discutée) d'un lanterneau au-dessus du foyer central sans envisager d'alternative. D'autre part, on sait que les nombreux inventaires de biens suivent une logique qui n'a rien à voir avec les usages des objets, mais est liée aux nécessités de stockage imposées par l'administration palatiale. Les différentes pièces ne sont pas nécessairement énumérées dans l'ordre de la mise en œuvre prévue, s'il y en avait une.

7   La liste qui suit n'est pas exhaustive et le sujet mériterait une analyse plus poussée.

p. 306-317 ; Vassilis Petrakis, « Politics of the sea in the Late Bronze Age II-III Aegean : iconographic preferences and textual perspectives », in Giorgos Vavouranakis, éd., *The seascape in Aegean Prehistory*, Athènes, Aarhus University Press, 2011, p. 185-234.

On trouve ensuite les éléments énumérés ainsi que leur quantité (6, 4, 12), précédés de *ka-pi-ni-ja*. Le terme peut être un toponyme (comme souvent dans les inventaires de personnes) ou un nom qui permet de localiser les éléments de l'inventaire, voire leur destination (conduit de cheminée ou coque de navire, selon l'interprétation que l'on propose du terme en grec alphabétique[8]).

La suite de la tablette comporte un inventaire d'éléments qui ne relèvent plus du même registre (absence de *ka-pi-ni-ja*) et qui sont, par comparaison avec les dispositifs précédents, bien plus nombreux (81, 40, 23, 140[9]). On retrouve, l. 10, un de ces éléments : **35-ki-no-o*.

La cohérence d'ensemble de la tablette et du matériel inventorié ne fait pas de doute : il s'agit de pièces de bois destinées à la construction (navale ou architecturale) et les termes employés témoignent de l'existence d'un vocabulaire spécialisé. Certains peuvent être clairement identifiés en grec alphabétique et sont connus par ailleurs ; c'est le cas de *ta-ra-nu-we*, en grec alphabétique θρῆνυς, qui désigne l'escabeau et que l'on retrouve souvent dans les inventaires de mobilier pyliens et cnossiens, ainsi que chez Homère[10] ; cependant, dans le contexte d'un inventaire de pièces de bois, qu'il s'agisse d'architecture ou de construction navale, il correspondrait plutôt au grec θρᾶνος, bien attesté en épigraphie de la construction[11], qui désigne tout morceau de bois allongé (longrine ou sablière)[12]. Il est possible de proposer dans ce cas d'interpréter *pi-ri-ja-o*[13], *ta-ra-nu-we* de la l. 7 comme la transcription en linéaire B de φλιάων θράνυες[14] : les poutres

---

8   Voir *DMic I*, p. 317 et Piquero Rodríguez 2019, p. 268-269 pour les références bibliographiques.

9   Le chiffre des dizaines de 40 et 23 étant pointé, la lecture n'est pas certaine (Montecchi, *op. cit.*, p. 155 dont nous suivons l'édition). On peut donc difficilement s'appuyer sur des remarques quantitatives.

10   *DMic II*, p. 316 et Piquero Rodríguez 2019, p. 244-245 pour la bibliographie et les occurrences mises à jour.

11   Notamment Arsenal du Pirée : *IG* II², 1668, l. 81. Athènes (Longs Murs) : *IG* II², 463, l. 51. Délos (temple d'Apollon) : *IG* XI 2, 161, A, l. 49-50. Éleusis : *IG* II², 1672, l. 208 = *I.Eleusis* 177, l. 270.

12   Voir le tableau récapitulatif de Stéphane Lamouille, *Recherches sur les charpentes dans l'architecture monumentale grecque du VIe au IVe siècle av. J.-C.*, sous la direction Jean-Marc Luce et de Jean-Charles Moretti, Universités de Toulouse-Jean Jaurès (PLH-CRATA) et Lyon 2 (IRAA), soutenue le 29.11.19 à Toulouse. Thèse inédite et en cours de remaniement pour publication., p. 698, *s.u.*

13   Le terme est unanimement identifié comme φλιά, pluriel φλιαί (*DMic II*, p. 123-124).

14   Pour la transcription de l'ensemble, voir Montecchi, *op. cit.*, p. 157. Pour le sens de φλιά chez Homère, voir Sylvie Rougier-Blanc, *Les maisons homériques. Vocabulaire architectural et sémantique du bâti*, Nancy, ADRA, 2005, p. 146-147.

longitudinales des jambages de portes, ou peut-être les linteaux[15]. *Ta-to-mo* est aussi clairement identifié en grec alphabétique comme la transcription de σταθμός, terme polysémique[16] qui, dans le contexte de la tablette, désigne probablement, comme souvent chez Homère[17], le jambage de porte, ou plus vraisemblablement ici, le pilier. Plus complexe à identifier, *me-ta-se-we* qui apparaît l. 8 (10 exemplaires)[18] est rapproché par Barbara Montecchi[19] du grec alphabétique μεσόδμη (en attique, μεσόμνη) qui désigne chez Homère[20], et dans le vocabulaire spécialisé postérieur, une pièce de bois qui relie, et que l'on peut identifier dans le vocabulaire de la charpente comme un entrait ou un tirant[21]. Le terme *e-ru-mi-ni-ja* (Vn 46 l. 3 et 12) est identifié de façon consensuelle[22] comme le grec alphabétique ἐλύμνια, connu par Hésychios (ἐλύμνιαι · δοκοὶ ὀροφῆναι) et désigne des poutres du toit. *Ki-wo-qe* signifie très probablement la colonne, le support[23] et appartient aussi au vocabulaire de la construction.

Ces premières identifications permettent une première lecture de certains passages de la tablette avec les identifications suivantes :

Références dans PY Vn 46	Pièce inventoriée	quantité
Pour *ka-pi-ni-ja* :		
l. 3	Poutre du toit (*e-ru-mi-ni-ja*)	4
l. 4	Sablière ou longrine ? (*ta-ra-nu-we*)	12
l. 7	Jambage ou linteau ? (*pi-ri-ja-o, ta-ra-nu-we*)	6
l. 8	Entrait ou tirant (*me-ta-se-we*)	10
l. 12	Poutre du toit (*e-ru-mi-ni-ja*)	2
l. 12 (suite)	Colonne (*ki-wo-ke*)	1

---

15 Le terme ὑπερθύριον existe chez Homère pour désigner le linteau et n'apparaît qu'une seule fois dans l'épopée ; il est ensuite connu dans les inscriptions notamment (Rougier-Blanc, *op. cit.*, p. 150 pour Homère et Marie-Christine Hellmann, *Recherches sur le vocabulaire de l'architecture grecque d'après les inscriptions de Délos*, Athènes, École française d'Athènes, 1992, p. 423 pour l'épigraphie délienne).

16 *DMic II*, p. 321-322.

17 Rougier-Blanc, *op. cit.*, p. 143-146.

18 *DMic I*, p. 444. Voir les remarques de Baumbach, *loc. cit.*, p. 392.

19 Montecchi, *op. cit.*, p. 157-158.

20 Rougier-Blanc, *op. cit.*, p. 230-232 et 239-240.

21 En tout dernier lieu, pour une synthèse des emplois, Lamouille, *op. cit.*, p. 700.

22 *DMic I*, p. 250.

23 *DMic I*, p. 369.

Remarquons que les identifications montrent que certaines pièces de bois (les pièces les plus techniques d'après nos identifications), celles qui travaillent le plus en poussées et en flexions, sablières (ou longrine), entraits (ou tirants), sont présentes en plus grand nombre.

Les autres termes de la tablette posent des problèmes d'identification bien plus importants et laissent le lecteur dans l'incertitude. Nous en présentons une lecture dans la continuité d'une interprétation de la tablette comme inventaire de bois de construction architecturale (et non navale). A-ti-ta (l. 2) n'est pas de lecture assurée, ce qui constitue une première difficulté[24] : la forme a-ti-ta (la lecture la plus récente[25]) permet de proposer le nominatif/ accusatif pluriel d'ἄντιτος ou ἄτιτος, au sens économique (payé en échange ou impayé), mais on ne comprend pas le chiffre qui suit. La lecture a-ti-ja (du grec alphabétique au neutre pluriel ἀντία, "qui se tiennent en face") peut faire penser à des supports verticaux[26]. L'identification de *35-ki-no-o et de o-pi-ṛa₃-te-re de la ligne 5 reste tout autant énigmatique : en l'état actuel des recherches[27], *35-ki-no-o est lu /lukinohos/, λυγκίνοος, "lanière, lien", ou « cuir d'animaux sauvages[28] » ; o-pi-ṛa₃-te-re, /opirhaistēres/ interprété en ἐπι-ραιστῆρες[29], qui désigne peut-être d'après L. Baumbach[30] des accessoires pour protéger l'extrémité des poutres, mieux que des marteaux dont elle ne comprend pas l'usage au vu du contexte ou d'après B. Montecchi des pièces de métal travaillées au marteau[31]. Le contexte (cf. proposition de traduction infra) n'interdit pas de conserver au terme le sens du grec alphabétique et d'envisager des marteaux.

L'identification de pa-ke-te-re (l. 6) semble un peu moins incertaine[32] : il y a consensus pour rattacher le terme au verbe πήγνυμι, qui est souvent employé pour le travail du bois et signifie « fixer, planter[33] » : comme

---

24 Doc², p. 349 lisait po-ti-ja[; Doc², p. 503 a corrigé en a-ti-ja mais le dernier signe reste de lecture incertaine du fait de la cassure de la tablette. Pour l'interprétation de a-ti ja, voir DMic I, p. 118.

25 PN IV ; Alberto Bernabé Pajares et Eugenio R. Lujàn, Introducción al griego micénico : gramática, selección de textos y glosario, Sarragosse, Prensas Universitarias de Zaragoza, 2006, p. 300.

26 Baumbach, loc. cit., p. 387.

27 DMic II, p. 466. Chez Homère, ραιστήρ signifie le marteau.

28 Peut-être en référence au brêlage.

29 DMic II, p. 42.

30 Baumbach, loc. cit.

31 Montecchi, op. cit., p. 157.

32 DMic II, p. 71.

33 Piquero Rodríguez 2019, p. 388. Rougier-Blanc, op. cit., p. 330 pour les usages homériques.

nominatif pluriel de *pa-ke-te-re* (*πακτήρ), il peut s'agir de clous ou de chevilles. L'existence de clous de bronze est attestée à proximité de seuils, probablement pour les vantaux de portes dans l'architecture mycénienne[34]. Quant au chevillage (avec des chevilles de bois), il est connu chez Homère[35] et envisagé à l'époque néopalatiale minoenne par E. Tsakanika dans son étude du rôle du bois dans l'architecture néopalatiale crétoise[36]. Le terme *e-to-ki-ja* (l. 6), au neutre pluriel, à lire probablement /entoikhia/, désigne des structures dans les murs (*cf.* grec alphabétique ἐντοίχιος[37]). D'après le contexte, on peut les supposer en bois et voir dans le passage de la l. 6 l'attestation de la présence d'armatures en bois dans les murs de moellons[38]. Il s'agirait de pièces de bois de formes et de dimensions différentes des précédentes (au nombre de 23), associées à des clous ou des chevilles (140) qui serviraient à les assembler.

Qe-re-ti-ri-jo de la l. 8 n'a pas fait l'objet d'une identification certaine[39] : le mot est au duel[40] et désigne peut-être un système d'assemblage des pièces de bois deux à deux. Il est parfois traduit par « clous », « chevilles »,

---

34 Un clou de bronze a été découvert sous le seuil intact de la tombe à *tholos* dite trésor d'Atrée de Mycènes, voir Wace, A. J. B., « Excavations at Mycenae, 1921-1923. The tholos Tombs », *BSA* 25, 1921-1923, p. 348-349 (et fig. 76). Il était enfoui avec des fragments d'or et d'ivoire, probablement des débris d'éléments utilisés pour la décoration intérieure de la tombe (« decorator's waste » selon Wace). Dans la publication des fouilles de Pylos (*PN I*, p. 90), C. Blegen rapporte l'existence très ponctuelle de clous de bronze, à tête plate, découverts à différents endroits du palais : dans la salle dite du trône (fig. 270), dans la pièce 9 (fig. 278, n° 14), dans la cour 63 (cour de l'édifice Sud-Ouest, fig. 296, n° 18) et à l'extérieur du mur sud-ouest qui donne sur l'extérieur (fig. 302, n° 8). Des clous ont aussi été découverts à Gla, probablement pour les vantaux de portes, voir *par exemple* Spyros Iakovidis, *Gla and the Kopais in the 13ᵗʰ B.C.*, Athènes, Archaeological Society at Athens, 2001, pl. 11, fig. 22 ; pl. 73, fig. 164.

35 Rougier-Blanc, *op. cit.*, p. 229.

36 Eleuthéria Tsakanika-Theohari, Ο Δομικός Ρόλος του Ξύλου στην Τοιχοποιία των Ανακτορικού Τύπου Κτιρίων της Μινωικής Κρήτης, Thèse de doctorat inédite, Université technique nationale, Athènes, 2006.

37 Piquero Rodríguez 2019, p. 205.

38 Sur les vestiges de bois dans les murs à Mycènes et les interprétations possibles, voir Sylvie Rougier-Blanc, « Le bois dans les murs à Mycènes à l'époque mycénienne : remarques sur le rôle structurel du matériau », *Pallas*, n° 110 (*Bois et architecture dans la Protohistoire et l'Antiquité*), 2019, p. 149-171.

39 *DMic II*, p. 197-198 ; Piquero Rodríguez 2019, p. 142 qui propose d'en faire des clous ou des chevilles (lien avec le grec alphabétique βλῆτρον, présent en *Il.* XV, 678, où il s'agit de mode d'assemblage de pièce de bois en contexte naval)

40 À côté du singulier et du pluriel, le grec connaît le duel, employé pour signifier que les éléments considérés vont par deux. Cette marque spécifique du nombre n'est nullement obligatoire.

et rapproché de l'attestation homérique βλῆτρον, sans précision possible d'après le contexte. Les termes de la ligne 9 (*e-po-wo-ke*[41], *pu-to-ro*[42] 16) restent très obscurs. Il est tentant, mais un peu hardi, de rapprocher *pu-to-ro* du grec alphabétique φιτρός, qui signifie notamment chez Homère, le tronc d'arbre, la grume[43]. Malgré les affirmations de Celestina Milani[44], on attendrait en effet plutôt *pi-tu-ro* en linéaire B. *A-ro-wo* (l. 11) est peut-être le génitif singulier de l'aire de battage, ἅλως, nom féminin, et servirait à localiser le pilier (*ta-to-mo*) ou le lieu de stockage de certaines pièces de bois (dont le *ta-to-mo* ?). Le sens de *e-pi-*65-ko* n'est pas plus clair ; il a été souvent rapproché du grec alphabétique ἐπίζυγος, mais l'identification *65 = *ju²* n'est pas possible[45]. Il faut avouer que la l. 11 garde encore tout son mystère.

Dans la façon dont l'inventaire est présenté, il est possible de distinguer ce qui relève de la construction pour quelque chose (un conduit de cheminée, ou un navire, l. 2-4, des jambages de porte, l. 7) avec une entrée au génitif, qui peut exprimer l'appartenance comme la provenance (par exemple, 12 poutres longitudinales qui viennent de la structure du toit du conduit de cheminée ou qui serviront à cette structure) et, à partir de la ligne 5, une série d'éléments présentés sans ordre apparent. Il pourrait s'agir, notamment du fait de la mention d'un grand nombre de liens et de pièces d'assemblage, des éléments de l'échafaudage qui permettra d'intervenir si besoin pour utiliser et monter les pièces de bois au niveau du toit ou au-dessus des jambages. La présence de marteaux se comprend mieux (l. 5, *o-pi-ra₃-te-re*) : ils serviront à ficher les chevilles. En effet, à partir du peu d'éléments identifiés, il semblerait que le vocabulaire proprement technique qui a survécu ensuite en grec alphabétique appartienne aux lignes où un génitif est identifié comme point d'entrée.

Puisqu'il faut se plier à l'exercice, nous proposons quelques bribes de traduction à l'interprétation très incertaine, plus pour stimuler la réflexion que pour fixer le texte :

41 *DMic I*, p. 228-229, peut-être en lien avec le grec ἔποχος ("qui est porté") ?

42 *DMic II*, p. 175.

43 Rougier-Blanc, *op. cit.*, p. 327.

44 Celestina Milani 1972, « La lavorazione del legno nei testi micenei », in Marta Sordi, éd., *Contributi dell'Istituto di Storia Antica*, Milan, Univ. Cattolica del Sacro Cuore, 1972, p. 35 affirme que la confusion u/i est fréquente en mycénien et dans les langues anatoliennes. Cette question dépasse mes compétences.

45 Voir *DMic I*, p. 227.

Anthroponyme :
Appartenant aux éléments de la cheminée : 6 supports (?)
Appartenant aux éléments de la cheminée : 4 poutres du toit
Appartenant aux éléments de la cheminée : 12 poutres longitudinales (ou longues ?)
81 courroies, 40 marteaux ?
23 pièces de bois à mettre dans les murs, 140 chevilles
Pour les jambages : 6 poutres longitudinales (ou longues ?)
Deux éléments d'assemblage ? 10 entraits,
16 troncs e-po-wo-ke ?
des courroies, 100 troncs ?
Pour les jambages : 1 a-ro-wo, e-pi-*65-ko
2 poutres du toit, 1 colonne.

Barbara Montecchi a raison de souligner que nous ne sommes pas en présence d'un inventaire exhaustif des matériaux nécessaires à la construction d'un édifice (encore moins d'un navire). En revanche, nous avons là, dans la même optique que celle qui motive tous les autres inventaires des palais, des pièces de valeur que l'administration identifie et dont elle contrôle la présence, le nombre précis et qu'elle liste en même temps que des outils (?), si les 40 *o-pi-ra$_3$-te-re* de la l. 5 sont bien des marteaux, comme nous le proposons. Il s'agit probablement, comme le suppose la chercheuse italienne, de pièces de rechange pour l'entretien de tel ou tel édifice du complexe palatial pylien ou d'une partie d'édifice[46]. Dans ce cas, on comprend l'absence de logique architecturale dans le choix du scribe. Cette tablette apporte néanmoins des éléments importants pour la compréhension du travail du bois et notamment permet en partie la restitution de la chaîne opératoire du travail du bois à l'époque mycénienne : le bois inventorié n'est pas brut (à l'exception peut-être des 16 + 100 *pu-to-ro* si l'identification en grec alphabétique φιτροί, « les troncs d'arbre », est correcte, ce qui est peu probable). Cela sous-entend qu'il est en partie travaillé avant d'être apporté sur le chantier : l'exemple de la colonne signifie clairement qu'elle est stockée déjà sculptée (avec ses cannelures[47] ?). Les pièces inventoriées remplissent peut-être une fonction

---

46 Montecchi, *op. cit.*, p. 158-159. Baumbach, *loc. cit.*, p. 396-397 soulignait déjà le problème de l'aspect lacunaire des matériaux listés s'il s'agit de ceux dédiés à la construction d'un édifice.

47 Les colonnes mycéniennes sont en effet très souvent cannelées (Pascal Darcque, *L'habitat mycénien. Forme et fonction de l'espace bâti en Grèce continentale à la fin du IIe millénaire*, Athènes, École française d'Athènes, BEFAR 319, 2005, p. 116-117). À Pylos, dans les propylées du palais comme dans la salle principale à foyer central, le sol portait encore

structurelle particulière (*cf.* nos propositions de traduction par « entrait »,
« poutres longitudinales ») avec une forme, une épaisseur et une résistance
liées à leur future fonction. On sait que dans tout édifice doté de pièces de
bois, certaines s'abîment plus vite que d'autres, du fait des intempéries, de
la température ou des forces auxquelles elles sont soumises. On comprend
alors d'autant mieux la référence au conduit de cheminée que Barbara
Montecchi n'a pas tort d'interpréter comme la *pars pro toto* (les poutres
seraient destinées en réalité à la charpente) : les pièces de bois devaient, du
fait de la chaleur du foyer, de celle d'un conduit d'évacuation, du type de
celui découvert à Pylos même[48], être particulièrement exposées à la chaleur
et au feu, ainsi qu'aux infiltrations en cas de pluie. Sans présupposer une
forme de toit, le conduit devait demander un entretien régulier, comme
le dispositif de charpente, quel qu'il soit. S'il s'agit bien de matériel de
rechange pour d'éventuelles réparations, l'attitude de l'administration
pylienne rejoint, *mutatis mutandis*, les précautions observées en Crète à
l'époque néopalatiale avec la découverte, à Gournia[49], ou au Palais de
Kato Zakros d'outils stockés *in situ* pour d'éventuelles interventions sur
place[50] (des ciseaux[51], des scies dentées ou non[52], des doubles haches[53], et
plus probant encore 4 herminettes[54], des marteaux et des poinçons[55]). Les
dépôts découverts à Kato Zakros, datés des années 1450 av. J.-C. (Minoen
Récent I B), à défaut de constituer l'outillage nécessaire aux charpentiers du
palais, comportent à la fois des objets indiscutablement liés au travail du
bois (herminette et ciseaux) et d'autres plus polyvalents, comme les scies.

---

l'empreinte en négatif de la colonne de bois et dans le stuc qui était conservé à la base,
la trace bien visible des cannelures imprimées (*PN I*, p. 61 et fig. 46 et 48).

48   Deux éléments de conduit de cheminée fragmentaires ont été découverts dans le palais
de Pylos, entre la pièce à foyer central et la pièce 46 (photographie et dessins dans *PN I*,
pl. 271 n° 2 et 3 et 7 et 8 ; pl. 272, n° 6-8)

49   Gournia : Maison Fd (dépôt derrière la porte ouest de la pièce 18, avec une double hache,
des scies, des ciseaux et un foret, probablement daté du MMIII-MRI). *Cf.* Hawes, H. B.,
Willians, B. E., Seager, R.B. et Hall, E. H., *Gournia, Vassiliki and Other Prehistoric Sites
on the Isthmus of Hierapetra*, Philadelphia, 1908 [2014], p. 23 et Pl. IV.

50   Nikolaos Platon, *Zakros : the discovery of a lost Palace of Ancient Crete*, New York, Charles
Scribner's sons, 1971, 123-130, 139, 157-158, pour les contextes.

51   Don Evely, *Minoan crafts : tools and techniques. An introduction*, Göteborg, P. Åström,
1993-2000, n° 28, p. 153-161.

52   *Ibid.*, n° 24-31.

53   *Ibid.*, n° 133, 159-160, 161-165.

54   D'après Evely, *op. cit.*, n° 1,2 classés comme herminette-pique (pick-adze), n° 2,3 comme
herminette-hache plate (flat axe-adze).

55   Pour les marteaux, Evely, *op. cit.*, n° 15, 25, 25 ; pour les poinçons (drills), n° 6, 12.

3. PY Vn 879

Plus courte, la tablette suivante se présente sous la forme d'un inventaire d'éléments, sans préambule. On y retrouve des termes déjà analysés supra comme *e-to-ki-ja* et *pa-ke-te-re* et les chiffres associés ne contredisent par notre lecture, le premier terme désignant peut-être des armatures de bois dans les murs, le second les chevilles pour les assembler. On peut peut-être proposer de restituer *a-ti-ta* à la l. 1, mais la cassure semble laisser plus de place ; la construction du texte est difficile à restituer. L'observation des formes permet de développer l'hypothèse d'une liste de pièces de bois, avec précision d'une caractéristique (substantif au neutre pluriel, suivi d'un adjectif, au neutre pluriel ou d'un génitif pour indiquer l'essence ou la provenance). Dans l'état actuel de la recherche, ni *ko-ni-ti-ja*[56], ni *pe-*65-ka*[57], ne sont clairement identifiés. Le premier désigne sans aucun doute une pièce de bois, mais pour l'instant sans élément correspondant probant en grec alphabétique ; le second a été rapproché de *pe-ju-ka* assez tôt[58], forme qui pourrait correspondre au grec alphabétique πεύκη, le pin, mais la graphie est surprenante et l'identification peu assurée (adjectif au neutre pluriel ?). De la même manière, si *qa-ra-de-ro* est bien le nom d'une essence de bois, aucune forme grecque alphabétique ne correspondrait en l'état actuel de la recherche. Indépendamment de ces remarques peu concluantes, il est notable que la tablette contienne des éléments en cohérence avec la précédente.

Elle peut se traduire de la façon suivante, tout aussi lacunaire :

> *8 supports ? en pin ?*
> *24 poutres ? en pin ?*
> *10 pièces de bois à mettre dans les murs en bois* qa-ra-de-ro *(essence ?)*
> *86 chevilles en bois* qa-ra-de-ro.

Parmi l'ensemble des tablettes livrées par les fouilles archéologiques, PY Vn, 46 et 879 se distinguent par un vocabulaire commun et une référence claire à des pièces de bois travaillées. Il ne s'agit pas à

---

56 *DMic I*, p. 376.
57 *DMic II*, p. 116 pour la bibliographie complète.
58 *Doc²* p. 571. Voir aussi Baumbach, *loc. cit.*, p. 390 et 394-395.

proprement parler d'inventaires de matériaux de construction pour un chantier à venir, mais de deux listes qui énumèrent des pièces de bois de formes, de natures et de destinations différentes (toit, jambage…), pour procéder vraisemblablement à l'entretien des éléments de bois dans des édifices pyliens, voire très probablement, si *ka-pi-ni-ja* désigne bien le conduit de cheminée, de l'unité centrale du palais. Le premier terme de Vn 46, *pi-ra₃-[*, s'il s'agit bien d'un anthroponyme, concernerait un individu fortement impliqué dans la filière bois, au point de pouvoir reconnaître (et contrôler) fonction et forme des différentes catégories de poutres. Le bois quand il a été travaillé pour répondre à des besoins particuliers (jambage, charpente, chevilles) constitue une denrée précieuse pour l'administration palatiale.

Sylvie ROUGIER-BLANC
CRHEC, Université Paris Créteil

BIBLIOGRAPHIE

ABRÉVIATIONS

DMic I-II : AURA JORRO, Francisco, RODRÍGUEZ ADRADOS, Francisco *Diccionario griego-español. Anejo I, Diccionario Micénico* vol.1 et 2, Madrid, Consejo superior de investigaciones científicas, Instituto de Filologia, 1999 [1985-1993].

Doc² : CHADWICK, John, VENTRIS, Michael, *Documents in Mycenaean Greek*, Cambridge, At the University Press, 1973 (2ᵈ ed.).

Piquero Rodríguez 2019 : PIQUERO RODRÍGUEZ, Juan, *El Léxico del Griego Micénico, Index Graecitatis*, étude et mise à jour de la bibliographie, Nancy, ADRA, 2019.

PN I : BLEGEN, Carl William, RAWSON, Marion, *The Palace of Nestor at Pylos in Western Messenia. I. The buildings and their contents*, Princeton, Princeton University Press, 1966.

QUELQUES TITRES POUR QUI SOUHAITERAIT EN APPRENDRE
UN PEU PLUS SUR LES INVENTAIRES MYCÉNIENS
EN LINÉAIRE B

DUHOUX, Yves, MORPURGO-DAVIES, Anna, *A Companion to Linear B. Mycenaean Greek Texts and their World*, vol. I, Louvain-la-Neuve, Dudley Peeters, 2008.

ROUGEMONT, Françoise, *Contrôle économique et administration à l'époque des palais mycéniens (fin du IIᵉ millénaire av. J.-C.)*, Athènes-Paris, École française d'Athènes-De Boccard, BEFAR 332, 2009.

SUR L'ARCHITECTURE MYCÉNIENNE
D'APRÈS LES TABLETTES DE LINÉAIRE B

MONTECCHI, Barbara, *Luoghi per lavorare, pregare, morire. Edifici e maestranze edili negli interessi delle* élites *micenee*, Firenze, Firenze University Press, 2013.

LES COMPTES DE CONSTRUCTION
DE DŪR-ŠARRU-KĪN

La ville de Dūr-Šarru-kīn est née de la volonté de l'empereur assyrien Sargon II (721-705), soucieux d'affirmer son prestige et de dépasser les réalisations de ses prédécesseurs. Il conçut pour cela le projet d'une ville nouvelle, destinée à remplacer Kalhu comme capitale du « pays d'Aššur ». Cet État était alors devenu un vaste empire s'étendant du plateau iranien à la côte méditerranéenne, ce qui assurait à son dirigeant une puissance et des ressources considérables. Le site choisi, dont le nom moderne est Khorsabad, était situé à 16 km au nord de Ninive, au pied du mont Musri, pourvu de sources abondantes. Le nom qui fut donné à cette nouvelle ville, Dūr-Šarru-kīn signifiait « la forteresse de Sargon (Šarru-kīn) ».

Le projet tel qu'il est décrit dans les inscriptions de Sargon II comprenait la construction d'une muraille extérieure rectangulaire, d'une acropole fortifiée et d'un « arsenal » adossé à la muraille extérieure. L'acropole comportait un vaste palais royal, des temples et les résidences de quelques très hauts dignitaires, dont celle du frère du roi, Sîn-aha-uṣur. La création de parcs paysagers entourant la ville faisait aussi partie intégrante du projet.

Il s'agissait là d'un défi considérable, impliquant la collecte et le transport de matériaux variés, en quantités considérables. Les métaux et pierres précieuses provenaient souvent de régions extérieures à l'empire. Le bois de charpente était disponible en quantité sur les montagnes bordières de la Méditerranée, mais il fallait transporter les troncs sur des centaines de kilomètres, en alternant les voies fluviales de l'Euphrate et du Tigre et les voies terrestres. Une lettre du gouverneur de la ville d'Aššur[1], rendant compte d'un incendie dans un des entrepôts placés le long de la route, parle de plus de 28 000

---

1   SAA 1 100, lettre de Ṭāb-ṣil-Ešarra.

poutres, qui ne constituaient qu'une petite partie de tout ce qui fut utilisé. Il fallut aussi faire venir de la région du haut Tigre la pierre nécessaire pour la réalisation des statues colossales et des bas-reliefs, en utilisant des traîneaux roulés sur des rondins (technique représentée sur des bas-reliefs de Sennachérib) puis des embarcations descendant le fleuve. Et même pour des matériaux nettement plus humbles, telle la paille indispensable à la fabrication des briques, les ressources locales ne pouvaient suffire et il fallut en faire venir depuis de nombreuses provinces. C'était aussi une façon de montrer que tout l'empire participait à l'édification de la nouvelle capitale.

Malgré tout cela, la construction fut relativement rapide : les travaux commencèrent en 717 avant notre ère. Dix ans plus tard, ils étaient assez avancés pour que les statues divines soient installées dans les nouveaux temples. Au mois ii (avril-mai) de 706, le roi fit une entrée solennelle dans la ville. Au mois vii (septembre-octobre) de la même année, des banquets d'inauguration furent organisés. La mort au combat de Sargon II, en 705, empêcha toutefois le transfert de la capitale à Dūr-Šarru-kīn. Son fils Sennachérib préféra en effet demeurer à Ninive, où il avait été installé en tant que prince héritier.

LA DOCUMENTATION

Comme cela est fréquent pour les sites proche-orientaux, les diverses campagnes de fouilles, dont les premières furent effectuées en 1844 par le diplomate français Paul-Émile Botta, se sont concentrées sur les murailles et sur l'acropole, ignorant largement la ville basse. Il est vrai que pour les Mésopotamiens anciens, la présence de sanctuaires, d'un lieu d'exercice du pouvoir et de murailles délimitant l'espace urbain était suffisante pour définir une ville, l'installation de simples particuliers n'étant qu'optionnelle. De fait, on sait que les sanctuaires furent actifs et qu'un gouverneur fut installé après l'abandon du projet de transfert de la capitale politique à Dūr-Šarru-kīn.

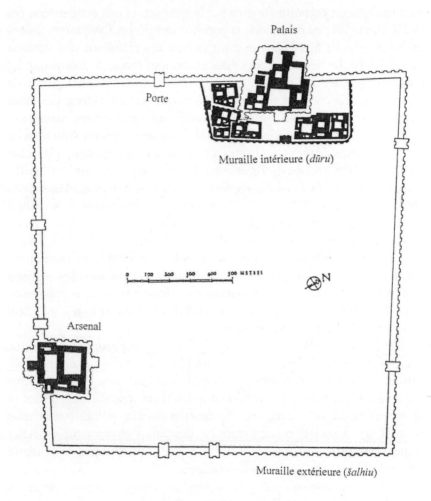

Plan de Khorsabad

FIG. 1 – Plan général de Dūr-Šarru-kīn, d'après Victor Place [1818-1875]
Public Domain via Wikipedia Commons.

Les fouilles ont révélé que la muraille extérieure, dont le nom ancien
était « le dieu Ninurta affermit pour toujours les fondations du mur », avait
la forme d'un rectangle presque carré de 1760 m sur 1685 m, enfermant
une superficie d'environ 300 hectares. Elle comportait 157 tours carrées de

13,5 m de large, en saillie de 4 m sur le rempart, et qui étaient espacées de 27 m, soit un peu moins que la portée d'une flèche. Des pierres étaient utilisées pour les fondations et pour la base des murs, sur une hauteur de 1 à 1,5 m. Le reste des murs était en briques crues, de même que les parapets, simples ou crénelés. Cette muraille extérieure était percée de sept portes, destinées aux véhicules, aux cavaliers et aux piétons. Certaines étaient complexes, c'est-à-dire qu'elles comportaient des cours, passages et escaliers permettant de filtrer les piétons. D'autres portes constituaient de simples passages. L'une de ces portes, située sur le côté sud-ouest, bénéficiait en outre de la protection d'un bâtiment fortifié s'appuyant sur la muraille, le « palais F ». Il n'a pas été complètement fouillé, mais son plan semble analogue à celui de l'« arsenal » de Kalhu, un vaste bâtiment servant à réunir l'armée avant les campagnes, à stocker des armes et des chars de combat, et à conserver une partie du butin de guerre.

L'enceinte intérieure, séparant l'acropole de la ville basse était agencée de la même façon, mais était de dimensions beaucoup plus réduites (650 m sur 300 m) et ne comportait que deux portes. Elle avait pour nom d'apparat « le dieu Aššur est celui qui fait durer le règne du roi qui l'a bâti et protège ses troupes ».

Sur l'acropole elle-même, on a dégagé un complexe palatial d'une surface totale de 10 hectares, l'un des plus vastes des palais mésopotamiens, ainsi qu'un temple principal dédié au dieu Nabû et trois « grandes résidences ». Le complexe palatial comprenait lui-même un secteur consacré aux dieux, avec six sanctuaires disposés autour de trois cours. Cette association sur l'acropole des palais et des temples, reflet d'une conception théocratique du pouvoir, était typique de la haute Mésopotamie et des capitales assyriennes.

Une documentation écrite relativement abondante vient compléter ces données archéologiques. Les inscriptions de fondation, rédigées avant le début des travaux, ne disent que peu de choses sur leur organisation. En revanche, de nombreuses lettres de hauts dignitaires et de gouverneurs provinciaux évoquent la logistique mise en place pour mener à bien ce vaste chantier. Simo Parpola a calculé qu'en tout, 113 lettres, soit presque 10 % de la correspondance retrouvée pour le règne de Sargon II, étaient associées de près ou de loin au projet de construction de Dūr-Šarru-kīn[2].

---

2   Simo Parpola, « The Construction of Dur-Šarrukin in the Assyrian Royal Correspondance », in A. Caubet, éd., *Khorsabad, le palais de Sargon II, roi d'Assyrie*, Paris, 1995, p. 47-77.

Les documents administratifs liés à ces travaux ne nous sont en revanche parvenus qu'en petit nombre. Si l'on met à part quelques listes de personnels, on n'en a retrouvé que huit qui semblent directement liés à l'organisation des chantiers (SAA 11 15 à 22, provenant de Ninive). C'est très peu et de manière plus générale, les tablettes de ce genre sont rares dans toute la documentation cunéiforme. L'explication la plus plausible de cette rareté est que ces documents, n'ayant qu'un intérêt limité dans le temps, étaient recyclés et que ceux qui nous sont parvenus l'ont été par hasard. Pour ceux relatifs à Dūr-Šarru-kīn, on peut supposer qu'ils furent apportés à Ninive, pour rendre compte de l'avancement des travaux au prince héritier, résidant alors dans cette ville. Vu que ces textes ont été retrouvés dans un très mauvais état, il est possible qu'ils aient été brisés lors d'une manipulation et que les morceaux aient été laissés dans un recoin d'une salle d'archives. Néanmoins, malgré leur caractère très lacunaire, ils permettent d'éclairer et de compléter ce que dit la documentation épistolaire sur l'organisation des travaux.

Beaucoup de choses ayant déjà été écrites sur la construction de Dūr-Šarru-kīn, je me concentrerai ici sur les informations apportées par les documents administratifs de construction (envisagés avec l'éclairage du reste de la documentation).

LES COMPTES DE CONSTRUCTION

Les tablettes SAA 11 15 à 19 sont relatives à l'organisation des travaux sur des zones précises du chantier. Elles sont toutes très lacunaires et seules les (relativement) mieux conservées sont traduites ci-dessous. Le document SAA 11 22, de nature différente est une liste d'arbres et arbustes de diverses essences, destinés à être plantés dans l'un des jardins de la ville.

SAA 11 15 (hauteur : env. 17 cm ; largeur : env. 12 cm)

Fig. 2 – SAA 11 15, © The Trustees of the British Museum.

Colonne i : […] [*les éc*]*hafaudages*? non enlevés […] muraille extérieure […] —(gouverneur de) Šahuppa. [x]+1 tours, les poutres fixées, les échafaudages enlevés. *20*? *34*? *29* [… rangées de briques] […].

Colonne ii : 8 tours, 32 29 27 25 15 12 rangées de briques : 7 6 5 4 : muraille extérieure ; 105 : muraille intérieure — (gouverneur d')Arrapha. 3 tours, 59 32 rangées de briques — (gouverneur de) Kalhu. [x] tours, 22 19 18 15 ; 105, 103 : muraille intérieure — (gouverneur de) Que (Cilicie). [x] lits de briques, (une) tour ; [… x]+9, muraille extérieure ; [1]05, muraille intérieure — (gouverneur de) Birtu. [x]+16 rangées de briques, (une) tour. […]

Colonne iii : 95 90 8 ⸢6⸣ 87 76 70 69 68 65 — le Héraut du palais. 89 81 80 79 54 52 — le Grand échanson.

78 77, muraille intérieure — (gouverneur d')Arpad.

95, muraille intérieure ; 23 briques de large, terrasse — (gouverneur du) Bīt-Zamani.

128 br[iques de large], terrasse — le […] ; 100 briques de large, [terrasse] —(gouverneur de) Hat[arrika]. […] muraille extérieure […]

Revers, colonne i :

[…] — (gouverneur de) Barhalzi ; [x] tours, (travail) achevé. [x]+ 13 idem (tours), les poutres fixées, les échafaudages non enlevés — (gouverneur de) Raṣappa ; 3 tours, les poutres fixées […] […]

Revers, colonne ii :

[…] 103 […] — Aššur-belu-[taqqin] ; les poutres fixées, les échafaudages enlevés — le trésorier.

SAA 11 16 (hauteur : env. 10 cm ; largeur : env. 7 cm)

La face de la tablette est presque totalement perdue.

Revers, colonne i : […] bitume […] — (gouverneur d')Arpad ; une […] pas enlevée ; un conduit d'évacuation, pas achevé, bitume en place — (gouverneur de) Mazamua ; un conduit d'évacuation, pas achevé, bitume en place — Aššur-bēlu-taqqin ; Les trois quarts de la grand porte ; 5 tours, les poutres en place et fixées ; un conduit d'évacuation, pas achevé.

Revers, colonne ii : […] [… en]levé(e)s ; le bitume […ache]vé […]

SAA 11 21 (hauteur : env. 13 cm ; largeur : env. 7 cm)

Face :

[…] […] on glaçurera les [briques]. [… moi]tié, deux rangées de briques ; [… une rangée] de briques restante, on glaçurera les briques.

[...] sur la muraille intérieure, deux rangées de briques restantes. [... parmi] eux est posé. [...] on glaçurera les briques. [... les] de Hatarikka et Ṣupat. [...] selon la mesure-*sūtu* de l'Arsenal. [...] leurs maîtres-artisans sont présents. [...]

Revers :

[...] [...] on posera. [...] on glaçurera les briques. [...] les Grands [...] calcaire [...] leurs [rési]dences. [...] on glaçurera les briques.

[Mois...], le 4ᵉ jour. De l'autre côté du fleuve [...]

SAA 11 22 (hauteur : env. 7 cm ; largeur : env. 4,5 cm)

212, [selon la coudée royale], longueur de [...]. 86 de large selon la coudée royale. 231 pêchers, 195 pommiers, 4 arbres-*ṣuṣūnu* (tamarins ?), 50 figuiers. Total : 480 arbres identifiés.

3000 (pieds de) vigne, 2232 [...], 40 [...] [...]

Fig. 3 – SAA 11 22, © The Trustees of the British Museum.

LES INFORMATIONS SUR LES TECHNIQUES
ET L'ORGANISATION DE LA CONSTRUCTION

LES TERMES ARCHITECTURAUX

Dans ces comptes de construction, comme dans l'ensemble de la documentation, deux mots akkadiens sont utilisés à propos des murailles fortifiées. *Dūru*, employé seul peut désigner la forteresse. Il sert aussi pour nommer le mur intérieur défendant la ville haute et s'oppose alors à *šalhiu*, la muraille extérieure qui entoure la ville basse. Mais ces deux murailles pouvaient avoir à peu près le même aspect. Elles étaient renforcées par une série de tours (*isītu*) qui étaient légèrement en saillie et permettaient une défense mutuelle par des archers placés au sommet. D'autre part, pour éviter que le ruissellement ne sape la base des murs, on pouvait la renforcer par un parement de pierre, mais aussi placer régulièrement des conduits d'évacuation des eaux (*bību*) étanchéifiés avec du bitume, comme cela est mentionné en SAA 11 16. Enfin, les ouvertures permettant de franchir les murailles portaient le nom d'*abullu* (grand porte), cela qu'il s'agisse de passages simples ou complexes.

Si tous les comptes de construction retrouvés se réfèrent à un même secteur de la ville, la présence d'une muraille intérieure, d'une terrasse (SAA 11 16) et d'une grand porte (SAA 11 15) pourrait faire penser au côté nord-ouest de la ville, où tous ces éléments sont rassemblés. En effet, l'acropole était appuyée sur une butte naturelle, mais qui avait été renforcée par un terrassement artificiel (*tamliu*), permettant de dominer de 12 m la ville basse. Mais on ne peut exclure le secteur sud-ouest et dans ce cas le mot *dūru* désignerait plus précisément la muraille défendant l'« arsenal » ou « palais F », juché sur une terrasse artificielle de 5 m de haut. Cela ne reste que des hypothèses, puisqu'on ignore le lieu précis de découverte de ces tablettes et donc si elles ont été retrouvées ensemble.

MAÎTRES D'ŒUVRE ET ARCHITECTES

Les seuls spécialistes qui apparaissent dans ces comptes de construction sont les maîtres-artisans (*ummânu*) (SAA 11 21). Il s'agissait d'un titre porté par ceux qui avaient atteint la maîtrise dans une profession organisée, pour laquelle les humains étaient censés avoir été instruits par les dieux, c'est-à-dire aussi bien l'exorcisme ou la divination que la métallurgie ou l'art de construire. Le terme précis désignant celui qui avait la charge de diriger un chantier est cependant bien attesté dans le reste de la documentation : il s'agit de l'akkadien *itinnu*, correspondant au sumérien ŠITIM. Ce mot désigne des techniciens capables de réaliser des constructions solides, en particulier en briques crues. La traduction la plus habituelle est « maître d'œuvre ». Sargon II lui-même, dans l'une de ses inscriptions commémorant la reconstruction d'un temple, parle du « travail du dieu (des briques) Kulla, "le grand maître d'œuvre" et des *ummânu*, qui connaissent le métier[3] ». Par ailleurs, les lettres qui évoquent la construction de Dūr-Šarru-kīn parlent aussi parfois de *šeleppāyu*, à propos de personnages jouant un rôle important dans les travaux. Ils sont mentionnés en même temps que d'autres spécialistes, comme des charpentiers ou des métallurgistes. Une liste de personnel, SAA 7 13, en donne une liste de six, suivis de six scribes. Le mot, qui pourrait être dérivé d'un nom d'ancêtre, *Šallim-pî-Ea*, est contextuellement traduit par « architecte », mais son sens exact reste à déterminer. À l'heure actuelle, nous ne savons pas qui a été chargé de tracer les plans de la ville nouvelle ni qui a conçu la structure des grands bâtiments.

LES TECHNIQUES DE CONSTRUCTION

Le matériau de base de l'architecture mésopotamienne était la brique crue. Pour mesurer l'élévation d'un mur, il suffisait de compter les rangées de briques (*tipku*), entre lesquelles on insérait régulièrement des bottes de roseaux pour accroître la solidité de l'ensemble. Pour certains secteurs, comme les portes ou les façades des bâtiments importants, on pouvait appliquer une glaçure aux briques utilisées, afin de créer un décor (SAA 11 21). Par ailleurs, le document SAA 11 15 utilise à plusieurs reprises un terme, *sāiu*, qui n'est pas attesté par ailleurs. Il semble s'agir d'une structure qui peut être ou non enlevée. La traduction par « échafaudage » est plausible, mais purement contextuelle.

---

3   *The Royal Inscriptions of the Neo-Assyrian Period* (RINAP) 2 125 : ii 1-2. Le volume 2, consacré aux inscriptions de Sargon II, n'a pas encore fait l'objet d'une édition papier. Mais les textes sont consultables sur : http://oracc.museum.upenn.edu/rinap/corpus/ (consulté le 29 août 2021).

L'ORGANISATION DES CHANTIERS

Pour comprendre la façon dont étaient organisés les chantiers, une lettre au roi du Trésorier de l'empire, Ṭāb-šār-Aššur, apporte des éléments importants. L'auteur expose au roi l'arbitrage qu'il a rendu entre les gouverneurs de Kalhu et d'Arrapha, qui voulaient une définition plus claire de leurs *pilku* respectifs, c'est-à-dire des tâches qui leur avaient été assignées. Les secteurs dont chacun des deux avait la charge sur la muraille intérieure étaient séparés par la « Grand porte de la tour du peuple ». Ṭāb-šār-Aššur règle l'affaire en fixant très précisément la proportion des travaux dévolus à chacun des deux gouverneurs dans le secteur de cette porte.

Le point essentiel est que la ville nouvelle avait été divisée en secteurs, chacun sous la responsabilité d'un haut dignitaire. Les informations contenues dans les comptes de construction permettent de confirmer et préciser ce schéma. On y mentionne une série de personnages ayant le statut de « Grand », soit de hauts dignitaires ayant à la fois une fonction à la cour et la responsabilité d'un territoire (Héraut du palais, Grand échanson), mais aussi des gouverneurs de toutes les régions de l'empire. Chacun de ces « Grands » devait fournir les techniciens, la main-d'œuvre ainsi que des matériaux de base, en particulier la paille indispensable pour la confection des briques, ou les bottes de roseaux. Le tout était sous le contrôle de l'administration du Trésorier de l'empire. Un document comme SAA 11 15 est un témoignage de cette surveillance. Les listes de chiffres placés en ordre décroissant suggèrent qu'un scribe administratif a pointé à différents moments de la journée le nombre de rangées de briques qu'il restait à poser en fonction du plan établi. Cela permettait ensuite au Trésorier d'effectuer si nécessaire des ajustements entre les tâches assignées à chacun des responsables.

Il faut garder à l'esprit que ce dont nous disposons pour Dūr-Šarru-kīn provient des services de l'administration royale chargés de contrôler le chantier et de suivre l'avancement des travaux. Il devait aussi exister d'autres types de comptes, tenus par les administrations de chacun des dignitaires responsables d'un secteur du chantier : par exemple des listes de travailleurs, des documents de répartition de rations alimentaires ou autres rétributions, des comptes de fournitures, etc. Cette partie de la documentation n'a pas été retrouvée, peut-être parce que les administrations provinciales utilisaient davantage l'araméen sur papyrus, un support beaucoup plus fragile que l'argile. Pour ce qui concerne les tablettes cunéiformes des services centraux, de très nombreux documents de ce type ont dû être rédigés dans l'Antiquité, mais leur intérêt était d'une durée limitée et ils n'étaient donc pas faits pour être conservés. C'est par accident que quelques-uns ont pu traverser le temps. Mais malgré leur petit nombre et leur mauvais état de conservation, ils constituent néanmoins un témoignage précieux pour comprendre comment un projet aussi ambitieux a pu être réalisé aussi vite.

Pierre VILLARD
Université Clermont Auvergne
UMR 5133 (Archéorient, Maison
de l'Orient et de la Méditerranée,
Lyon)

BIBLIOGRAPHIE

BATTINI, Laura, « Les portes urbaines de la capitale de Sargon II : étude sur la propagande royale à travers les données archéologiques et textuelles », in J. PROSECKY, éd., *Intellectual Life in the Ancient Near East*, actes de la 43ᵉ RAI, Prague, Oriental Institute, 1998, p. 41-55.

CAUBET, Annie, éd., *Khorsabad, le palais de Sargon II, roi d'Assyrie*, actes du colloque du Louvre de janvier 1994, Paris, La Documentation française, 1995.

FALES, Frederick Mario, POSTGATE, John Nicholas, *Imperial Administrative Records, Part I : Palace and Temple Administration*, SAA 7, Helsinki, Helsinki University Press, 1992.

FALES, Frederick Mario, POSTGATE, John Nicholas, *Imperial Administrative Records, Part II : Provincial and military administration*, SAA 11, Helsinki, Helsinki University Press, 1995.

FRAME, Grant, *The Royal Inscriptions of Sargon II King of Assyria* (721-705 BC), RINAP 2, University Park, Pennsylvania, Eisenbrauns, 2021.

MARGUERON, Jean-Claude, *Cités invisibles ou la naissance de l'urbanisme au Proche-Orient, approche archéologique*, Paris, Geuthner, 2013.

PARPOLA, Simo, *The Correspondence of Sargon II, Part I : Letters from Assyria and the West*, SAA 1, Helsinki, Helsinki University Press, 1987.

PARPOLA, Simo, « The Construction of Dur-Šarrukin in the Assyrian Royal Correspondance », in A. CAUBET, éd., *Khorsabad, le palais de Sargon II, roi d'Assyrie*, Paris, 1995, p. 47-77.

UN COMPTE DE CONSTRUCTION
À DÉLOS (GRÈCE) EN 207 AV. J.-C.

Les comptabilités de la construction du monde grec antique sont connues grâce aux inscriptions. Des comptes proprement dits, des cahiers des charges, des contrats, des dédicaces, des décrets honorifiques, des décrets de souscription et des listes de souscripteurs, gravés sur des stèles ou sur les bâtiments eux-mêmes renseignent sur les aspects techniques et administratifs des chantiers, sur les coûts, sur les commanditaires et les modalités de financement. Tous ces documents concernent des édifices publics ou sacrés. À partir du Vᵉ siècle av. J.-C. à Athènes, puis partout en Grèce, donner à des textes officiels écrits sur des feuilles de papyrus ou des planchettes de bois une publicité et une pérennité en les inscrivant sur la pierre devient une pratique habituelle. Celle-ci n'est pas pour autant systématique. Ajouté aux affres du temps, cela explique que la documentation comptable des chantiers de l'antiquité grecque nous soit parvenue de manière très lacunaire et dispersée. Quelques ensembles se détachent néanmoins : à Athènes à propos des constructions sur l'Acropole à la fin du Vᵉ siècle av. J.-C. et du Télestérion d'Éleusis au IVᵉ siècle av. J.-C., à Delphes pour le temple d'Apollon au IVᵉ siècle av. J.-C., à Épidaure dans le sanctuaire d'Asklèpios aux IVᵉ et IIIᵉ siècles av. J.-C., à Didymes pour le temple d'Apollon aux IIIᵉ et IIᵉ siècles av. J.-C. et à Délos du IVᵉ au IIᵉ siècle av. J.-C. C'est un extrait de ce corpus délien de près de 500 inscriptions qui est présenté ici.

Délos est une petite île de quelque 360 ha au cœur des Cyclades. Dès le VIIIᵉ siècle av. J.-C., le sanctuaire d'Apollon, dieu censé être né en ce lieu, acquiert une renommée qui dépasse la seule ville de Délos : il devient une vitrine prestigieuse des pouvoirs s'exerçant en mer Égée à l'époque archaïque. Aux Vᵉ et IVᵉ siècles av. J.-C., les Athéniens s'imposent comme administrateurs du sanctuaire. En 314 av. J.-C., la cité de Délos recouvre ses droits sur celui-ci. Les Déliens reprennent alors les méthodes de gestion de leurs prédécesseurs. Au cours des IIIᵉ et IIᵉ siècles av. J.-C., alors que le port commence à devenir une place importante du commerce égéen et que la ville prend de l'ampleur, ils les font évoluer au profit de leur communauté et développent des pratiques comptables de plus en plus professionnelles. Les hiéropes, citoyens déliens désignés chaque année pour assurer l'administration des sanctuaires, dressent les inventaires et les comptes de la fortune sacrée. Parmi les dépenses, à côté de celles qui ont été engagées pour le fonctionnement quotidien des lieux de culte, pour les fêtes religieuses et pour les salaires des employés, on trouve les sommes versées pour la construction et l'entretien de nombreux édifices : des temples et d'autres bâtiments qui servent au culte, mais aussi le théâtre, la salle de l'assemblée de la cité, des maisons et des fermes que le dieu met en location et un édifice signalé dans les comptes comme « la *stoa* près du sanctuaire de Poséidon ». Celle-ci est une vaste halle de 56,5 m x 34,2 m, probablement à vocation commerciale, dotée de 15 colonnes en façade et dont la toiture, percée d'un lanterneau, est supportée par 44 colonnes intérieures, de sorte que les archéologues l'appellent la Salle hypostyle[1].

Le compte choisi pour cette étude (*ID* 366) a principalement trait à la construction de la Salle hypostyle. Il concerne dans une moindre mesure des réparations et des opérations d'entretien au Néôrion, long édifice du sanctuaire d'Apollon qui protégeait un navire de guerre consacré au dieu, dans le sanctuaire du héros Poulydamas, qu'on n'a pas identifié parmi les vestiges, dans le sanctuaire d'Aphrodite et au réservoir qui formait barrage au ruisseau de l'Inôpos.

Des recoupements prosopographiques permettent de dater ce compte avec certitude de 207 av. J.-C. Le compte des hiéropes de l'année précédente (*ID* 365) nous est aussi parvenu et confirme que le chantier de construction de la Salle hypostyle est alors le principal chantier mené par la cité et le sanctuaire. Malgré la perte des actes qui précèdent ou suivent immédiatement ces années 208-207 av. J.-C., on peut supposer qu'il a occupé les Déliens entre 210 et 205 av. J.-C. environ. Les trois autres comptes qui mentionnent la *stoa* près du sanctuaire de Poséidon (*ID* 403, *ID* 456 + 440, *ID* 486) enregistrent des réparations, essentiellement sur la toiture, en 189 av. J.-C., en 174 av. J.-C. et à une date inconnue.

---

1   Gabriel Leroux, *Exploration archéologique de Délos*. II. *La Salle hypostyle*, Paris, Fontemoing, 1909 ; René Vallois, Gerhardt Poulsen, *Exploration archéologique de Délos*. II. 2. *Nouvelles recherches sur la Salle hypostyle*, Paris, Fontemoing, 1914. La mission « Étude de l'histoire du chantier de construction de la Salle hypostyle » (EfA ; J.-Ch. Moretti, M. Fincker, V. Mathé, avec la collaboration de V. Picard) a repris l'examen des vestiges et des comptes pour proposer une nouvelle restitution et une analyse des aspects techniques, économiques et sociaux du chantier.

D'un point de vue matériel, le compte de 207 av. J.-C. est inscrit sur une plaque de marbre bleuâtre, composée de 5 fragments qui ont été recollés. Elle présente une hauteur de 1,35 m, une largeur de 0,65 à 0,69 m et une épaisseur de 0,07-0,08 m. On ignore où elle était exposée originellement, car elle a été retrouvée en remploi dans le mur d'une maison sur l'île voisine de Mykonos. Toutefois, des bases de stèle ont été découvertes dans le sanctuaire d'Apollon, juste à côté du temple : il est probable qu'elles recevaient les comptes et les inventaires des hiéropes.

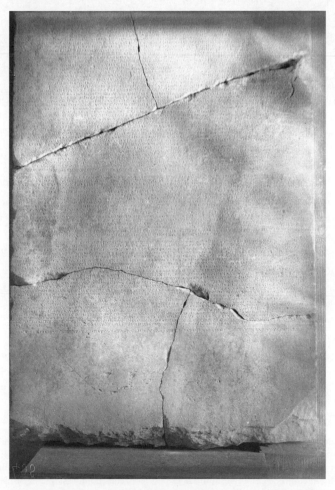

Fig. 1 – Partie inférieure de la stèle ID 366, EFA / auteur inconnu.

Fig. 2 – Détail de l'angle supérieur gauche d'ID 366, cl. J.-Ch. Moretti (2018).

La manière dont le lapicide a présenté sur la pierre le texte fourni par les hiéropes est habituelle pour l'époque. Il est inscrit en lettres majuscules, hautes ici de 5 mm, les mots ne sont pas séparés les uns des autres et il n'y a pas de ponctuation. Les nombres sont notés à Délos selon le système acrophonique[2]. Sur cette stèle, le lapicide a gravé le texte sur une face et sur le côté droit. Il a choisi de distinguer les différentes rubriques du compte en laissant un espace vide entre elles.

Seules les trois premières rubriques concernent les travaux :

— face A, l. 1-35 : adjudications de travaux
— face A, l. 36-41 : achat de bois et de claies de roseaux
— face A, l. 42-49 : évaluation du stock de bois, transmission d'une partie de celui-ci aux artisans, transmission du reliquat de bois, de claies de roseaux et de tuiles aux hiéropes de 206 av. J.-C. Dans la

---

2   Dans la numération acrophonique, les chiffres ont la forme des initiales du nombre qu'ils représentent. L'unité fait exception à la règle en étant notée par une simple barre verticale, mais 5 (πέντε) s'écrit avec un Π, 10 (δέκα) avec un Δ, 100 (ἑκατόν) avec un H qui transcrit l'aspiration marquée par l'esprit rude ('), 1000 (χίλιοι) avec un X, 10 000 (μύριοι) avec un M. On combine ces lettres numérales pour écrire les nombres : par exemple XHHHΔ pour 1310. Voir Alain Schärlig, *Compter avec des cailloux. Le calcul élémentaire sur l'abaque chez les anciens Grecs*, Lausanne, Presses techniques et universitaires romandes, 2001.

suite de l'acte, les hiéropes dressent diverses listes (offrandes reçues pendant leur exercice, phiales de fondations les plus récentes, phiales consacrées pendant l'exercice, objets que leurs prédécesseurs ont déclaré leur avoir transmis et qu'ils affirment ne pas avoir reçus, débiteurs du sanctuaire insolvables), ils enregistrent les contrats de locations de maisons et de domaines qui appartiennent au dieu et ils notent les sommes qu'ils ont versées aux personnes chargées d'organiser des fêtes religieuses. Cette stèle ne porte qu'une partie de la comptabilité des hiéropes de 207 av. J.-C. : une autre stèle a dû exister, qui présentait les recettes du sanctuaire (notamment, fermages des domaines, loyers de maisons, intérêts des prêts consentis par le sanctuaire...) et les autres dépenses (dépenses mensuelles, frais de fonctionnement...).

TRADUCTION DES RUBRIQUES RELATIVES
AUX TRAVAUX[3]

Et nous avons donné en adjudication les travaux suivants, sur décret du peuple, avec les épimélètes et l'architecte Gorgos. À Dexithéos, qui a pris en adjudication la réparation des parties tombées du toit du Néôrion pour 140 (drachmes), nous avons versé en premier versement 70 (drachmes), en deuxième 45 (drachmes) 4 (oboles[4]), et nous avons remis le solde à l'achèvement des travaux sur ordre de l'architecte 23 (drachmes) 2 (oboles)[5]. À Thoas, qui a pris en adjudication la réfection des ornements de bronze qui étaient tombés pour 84 (drachmes) 4 (oboles), nous avons versé en premier versement 40 (drachmes), et nous avons remis le solde à l'achèvement des travaux sur ordre

---

3   Le texte grec a été publié dans Félix Durrbach, *Inscriptions de Délos. Comptes des hiéropes (n°s 290-371)*, Paris, Librairie ancienne Honoré Champion, 1926, n° 366. Il est commodément disponible sur epigraphy.packhum.org. Nous avons relu la pierre en 2018 et apporté quelques modifications mineures à l'établissement du texte, qui seront signalées dans la publication annoncée n. 1. La traduction donnée ici se fonde sur cette nouvelle édition de l'inscription. Dans l'ensemble, cette dernière est bien conservée et seules quelques lettres ne se lisent plus. Les mots entre parenthèses sont ajoutés dans la traduction pour les besoins de la syntaxe française : ils ne sont pas nécessaires en grec.

4   Une drachme comprend 6 oboles. Une obole compte 12 chalques.

5   Le compte ne tombe pas juste, mais il est très probable qu'il faille restituer pour le premier nombre « 46 (drachmes) 4 (oboles) » : d'une part, la surface de la stèle est très entamée à cet endroit, d'autre part le lapicide peut avoir oublié un signe.

de l'architecte 44 (drachmes) 4 (oboles). À Dionysios et Phélys, qui ont pris en adjudication la construction des murs tombés du péribole du Poulydamas pour 18 (drachmes) l'orgye[6], nous avons versé en premier versement pour 10 orgyes 180 dra(chmes), en deuxième 120 (drachmes) en retenant le sixième, et nous avons remis le solde après qu'ils ont achevé et mesuré (leur travail) sur ordre de l'architecte 60 (drachmes), et pour les 129 coudées[7] de corniche sur ordre de l'architecte 129 (drachmes). À Phillis, qui a pris en adjudication la réalisation et la pose des poutres placées sur les colonnes et des poutres de dessus pour la stoa près du Posideion pour 1310 (drachmes), nous avons versé en premier versement 436 (drachmes) 4 (oboles), en deuxième 436 (drachmes) 4 (oboles), en troisième 218 (drachmes) 3 (oboles), et nous avons remis le solde à l'achèvement des travaux sur ordre de l'architecte 218 (drachmes) 1 (obole). À Kallikratès, qui a pris en adjudication la réalisation de 38 poutres et leur pose pour la stoa près du Posideion pour 709 (drachmes) 2 (oboles), nous avons versé en premier versement 236 (drachmes) 2 ½ (oboles) 2 (chalques), le deuxième 236 (drachmes) 2 ½ (oboles) 2 (chalques), le troisième 118 (drachmes) 1 ¼ (obole) 1 (chalque), et nous avons remis le solde sur ordre de l'architecte 118 (drachmes) 1 ¼ (obole) 1 (chalque). À Pyrrhakos, qui a pris en adjudication la réalisation de 45 poutres et leur pose pour la stoa près du Posideion pour 735 (drachmes), nous avons versé en premier versement 245 (drachmes), le deuxième 245 (drachmes), en troisième 122 (drachmes) 3 (oboles), et nous avons remis le solde à l'achèvement des travaux sur ordre de l'architecte 122 (drachmes) 3 (oboles). À Philoxénos, qui a pris en adjudication la construction des poutres sur les supports pour le lanterneau de la stoa près du Posideion et de tous les autres travaux selon la mise en adjudication pour 1200 (drachmes), nous avons versé en premier versement 400 (drachmes), en deuxième 400 (drachmes), en troisième 200 (drachmes) ; et, à titre d'amende imposée par l'architecte parce que les travaux n'ont pas été achevés suivant le cahier des charges, nous n'avons pas remis le solde de 200 (drachmes). À Satyros, qui a pris en adjudication la réalisation des poutres pour le lanterneau de la stoa près du Posideion et de tous les autres travaux selon la mise en adjudication pour 997 (drachmes) 3 (oboles), nous avons versé en premier versement 332 (drachmes) 3 (oboles), en deuxième 332 (drachmes) 3 (oboles), en troisième 166 (drachmes) 1 ½ (obole), et nous avons remis le solde à l'achèvement des travaux sur ordre de l'architecte 166 (drachmes) 1 ½ (obole). À Ktèsiphôn, qui a pris en adjudication la réalisation de piliers du lanterneau pour la stoa près du Posideion et du reste des travaux selon la mise en adjudication pour 1110 (drachmes), nous avons versé en premier versement 550 (drachmes), en deuxième 300 (drachmes) et en troisième 177 (drachmes) ; et, à titre d'amende imposée par l'architecte, nous n'avons pas remis le solde de 83 (drachmes). À Praxiklès, qui a pris en adjudication la fabrication de 1500 couples de tuiles destinées à la stoa près du Posideion, le couple 5 ½ (oboles), nous avons versé

---

6   L'orgye est une unité de mesure qui correspond à 6 pieds, soit 1,80 m environ.
7   Une coudée correspond à 1 pied 1/2, soit 45 cm environ.

en premier versement 916 (drachmes) 4 (oboles) et nous avons remis le solde quand il a livré l'ensemble des 1450 tuiles, sur ordre de l'architecte, 412 (drachmes) 3 (oboles). À Hèrôdès, qui a pris en adjudication la fabrication de mille couples de tuiles, voire plus, pour la stoa près du Posideion, le couple 5 (oboles), nous avons versé en premier versement 426 (drachmes) 4 (oboles), le deuxième 327 (drachmes) 4 (oboles) ; et nous avons remis le solde quand il a livré l'ensemble des 1060 tuiles, sur ordre de l'architecte, 129 (drachmes). À Sôtèridès, qui a pris en adjudication l'encaustiquage de 120 panneaux pour le lanterneau de la stoa près du Posideion pour 428 dra(chmes), nous avons versé en premier versement 214 (drachmes), en deuxième 150 (drachmes) et, à titre d'amende imposée par l'architecte parce que cela n'a pas été achevé suivant le cahier des charges, nous n'avons pas remis le solde de 64 (drachmes). À Nikôn, qui a pris en adjudication la peinture du plafond du lanterneau pour la stoa près du Posideion pour 400 (drachmes), nous avons versé en premier versement 200 (drachmes), en deuxième 133 (drachmes) 2 (oboles) ; et nous avons remis à l'achèvement des travaux, sur ordre de l'architecte, le solde de 66 (drachmes) 4 (oboles). À Dexithéos, qui a pris en adjudication la construction et la pose des portes à l'entrée de l'Aphrodision pour 25 drachmes, nous avons versé en premier versement 16 (drachmes) 4 (oboles) et nous avons remis le solde à l'achèvement des travaux sur ordre de l'architecte 8 (drachmes) 2 (oboles). À Pyrrhakos, qui a pris en adjudication la pose des tuiles sur le lanterneau de la stoa près du Posideion pour 299 (drachmes), nous avons versé en premier versement 149 (drachmes) 3 (oboles), en deuxième 99 (drachmes) 3 (oboles) ; et nous avons remis le solde à l'achèvement des travaux, sur ordre de l'architecte, 50 dra(chmes). À Satyros, qui a pris en adjudication la pose des tuiles sur six travées de la stoa près du Posideion avec des tuiles lisses (?)[8] pour 40 drachmes, nous avons versé en premier versement 20 (drachmes), et nous avons remis le solde à l'achèvement des travaux, sur ordre de l'architecte, 20 (drachmes). À Diès, qui a pris en adjudication le nettoyage de l'Inôpos pour 60 (drachmes), nous avons versé en premier versement 30 (drachmes), et nous avons remis le solde après qu'il a nettoyé sur ordre de l'architecte 30 (drachmes). *vide*

Et nous avons acheté ces bois de hêtre, de chêne et d'autres essences et des claies de roseaux pour la stoa près du Posideion comme l'a décrété le peuple et prescrit l'architecte ; auprès d'Aristophanès, 65 bois de hêtre, chacun 3 (drachmes), prix 195 (drachmes) ; auprès de Satyros, un, 3 (drachmes), deux autres, 6 (drachmes) ; auprès de Dèméas, 10 bois d'équarrissage, chacun 13 (drachmes) 3 (oboles), prix 135 (drachmes) ; auprès de Hiérombrotos, 45 pièces de chêne, chacun 7 (drachmes) 3 (oboles), prix 337 (drachmes) 3 (oboles) ; auprès des percepteurs du cinquantième, 29 bois d'équarrissage, chacun

---

8   La traduction du terme ψιλοκεράμωι, très rare, suscite encore le débat : tuiles lisses ? épurées ? fines ? de rive ? (*cf.* Marie-Christine Hellmann, *Recherches sur le vocabulaire de l'architecture grecque, d'après les inscriptions de Délos*, Athènes, École française d'Athènes, 1992, p. 202).

14 (drachmes), prix 406 (drachmes); auprès des tuteurs d'Aristagorè, 29 bois d'équarrissage, chacun 14 (drachmes), prix 406 (drachmes); auprès de Sôtèrichos, 7 bois d'équarrissage, chacun 14 (drachmes) 4 (oboles), prix 102 (drachmes) 4 (oboles), et 5 pièces de dix coudées, chacune 11 (drachmes) 4 (oboles), prix 58 (drachmes) 2 (oboles); auprès de Kallistratès, 9 bois d'équarrissage, prix 90 (drachmes); des claies de roseaux auprès de Dèméas et de Dionnos, 130, prix 130 (drachmes). *vide*

Et nous avons reçu les bois que voici avec l'architecte et les personnes choisies : tous ceux qui ont été achetés auprès d'Hérakleidès [...][9] et ceux que nous avons achetés nous-mêmes selon le décret du peuple, bois d'équarrissage avec les pièces de dix coudées, 89; et pièces de hêtre, 68; et pièces de chêne, 45; et les bois que nous avons reçus des hiéropes Elpinès et Lysandros, 59. Parmi ceux-là, nous avons donné, en présence et sur ordre de l'architecte Gorgos, aux personnes qui ont pris en adjudication la fabrication des poutres portant sur les supports, la réalisation des poutres et la pose du lanterneau pour la stoa près du Posideion, Phillis, Kallikratès, Pyrrhakos, Philoxénos, Satyros : bois achetés auprès d'Hérakleidès, 131 et bois d'équarrissage avec les pièces de douze coudées, 84 et les pièces de hêtre pour les goujons, et les pièces de chêne pour la grille, et ceux que nous avons reçus d'Elpinès et de Lysandros. Les 22 bois en surplus parmi les grandes pièces achetées auprès d'Hérakleidès qui se trouvent dans la stoa et (rasura) et 4 bois d'équarrissage, et 69 claies de roseaux dans le Python, et 1000 tuiles, nous les avons transmis aux hiéropes Apollodôros et Kléostratos.

COMMENTAIRE

Les rubriques relatives aux travaux dans les comptes des hiéropes offrent de nombreuses perspectives de recherche aux historiennes et historiens de la construction. Elles donnent matière à une histoire sociale des artisans ; elles permettent une approche économique de ce domaine d'activités ; étudiées avec les vestiges, elles livrent des renseignements utiles à la compréhension du déroulement du chantier et à la restitution des édifices. Je m'intéresserai ici uniquement à ce qui relève des pratiques administratives et comptables.

Le compte de 207 av. J.-C. laisse entrevoir l'organisation administrative du chantier et la documentation non conservée induite par celle-ci.

---

9   Il manque ici 5 ou 6 signes.

La décision de construire est revenue à l'assemblée de la cité délienne comme il était normal pour les constructions publiques et sacrées. Le décret de construction ne nous est pas parvenu. Toutefois, le rôle de maîtrise d'ouvrage que tint le peuple délien est rappelé dans le compte qui stipule que les dépenses sont faites sur « sur décret du peuple » (A, l. 1). La dédicace de l'édifice, gravée sur l'architrave, le rappelle aussi : [Δ]ήλιο[ι - - - 21 lettres - - -] κατ[εσ]κε̣[ύασαν], « Les Déliens ont construit - - -[10] ». L'Assemblée mit en place une commission architecturale *ad hoc* dont les membres étaient désignés comme les « épimélètes » (A, l. 1) ou les « personnes choisies » (A, l. 42). Leurs noms et leur nombre restent inconnus, mais on sait par ailleurs que les commissions architecturales déliennes comptaient en général 2 à 5 personnes souvent rompues à la gestion des affaires de la cité ou du sanctuaire[11]. Chargés de l'administration de ce chantier particulier, les épimélètes travaillèrent en collaboration avec l'architecte Gorgos. Celui-ci n'est mentionné que dans les inscriptions déliennes de 208 et 207 av. J.-C. On ne sait rien de lui, si ce n'est qu'il louait alors une maison appartenant au sanctuaire et qu'il supervisait l'ensemble des travaux payés par la caisse sacrée ces années-là. Il fut peut-être le concepteur de la Salle hypostyle ; du moins en assura-t-il la maîtrise d'œuvre.

Les épimélètes et l'architecte rédigèrent les συγγραφαί (*sungraphai*), cahiers des charges-contrats qui fixaient les obligations des artisans et des commanditaires. Comme le souligne l'expression récurrente « suivant le cahier des charges », c'est au regard de ces écrits que le travail des artisans était ensuite évalué par l'architecte qui ordonnait alors le versement de la somme due. Les mots « sur ordre de l'architecte » reviennent ainsi systématiquement à la fin de chaque ligne de compte. Les cahiers des charges-contrats de la Salle hypostyle n'ont pas été conservés, mais de tels textes relatifs à d'autres chantiers de l'île[12]

---

10 *IG* XI 4, 1071. À une date inconnue, mais assurément après 167 av. J.-C., à une époque où Délos dépendait d'Athènes, on a transformé le Δ, le H et le Λ de ΔΗΛΙΟΙ respectivement en H, N et en A et on a gravé un A et un Θ au début de l'inscription, de sorte qu'on lisait alors ΑΘΗΝΑΙΟΙ, « les Athéniens ».

11 Claude Vial, *Délos indépendante (314-167 avant J.-C.) : étude d'une communauté civique et de ses institutions. Bulletin de Correspondance Hellénique, Supplément* 10, Athènes, École française d'Athènes, 1984, p. 246-250.

12 *ID* 500, 502, 504, 505, 506, 507, 507 bis, 508. À cette liste d'inscriptions datées de 297 à 230 environ, on ajoutera trois documents des années 360-350 av. J.-C. : *ID* 104-4

permettent de comprendre les clauses habituelles de ces engagements.
Ils comportaient des précisions techniques sur la construction : type
et qualité des matériaux, dimensions des différents éléments, détails
à respecter et soin à apporter dans la mise en œuvre. Ils fixaient une
durée maximale pour effectuer les travaux, obligeant parfois explicitement les entrepreneurs à s'y consacrer entièrement et à y faire œuvrer
un certain nombre de leurs hommes. Ils précisaient les modalités de la
réception des travaux et du paiement, de même que les pénalités pour
retard et malfaçon et les procédures à suivre en cas de litiges entre des
entrepreneurs ou à propos de la mise en adjudication. Les travailleurs et
leur matériel pouvaient bénéficier d'une protection juridique contre la
saisie des biens ou la contrainte par corps et d'une exemption de taxes
jusqu'à trente jours après la fin du chantier. La συγγραφή (*sungraphè*) se
terminait par le contrat proprement dit, qui comportait le rappel de la
tâche à accomplir, le nom de l'entrepreneur, le prix total, les noms des
garants fournis par l'entrepreneur et contre lesquels les commanditaires
pouvaient se retourner si l'architecte constatait une défaillance de
l'artisan, et enfin les noms des témoins, magistrats de la cité et simples
particuliers, devant lesquels l'acte avait été conclu. Il est probable que
les contrats-cahiers des charges de la Salle hypostyle n'aient jamais été
gravés, mais on sait qu'il en existait des copies déposées dans le sanctuaire[13], les originaux se trouvant certainement chez des particuliers
comme il était habituel.

Les travaux étaient mis en adjudication par les hiéropes, assistés des
épimélètes et de l'architecte. Ils étaient divisés en lots en fonction des
savoir-faire et des parties de la bâtisse. Bien souvent, une même tâche
était répartie entre plusieurs artisans ou fournisseurs. Ainsi, la charpente
de la Salle hypostyle fut érigée par au moins cinq équipes, les tuiles
furent fabriquées par au moins deux ateliers, les pièces de bois furent
achetées à au moins onze fournisseurs différents. Cela reflète la petitesse
des structures artisanales et, spécialement pour le bois sur cette petite
île battue par les vents, les difficultés d'approvisionnement. On peut

---

(Véronique Chankowski, *Athènes et Délos à l'époque classique. Recherches sur l'administration du sanctuaire d'Apollon délien*, Athènes, École française d'Athènes, 2008, n° 49), *ID* 104-5 (Véronique Chankowski, *Athènes et Délos...*, *op. cit.*, n° 50), *ID* 104-6 (Véronique Chankowski, *Athènes et Délos...*, *op. cit.*, n° 51). Sur les contrats déliens, Philip A. Davis, « The Delian Building Contracts », *Bulletin de Correspondance Hellénique* 61, 1937, p. 109-135.

13 *ID* 365, l. 24.

aussi y voir un effet des contraintes administratives. Les hiéropes étaient en charge pour un an, à l'instar de la plupart de citoyens désignés pour assumer une tâche collective dans les cités grecques. Rares sont les lots mis en adjudication lors d'une année et achevés l'année suivante : en 207 av. J.-C. comme pour d'autres exercices, la plupart des artisans perçoivent le solde retenu en garantie jusqu'à la réception des travaux. D'après ce compte, seuls Ktèsiphôn, Philoxénos et Sôtéridès ne le touchent pas, le premier étant mis à l'amende par l'architecte, les deux autres « parce que les travaux n'ont pas été achevés suivant le cahier des charges ». L'expression peut tout à la fois renvoyer à un retard ou à une malfaçon. Exceptés ces quelques cas, les maîtres d'ouvrage semblent avoir voulu caler le rythme de la construction sur la durée de l'exercice comptable : la division par lots pourrait aussi s'expliquer par la volonté de voir les mêmes administrateurs s'occuper entièrement d'une tranche des travaux, de la mise en adjudication au versement du solde de garantie.

Le suivi du chantier était régulier, non seulement pour l'architecte et les membres de la commission architecturale, mais aussi pour les hiéropes qui procédaient à des versements successifs en faveur des artisans. La pratique était habituelle : elle avait l'avantage, pour les commanditaires, de garantir l'achèvement des travaux, pour les artisans, de leur permettre de commencer à être rémunérés dès la conclusion du contrat. Le nombre de versements et la part du total que chacun représentait n'étaient pas pour autant définis de manière systématique. Ainsi, en cette seule année, les hiéropes ont payé les artisans en deux, trois ou quatre fois. Ces versements correspondaient souvent à des fractions, la somme étant parfois arrondie pour faciliter le maniement des petites dénominations ; le fractionnement variait selon les contrats : certains artisans reçoivent 2/3 + 1/3 de leur rémunération, d'autres 1/2 + 1/2, d'autres 1/2 + 1/3 + 1/6, d'autres 1/3 + 1/3 + 1/6 + 1/6. Pour d'autres enfin, on ne comprend pas bien comment s'effectuait la répartition. Si l'on considère l'ensemble des comptes déliens, on constate que d'autres systèmes ont existé, comme le paiement en une seule fois et la retenue d'un dixième de garantie[14].

---

14   Maurice Lacroix, « Les architectes et les entrepreneurs à Délos de 314 à 240 », *Revue de Philologie, de littérature et d'histoire ancienne*, 38, 1914, p. 303-330, notamment p. 309-317 ; Christophe Feyel, *Les artisans dans les sanctuaires grecs aux époques classique et hellénistique*, Athènes, École française d'Athènes, 2006, p. 499-509.

Pratiquement, cette variété des modalités de rémunération, qui résulte du poids de la négociation dans l'élaboration des contrats, obligeait les hiéropes à être particulièrement attentifs à chaque contrat pour déterminer comment et quand ils devaient payer chaque artisan. Sans doute étaient-ils aidés dans cette tâche par les épimélètes. Il faut donc supposer l'existence d'une sorte de livre-journal, à tout le moins d'une documentation comptable qui permettait aux membres de la commission architecturale et aux administrateurs du sanctuaire de savoir ce qu'ils allaient devoir payer selon le contrat, ce qu'ils avaient payé, ce qui leur restait à payer.

À cette liste des preneurs d'adjudications pour les travaux et des versements à leur destination, s'ajoutaient d'autres documents. Les hiéropes constituaient une liste des bois acquis pendant leur exercice en notant le nom du fournisseur, le nombre de pièces, parfois leur essence ou leur degré de finition, le prix unitaire et le prix total de chaque achat. Ils comptaient aussi les matériaux en stock et gardaient la mémoire de leur usage. D'autres registres, consacrés chacun à un type de recettes ou de dépenses, à un aspect de la fortune sacrée, étaient également tenus. D'un point de vue matériel, ces indications étaient portées sur des planches de bois blanchies[15]. Les hiéropes utilisaient aussi des feuilles de papyrus, notamment pour reporter les résultats intermédiaires des calculs effectués sur l'abaque.

Les registres n'avaient pas vocation à être rendus publics ni conservés éternellement, mais ils étaient fondamentaux pour l'élaboration de la stèle de compte : celle-ci est à lire comme « une synthèse exhaustive des mouvements de fonds et des sommes maniées par les administrateurs, sous la forme d'un grand livre qui rassemble les informations contenues dans diverses séries d'archives[16] ». La distinction de différentes rubriques sur la pierre renvoie à l'utilisation de registres différents. La disparition de ces documents initiaux empêche d'évaluer à quel point les hiéropes ont mis en ordre et synthétisé les informations en dressant ce bilan. Les hiéropes notaient-ils dans ces registres les opérations jour après jour ou les regroupaient-ils déjà selon qu'elles concernaient tel ou tel contrat ?

---

15   Véronique Chankowski, *Parasites du dieu : comptables, financiers et commerçants dans la Délos hellénistique*, Athènes, École française d'Athènes, 2019, p. 38-45.
16   Véronique Chankowski, *Parasites du dieu…*, *op. cit.*, p. 44.

Quoi qu'il en soit, la synthèse du registre des preneurs d'adjudications pour les travaux récapitule pour chaque mise en adjudication le nom de l'artisan, l'objet général du contrat, la somme totale prévue dans celui-ci, les différents versements effectués par les hiéropes au fur et à mesure de l'avancée du travail. Les articles paraissent être classés dans l'ordre dans lequel les travaux ont été mis en adjudication, qui correspond vraisemblablement à l'ordre dans lequel le peuple a pris ces décrets. Les trois premiers articles concernent des réparations : on serait tenté d'imaginer qu'en début d'année, au sortir de l'hiver, après une tournée d'inspection, l'architecte a suggéré à l'assemblée d'engager ces dépenses rapidement. Les dix articles suivants ont tous trait à la couverture de la Salle Hypostyle : très certainement ces lots ont-ils été adjugés en même temps, assez tôt dans l'année pour que les travaux soient effectués au cours de l'exercice. Les deux autres lignes de compte relatives à la Salle hypostyle, pour la pose de tuiles sur le lanterneau, paraissent avoir été adjugées plus tard, une fois qu'on a eu la certitude que ces tâches, assez restreintes si l'on se fie à leur prix, pouvaient être menées à bien. Cela expliquerait que ces deux articles soient séparés du reste du compte afférent à la Salle hypostyle par une ligne concernant des portes du sanctuaire d'Aphrodite. Enfin, les hiéropes ont mis en adjudication le curage du réservoir de l'Inôpos. Le compte n'est donc pas un récit du chantier et ne fait aucune place à la narration[17] : son organisation obéit à une chronologie des actes administratifs et ne correspond que grossièrement à l'ordre réel des travaux.

L'élaboration du texte de la stèle demandait sans aucun doute aux administrateurs du sanctuaire du temps et des efforts à l'issue de leur charge. Sa gravure sur une ou plusieurs stèles avait un coût d'environ 300 drachmes par an[18], ce qui n'était pas négligeable. Son exposition encombrait le sanctuaire. Les Déliens avaient toutefois fait de ce bilan inscrit sur la pierre une obligation pour les hiéropes. S'il n'y a pas eu de volonté d'uniformiser strictement les comptes et inventaires, les

---

17   Contrairement à ce qu'Olivier Mattéoni a relevé pour certains comptes médiévaux dans « Compter et "conter" : ordre, langue et discours des comptes », in Olivier Mattéoni et Patrice Beck, éd., *Classer, dire, compter. Discipline du chiffre et fabrique d'une norme comptable à la fin du Moyen Âge*, Paris, Comité pour l'histoire économique et financière de la France-IGPDE, 2015, p. 283-303 § 9, p. 283-303, notamment p. 296-298.

18   Véronique Chankowski, *Parasites du dieu…, op. cit.*, p. 37-38.

écritures comptables se sont peu à peu normalisées. Quels étaient les enjeux de la production d'une telle documentation, spécialement pour ce qui est des rubriques consacrées à la construction et à l'entretien des édifices[19] ? Y voir un monument, au sens propre, aux hommes qui y ont participé n'est pas probant : les noms propres ne sont pas mis en valeur, seuls sont mentionnés ceux qui ont traité avec le sanctuaire et non la totalité de ceux qui ont œuvré au chantier et une telle attention à l'architecte et aux artisans ne se décèle pas dans d'autres sources grecques. Ceux qui ont financé la construction importent bien plus. Ce sont eux que met en avant la dédicace gravée en façade. C'est par la dédicace, et non par le compte, que la cité de Délos a cherché à inscrire dans les mémoires les efforts consentis pour l'édification de ce vaste bâtiment en bordure d'une grande place publique, qu'elle a peut-être cherché aussi à affirmer sa prééminence politique sur son territoire. Au même moment, l'autre grand chantier de l'île est celui d'un portique longeant l'accès au sanctuaire d'Apollon, offert par le roi de Macédoine Philippe V. Que les Athéniens fassent disparaître le nom des Déliens de la Salle hypostyle pour y inscrire le leur à la place souligne l'importance politique de la dédicace.

Revenons au compte : quelle utilité pour la gestion des chantiers pouvait-il y avoir à le faire graver ? Dans le compte de 207 av. J.-C. comme dans les autres, le bilan de ce qui a été dépensé pour les travaux de l'année ou pour un même édifice n'est jamais dressé. Le coût total des bois achetés pendant l'exercice n'est pas non plus porté au compte. Ce sont les sommes allouées à chaque artisan ou fournisseur qui intéressent. Parfois, les hiéropes indiquent des prix unitaires : 18 drachmes l'orgye pour la réparation de murs dans le sanctuaire de Poulydamas, 5 oboles ou 5,5 oboles le couple de tuiles, 3 drachmes la pièce de hêtre… Pour la plupart des matériaux et pour les travaux, il me paraît difficile de considérer que ces précisions ont été utilisées par les administrateurs pour conserver une trace des prix moyens et des cours et pallier ainsi les inconvénients de la rotation annuelle de la charge. On peut supposer cet usage du compte, sans que ce soit nécessairement son but explicite, pour des denrées achetées très fréquemment par le sanctuaire comme l'huile, le bois de chauffage, les porcelets pour les sacrifices et, dans le

---

19   Pour une réflexion sur l'ensemble des comptes et des inventaires, Véronique Chankowski, *op. cit.*, p. 65-66.

domaine de l'entretien et de la construction des édifices, la poix, les clous et les tuiles. Pour les autres matériaux et pour la rémunération des artisans, les mentions paraissent trop elliptiques pour être utilisables. Pour reprendre les cas mentionnés ci-dessus : les murs réparés au sanctuaire de Poulydamas sont-ils en brique ou en pierre ? combien mesure la pièce de hêtre ? Si les hiéropes de 207 av. J.-C. le savent très probablement comme leurs successeurs les plus immédiats, on peut douter que ce soit le cas après un certain temps. Il était plus efficace pour les administrateurs de comparer des prix à un moment donné, ce que permettait la mise en adjudication, que de consulter d'anciens comptes pour avoir un ordre d'idée du coût de telle charpente. L'expertise de l'architecte, voire des épimélètes, était certainement mise aussi à contribution au moment de l'estimation initiale des travaux : la rapidité de la construction de la Salle hypostyle et l'importance des dépenses effectuées en 208 et en 207 av. J.-C. (respectivement, plus de 7900 drachmes et plus de 11 100 drachmes) suggèrent que les aspects financiers furent rigoureusement pensés avant le début du chantier.

Finalement, le compte de construction, ou plutôt la synthèse qui en est faite sur la pierre, paraît relever surtout d'un discours de justification. Un des éléments les plus frappants de la langue des comptes réside en effet dans le soin avec lequel les hiéropes signalent qu'ils n'ont pas agi d'eux-mêmes : ils ont mis les travaux en adjudication « sur décret du peuple, avec les épimélètes et l'architecte Gorgos », ils ont acheté des bois « comme l'a décrété le peuple et prescrit l'architecte », ils ont fait l'inventaire des bois à leur disposition « avec l'architecte et les personnes choisies », ils ont confié « en présence et sur ordre de l'architecte » aux charpentiers les pièces nécessaires à la construction, ils ont effectué les versements en faveur des artisans en se rapportant aux contrats et « sur ordre de l'architecte ». Il ne s'agit pas seulement d'attester leur probité dans leur gestion de la fortune sacrée, dans le maniement d'argent et de matériaux appartenant au sanctuaire, mais de se décharger de toute responsabilité à leur sortie de charge. L'élaboration de la synthèse et sa gravure sur la stèle sont moins de l'ordre du symbolique – il faudrait manifester un soin scrupuleux, d'autant plus qu'il s'agit de la fortune sacrée – que de l'ordre du politique : les mandataires, les hiéropes, rendent compte au mandant, la cité délienne, de l'exécution de ce qu'elle a ordonné.

Ils se soumettent à l'exigence du contrôle par les logistes[20]. La présentation du document peut paraître aujourd'hui peu efficace pour dresser des bilans et sa lecture peut sembler fastidieuse, mais l'organisation et le degré de détail des rubriques consacrées aux travaux sont adaptés aux pratiques de contrôle. Ces lignes donnent ce qu'il faut d'informations, ni plus ni moins, pour permettre de vérifier que le compte est sincère et véritable : les travaux et les achats qui y sont portés ont bien eu lieu (on peut se référer aux contrats, à l'architecte et aux épimélètes, aux registres initiaux), les calculs sont justes. La conception de la synthèse permet le contrôle, l'inscription sur la stèle l'atteste. Plus qu'une minutie bureaucratique, on peut y voir une affirmation démocratique.

Virginie MATHÉ
Université Paris-Est Créteil,
Centre de recherche
en histoire européenne comparée

---

20 Sur les logistes déliens, voir Claude Vial, *op. cit.*, p. 158-162.

BIBLIOGRAPHIE
Quelques titres utiles à qui voudrait s'initier
aux comptes grecs

COMPTES DE CONSTRUCTION AVEC TRADUCTION

BOUSQUET, Jean, *Corpus des inscriptions de Delphes.* II. *Les comptes du quatrième et du troisième siècle*, Paris, De Boccard, 1989.

HELLMANN, Marie-Christine, *Choix d'inscriptions architecturales grecques traduites et commentées*, Lyon, Maison de l'Orient méditerranéen, 1999.

PRÊTRE, Clarisse, éd., *Nouveau choix d'inscriptions de Délos : lois, comptes et inventaires*, Athènes, École française d'Athènes, 2002.

PRIGNITZ, Sebastian, *Bauurkunden und Bauprogramm von Epidauros, 400-350 : Asklepiostempel, Tholos, Kultbild, Brunnenhaus*, Munich, C.H. Beck, 2014.

ÉTUDES SUR LES COMPTES GRECS

CHANKOWSKI, Véronique, MINAUD, Gérard, éd., Dossier « Comptables et comptabilités dans l'antiquité », *Comptabilité(s). Revue d'histoire des comptabilités*, 6, 2014, en ligne (https://journals.openedition.org/comptabilites/1431, consulté le 25/11/2021).

KNOEPFLER, Denis, éd., *Comptes et inventaires dans la cité grecque*, Neuchâtel-Genève, Faculté des Lettres-Droz, 1988.

L'INSCRIPTION DE LA *VIA CAECILIA*
(ITALIE, FIN IIe – DÉBUT Ier SIÈCLE AV. J.-C.)

La documentation romaine relative aux chantiers de construction est extrêmement rare. Pour l'ensemble du monde romain, une unique inscription enregistre un cahier des charges : communément appelée la « Loi de Pouzzoles » ou, pour reprendre son titre latin, la *Lex Parieti Faciendo*, elle détermine le contrat de construction entre un entrepreneur et la colonie de Pouzzoles, en Campanie, pour des travaux de réaménagement de l'enceinte d'un *Serapeum* en 105 av. J.-C.[1]. D'autres fragments de cahier des charges ont été intégrés à des textes littéraires, notamment au traité d'agriculture de Caton ou à des discours cicéroniens, et notre documentation, sur ce point, s'arrête là : nous n'avons aucun décret ni aucun compte de construction, documents pourtant bien connus dans le monde grec. Le reste des inscriptions mentionnant des travaux de construction célèbre des actes d'évergétisme sans donner aucun détail sur leur teneur, leur mode de paiement ou les artisans les ayant réalisés.

L'extrême rareté de ces sources pose question alors que l'existence de documents administratifs et juridiques organisant toutes les étapes des chantiers de construction, de leur conception à leur paiement est, elle, bien attestée. Elle tient en partie à la forme des archives publiques et privées du monde romain, conservées dans des matériaux périssables qui ne nous sont donc pas parvenus. Elle révèle également que cette documentation n'était ni enregistrée ni publiée en dehors des archives sur des supports qui auraient été plus pérennes, mais aussi plus accessibles à la communauté – le hasard des découvertes ne permettant pas, à lui seul, d'expliquer l'absence d'inscriptions de ce type. La Loi de Pouzzoles, contrairement aux

---

1   C*il* x, 1781 = C*il* x, 1793 = C*il* i, 698 = I*llrp* 518= I*ls*, 5317 = I*ls* 5389 = AE 2003, 124 = AE 2007, 10 = AE 2011, 70. Traduction en français de l'inscription dans Hélène Dessales, « La *Lex parieti faciendo* : de l'usage du vocabulaire de la construction à sa diffusion », in Renaud Robert, éd., *Dire l'architecture dans l'Antiquité*, Paris-Aix en Provence, Karthala-MMSH, 2016, p. 381-410.

apparences, n'y fait pas exception : l'inscription n'est pas contemporaine des travaux mentionnés dans le contrat, mais a été réalisée bien plus tard, à l'époque impériale, pour des raisons qui nous échappent[2]. Il semble donc que le déroulement juridique et administratif des travaux menés dans et par les cités romaines n'était pas rendu public sous cette forme.

Pourtant, un document se distingue et soulève de nombreuses interrogations tant sur sa nature exacte que sur les raisons de sa conservation : l'inscription dite de la *via Caecilia*[3]. Ni cahier des charges ni compte de construction, cette inscription d'époque républicaine mentionne des travaux réalisés sous l'égide du questeur urbain Titus Vibius Temudinus, nommé pour l'occasion curateur des voies, sur plusieurs tronçons d'une route appelée dans le texte la *via Caecilia*. La pierre a été découverte en 1873, au nord de Rome, non loin de la Porte Colline.

---

2   Ce point est discuté dans Hélène Dessales, *op. cit.*, p. 392-395.
3   Cil vi, 40 904 a = Cil vi, 3824 = Cil vi, 3160 = Cil i, 808 = Ils 5799 = Illrp 465 = AE 1995, 90 = AE 2000, 254 = AE 2012, 297 = AE 2015, 13. Traduction en anglais proposée dans Christer Bruun, « *"Medius Fidius… Tantam pecuniam Nicomedenses per-diderint !"*. Roman water supply, public administration, and private contractors. », in Jean-Jacques Aubert, éd., *Tâches publiques et entreprise privée dans le monde romain : actes du diplôme d'études avancées, universités de Neuchâtel et de Lausanne, 2000-2002*, Genève, Droz, 2003, p. 305-325.

FIG. 1 – Inscription de la Via Caecilia, *Su concessione del Ministero della cultura*, Museo Nazionale Romano. Foto: G. Cargnel, L. Colasanti, R. D'Agostini, L. Mandato.

Réalisée sur du travertin, l'inscription est très fragmentaire et de lecture difficile. Elle n'est connue que par un unique fragment de 79,5 cm de haut, 58 cm de large au maximum et 18,5 cm d'épaisseur. La marge supérieure est bien conservée et on reconnaît à la première ligne un titre dont les lettres font 7,4 cm de haut tandis que la taille des lettres sur les lignes les plus petites est de 2,4 cm de haut. La marge droite est conservée sur 11 lignes où elle est légèrement endommagée, permettant de restituer parfois quelques lettres au-delà de la partie lisible. En tout, le fragment compte vingt lignes, de plus en plus lacunaires : l'état de la dernière ne permet de lire que quatre lettres. Le texte devait ensuite continuer, mais il est impossible de déterminer l'importance de la lacune finale. Enfin, la marge gauche est elle aussi manquante et le nombre de lettres à restituer au début de chaque ligne est difficile à définir. Les premières éditions proposaient de restituer sept lettres[4], mais M.-P. Guidobaldi a montré qu'il fallait plutôt compter une quinzaine de lettres afin qu'entre les lignes 11 et 12 la titulature complète du magistrat commanditaire puisse être insérée[5]. C'est elle qui propose l'édition la plus complète du texte, que nous avons suivie et mise à jour à partir de remarques de F. Coarelli[6] et de propositions de corrections personnelles.

TEXTE LATIN

1. *[Haec] opera loc(ata)*
2. *[reficienda v]ia Caecilia de (sestertium)*
3. *[nummum---(milibus) af mil(iario)--- a]d mil(iarium)* XXXV *(ad) pontem in fluio*
4. *[Farfaro pecuni]a ad.tributa est populo const(at)*

---

4   Christian Hülsen, « L'iscrizione della via Caecilia », *Notizie degli Scavi di Antichità*, 1896, p. 87-99.

5   Maria Paola Guidobaldi, *La Romanizzazione dell'Ager Praetutianus (secoli III-I aC)*, Naples, Edizioni scientifiche italiane, 1995, p. 298. Complété par Maria Paola Guidobaldi, « La via Caecilia. Riflessioni sulla cronologia e sul percorso di una via publica romana », in Enzo Catani, Gianfranco Paci, éd. *La Salaria in età antica : atti del Convegno di studi, Ascoli Piceno, Offida, Rieti, 2-4 ottobre 1997*, Rome, L'Erma di Bretschneider, 2000, p. 277-290.

6   Filippo Coarelli, « Via Caecilia e via Salaria una proposta », *Archeologia Classica*, 67, 2016, p. 215-232.

5. *[(sestertium) n(ummum)---]sq. Pamphilo mancupi et ope[r(ario)]*
6. *[--- cur(atore)] viar(um) T. Vibio T[e]muudino q(uaestore) urb(ano)*
7. *[tota via gla]rea sternenda af mil(iario) [---ad]*
8. *[mil(iarium) --- et per Ap]penninum muunien[da af mil(iario)]*
9. *[--- ad mil(iarium)---]XX pecunia ad.tributa [est]*
10. *[--- populo c]onst(at) (sestertium) n(ummum) (centum quinquaginta milibus) L.Rufilio L.l.*
11. *[--- Ore]sti man[cu]pi cur(atore) viar(um) T. Vibi[o]*
12. *[Temuudino q(uaestore) urb(ano) af] mil(iario) LXX[XXV]III ad mil(iarium) CXV[--]*
13. *[et per deverticu]la Interamnium vo[rsus af]*
14. *[mil(iario)---ad mil(iarium)---]XX pecunia ad.tri[buta]*
15. *[est --- pop]ulo const(at) (sestertium sescentis)---(milibus) [n(ummum)]*
16. *[---] T. Sepunio T.f. O[---]*
17. *[mancupi et oper(ario) cur(atore) via]r(um) T. Vibio Tem[uudino]*
18. *[q(uaestore) urb(ano) ad mil(iarium) --- restituendus] arcus de.la[psus pecunia]*
19. *[ad.tributa est populo const(at) (sestertium)---(milibus) n(ummum)] mancupi [et oper(ario)]*
20. *[cur(atore) viar(um) T. Vibio Temuudino] q(uaestore) urb(ano) [---]*

TRADUCTION FRANÇAISE

Ces travaux ont été adjugés, pour la réfection de la via Caecilia, sur les … mille sesterces : du 18ᵉ (?) mille[7] jusqu'au 35ᵉ mille (et) au pont[8] sur le fleuve Farfa, la somme de … sesterces a été allouée (et) payée par le peuple à … Pamphile, entrepreneur et ouvrier, … étant curateur des voies Titus Vibius Temudinus, questeur urbain ; pour le revêtement complet de la voie du … mille au … mille, et, sur le tronçon qui traverse les Apennins, pour la construction de substructures depuis le … mille jusqu'au … mille[9], la somme de 150 000 sesterces a été allouée (et) payée par le peuple à Lucius

---

7   Peut-être 18ᵉ mille (Filippo Coarelli, *op. cit.*, p. 226).
8   L'accusatif ne se comprend que si un *ad* ou un *et* sont sous-entendus (Filippo Coarelli, *op. cit.*, p. 219).
9   Restitutions possibles : LXX, LXXX, LXXXX ; vu les distances, 90 semble la restitution la plus probable (Filippo Coarelli, *op. cit.*, p. 227-228).

Rufilius affranchi de Lucius …, entrepreneur, étant curateur des voies Titus Vibius Temudinus, questeur urbain ; du 98e mille au 115e (?) mille, et, sur les embranchements en direction d'Interamnium, du … mille au … mille, la somme de 600 000[10] (?) sesterces a été allouée (et) payée par le peuple[11] … à Titus Sepunius O…, fils de Titus … entrepreneur et ouvrier[12], étant curateur des voies Titus Vibius Temudinus, questeur urbain ; au … mille pour la reconstruction de l'arc écroulé[13], la somme de … mille sesterces a été allouée (et) payée par le peuple à l'entrepreneur et ouvrier …, étant curateur des voies Titus Vibius Temudinus, questeur urbain ; …

La datation de l'inscription est, elle aussi, peu assurée. Les données paléographiques en situent la réalisation entre la fin du IIe et le début du Ier siècle av. J.-C. D'autres indices inviteraient à préférer, dans cette fourchette, une date haute. En effet, Titus Vibius Temudinus, questeur au moment des travaux, pourrait être identifié à un magistrat (préteur ou promagistrat) portant le même gentilice en 103 av. J.-C. : selon la logique du *cursus honorum*, il aurait donc été questeur avant ces charges et les travaux seraient antérieurs à 103 av. J.-C.[14]. Cela pourrait être confirmé par un rapprochement entre ce chantier et la censure de Lucius Caecilius Metellus Diadematus en 115 av. J.-C. : à considérer le nom de la route, c'est un membre de la *gens Caecilia* qui l'a construite et Lucius Caecilius Metellus Diadematus aurait pu vouloir prendre soin de l'ouvrage réalisé par un de ses ancêtres, comme c'est régulièrement le cas pour les monuments publics de Rome[15]. C'est généralement cette dernière date qui est désormais acceptée bien qu'elle repose sur des données relativement fragiles.

La compréhension de cette inscription présente une autre difficulté : l'identification de la route mentionnée. C'est sur ce point que se concentre l'essentiel des études portant sur l'inscription[16]. Le lieu de découverte de

---

10   Entre 600 et 800 000 sesterces au moins.
11   La lacune, d'une vingtaine de lettres, pourrait être complétée par le nom d'un second entrepreneur.
12   Nous proposons l'ajout de « *et oper(ario)* », sur le modèle de la ligne 4, car la lacune est d'au moins une vingtaine de lettres. Il serait également possible, si la lacune de la ligne précédente doit contenir un nom, de proposer le pluriel « *mancupib(us)* ».
13   Ou « des arcs écroulés » : il n'est pas possible de déterminer si *arcus* est ici au singulier ou au pluriel.
14   Maria Paola Guidobaldi, *La Romanizzazione… op. cit.*, p. 298.
15   Maria Paola Guidobaldi, « La via Caecilia. Riflessioni … » *op. cit.*, p. 287. Sur ces conclusions, elle est suivie par Filippo Coarelli. *op. cit.*, p. 215-217.
16   Pour la bibliographie complète, voir Filippo Coarelli, *op. cit.*

la pierre et les repères géographiques contenus dans le texte permettent de la localiser au nord-est de Rome sur un tracé traversant les Apennins (l. 8) pour arriver sur la côte Adriatique au niveau d'Interamnium (l. 13). Récemment, F. Coarelli a proposé d'identifier cette *via Caecilia* à une partie de la *via Salaria*, route construite au début du IIIe siècle av. J.-C. La *Caecilia* dessinerait, pour ses premiers tronçons, un trajet plus direct à travers les Apennins, puis prolongerait le tracé initial de la *Salaria* entre Amiternum et Hadria, sur la côte, en passant par Interamnium[17]. Son nom aurait ensuite été perdu en étant associé définitivement à la voie principale dont elle constitue un complément, ce qui explique que nous n'en ayons connaissance qu'à travers cette inscription.

Enfin, la restitution des travaux mentionnés dans l'inscription ne fait pas non plus l'unanimité. Certains ont voulu y voir une réfection globale de la route divisée en tronçons connectés les uns aux autres[18]. D'autres ont reconnu qu'il s'agissait de travaux ponctuels menés sur des structures en mauvais état[19]. De fait, même si les chiffres permettant de reconnaître les différents tronçons sont mal conservés, il fait peu de doute que les travaux sont discontinus : les deux passages où l'on peut restituer le point de départ comme le point d'arrivée montrent que les entrepreneurs interviennent sur des portions de 17 à 18 milles romains, soit environ 25 km, alors que la route est au moins longue d'une centaine de milles, soit 150 km. Les quatre chantiers ici conservés ne permettent donc pas d'assurer la restauration de l'ensemble du tracé connu par l'inscription. Ainsi faut-il plutôt envisager que les travaux ne concernent que les zones les plus endommagées, à l'image du dernier chantier prévu dans l'inscription qui est spécifiquement dédié à la réfection d'une ou plusieurs arches de soutènement de la route qui se sont écroulées. Pour F. Coarelli, c'est même la raison d'être de l'inscription que de désigner les lieux d'intervention.

Cependant, c'est là oublier qu'une partie non négligeable du texte concerne le financement des travaux et la répartition des sommes allouées au questeur urbain entre les différents chantiers de restauration de la route. Le titre est d'ailleurs très clair sur ce point : il s'agit d'une liste des dépenses effectuées à partir d'une somme globale que nous avons

---

17 Filippo Coarelli, *op. cit.*, p. 224-228, et fig. 5 p. 225.
18 Christan Hülsen, *op. cit.*, p. 94.
19 Maria Paola Guidobaldi, *La Romanizzazione…*, *op. cit.* ; Filippo Coarelli, *op. cit.*

malheureusement perdue. La structure du texte est ensuite très répétitive et reproduit à quatre reprises le schéma suivant :

- indications géographiques et, si besoin, description des travaux
- formule attestant qu'il s'agit de fonds publics utilisés légalement : « *pecunia ad tributa est populo constat* » (mot à mot « la somme a été allouée [et] est payée par le peuple »)
- somme allouée pour le chantier
- nom et fonction de l'entrepreneur chargé de réaliser les travaux
- nom et fonction du magistrat commanditaire (ou *locator*) : « *curatore viarum Tito Vibio Temuudino quaestore urbano* » (« étant curateur des voies Titus Vibius Temudinus, questeur urbain »)

La lacune finale laisse la possibilité que d'autres chantiers aient été prévus et enregistrés selon ce schéma.

Le niveau de détail sur les travaux est à la fois trop important pour qu'il s'agisse d'une simple inscription dédicatoire et trop faible pour constituer un cahier des charges. Avec ce second type de document, elle partage cependant la précision de la localisation des travaux et la mention de l'entrepreneur[20] que l'on ne trouve sur aucun autre type d'inscriptions architecturales romaines. Or, contrairement à ce qu'on trouverait dans un cahier des charges, ce ne sont pas les travaux qui sont mis en avant, mais les sommes engagées : la somme globale, puis le prix de chacun des chantiers envisagés.

Ces chantiers sont, dans la partie conservée, au nombre de quatre. Leur cohérence tient à la fois de l'ouvrage concerné (la *via Caecilia*) et du magistrat *locator* à qui revient la charge d'organiser ces travaux (Vibius Temudinus). Leur enregistrement suit un ordre géographique partant du tronçon le plus proche de Rome pour arriver sur la côte Adriatique et chacun de ces tronçons est affermé à un entrepreneur différent. En revanche, des tâches très diverses peuvent être demandées à un même entrepreneur : ainsi l'affranchi Lucius Rufilius se voit-il chargé à la fois de refaire le revêtement d'une portion de la voie et de restaurer des substructures endommagées sur un autre embranchement de la route qui semble se trouver dans la même région. Vu l'organisation du secteur du bâtiment en Italie centrale à l'époque républicaine, il n'est pas étonnant que les tronçons à restaurer aient

---

20   Voir la Loi de Pouzzoles respectivement colonne 1, lignes 5-6 et colonne 3, lignes 16-17.

été soumissionnés à différents entrepreneurs : à la fin de la République, les entrepreneurs cités dans nos sources semblent avoir exercé dans un rayon restreint, au maximum d'une cinquantaine de kilomètres[21].

La somme à laquelle chaque chantier est affermé n'est conservée que pour deux d'entre eux : 150 000 sesterces pour le double chantier de Lucius Rufilius (revêtement et substructions), entre 600 et 800 000 sesterces pour Titus Sepunius qui doit refaire la voie sur 18 milles (26,6 km), soit entre 33 000 et 44 500 sesterces par mille. Par comparaison, en 123 apr. J.-C., l'empereur Hadrien fait refaire la *via Appia* sur 15 750 pieds (environ 4,65 km) entre Bénévent et Aeclanum pour 21,79 sesterces par pied, soit 108 950 sesterces par mille – presque trois fois plus[22]. Cependant, pour l'époque républicaine, les sommes allouées pour l'ensemble de ces interventions, que l'on peut évaluer au-delà du million de sesterces, les placent parmi les entreprises les plus coûteuses dont on ait la trace[23].

Peut-être est-ce là une des raisons expliquant l'existence de l'inscription. Elle attesterait la bonne utilisation de l'argent public et la légalité des procédures de mise en adjudication. La répétition de la formule « *pecunia ad tributa est populo constat* » va dans ce sens : il s'agit pour le magistrat *locator* de rendre ses comptes et l'on pourrait imaginer que l'inscription ait été réalisée à sa sortie de charge pour célébrer la droiture dont il a fait preuve lors de sa mission[24]. Cela rappelle les notices que Tite Live insère dans son récit à la sortie de charge des censeurs[25] : si elles sont bien moins précises que notre inscription sur le détail des sommes engagées, elles témoignent de ce que les archives (publiques ou familiales) conservaient les listes des principales réalisations des magistrats qui se voyaient confier de l'argent public.

Pour l'occasion, Vibius Temudinus est nommé *curator viarum*, curateur des voies. À l'époque républicaine, c'est une charge exceptionnelle dont

---

21 Point discuté plus longuement dans ma thèse en cours de préparation : « La dynamique des chantiers. Construire à Rome et dans le Latium, du IVᵉ siècle av. J.-C. au Iᵉʳ siècle apr. J.-C. », sous la direction de Catherine Saliou (Université Paris 8 – Vincennes – Saint-Denis) et de Stefano Camporeale (Università degli Studi di Siena).

22 CIL IX, 6075 = CIL IX, 6072 = ILS, 5875.

23 Richard Duncan-Jones, *The Economy of the Roman Empire. Quantitative Studies*, Cambridge, Cambridge University Press, 1974, tableau p. 157.

24 Une autre inscription, encore plus lacunaire, mentionne à la même période des travaux menés sous l'égide d'un *curator viarum* dont le nom est perdu. Elle contient la formule, plus courte, « *populo constat* » avant de mentionner les sommes engagées dans des travaux dont nous ne savons rien d'autre (AE 1996, 255 = AE 2006, 185 = AE 2014, 115a).

25 Par exemple, pour des notices particulièrement détaillées, Liv., XXXIX, 44, 4-9 ; XL, 51, 2-8 ; et XLI, 27, 5-13.

les attestations sont liées à des opérations d'envergure[26]. Souvent, elle est d'ailleurs explicitement associée à une réalisation précise : ainsi, en 65 av. J.-C., un certain Minucius Thermus est *curator viae Flaminiae*[27] tandis que César est *curator viae Appiae*[28]. Dans les deux cas, il s'agit de restaurer des routes anciennes partant de Rome et les sources soulignent l'importance de cette charge dans le parcours politique des deux personnages : Plutarque retient que César a financé une partie des travaux sur ses fonds propres et Cicéron estime que la charge de Thermus fait de lui le meilleur candidat au consulat l'année suivante... aux côtés de César[29]. Dans l'un et l'autre cas, la charge est pensée comme un tremplin permettant d'accéder à la plus haute magistrature. Même si l'inscription emploie le titre plus général – et moins attesté à l'époque républicaine[30] – de *curator viarum* au pluriel, il semble bien que Vibius Temudinus ait été nommé curateur spécifiquement pour s'occuper de la réfection de la *via Caecilia* ; en somme, qu'il ait été *curator viae Caeciliae*.

Un autre élément dans la titulature du magistrat *locator* mérite notre attention : Vibius Temudinus est alors questeur urbain. Il est rarissime que des questeurs s'occupent de travaux publics : ce sont habituellement les édiles ou les censeurs qui en sont chargés, plus rarement les consuls ou les préteurs[31]. Il est demandé aux questeurs de débloquer des fonds et de payer les entrepreneurs soumissionnés par l'État[32], mais leur intervention directe, ici explicitée par le titre de *curator viarum*, n'est attestée que de manière exceptionnelle[33].

---

26 Liste dans Anne Daguet-Gagey, Splendor aedilitatum. *L'édilité à Rome (1er siècle av. J.-C. – IIIe siècle apr. J.-C.)*, Rome, École française de Rome, 2015, n. 98 p. 364.

27 Cic., *Att.*, I, 1, 2.

28 Plut., *Caes.* 5, 9.

29 Des deux curateurs, seul César est finalement élu consul cette année-là.

30 Il est possible que le terme officiel désignant cette charge, qui se retrouve dans les textes épigraphiques, soit *curator viarum* et que les attestations littéraires de la forme *curator* + nom de la voie soit un raccourci pour ce que nous pourrions traduire par « curateur des voies en charge de la *via ...* ».

31 En 74 av. J.-C., Verrès et son collègue sont ainsi chargés de la remise en état des temples de Rome en tant que préteurs urbains, à la place des consuls et en l'absence de censeurs (Cic., *Verr.*, I, L, 130).

32 C'est leur rôle, aux côtés des consuls, dans un sénatus-consulte proposé par Cicéron en 43 av. J.-C. (Cic., *Phil.*, XI, VII, 15-17).

33 Cic., *Verr.*, I, LIV, 142 ; Frontin., *Aq.*, XCVI, 1. Ces deux sources s'accordent à reconnaître la possibilité que des questeurs s'occupent de travaux publics tout en soulignant qu'il s'agit alors de cas exceptionnels.

On a donc affaire ici à un jeune magistrat qui n'en est qu'aux premières étapes du *cursus honorum*[34], à qui est confiée une tâche prestigieuse et qui manie des sommes importantes d'argent public : il a pu vouloir l'inscrire de manière pérenne au départ de la route qu'il a été chargé de restaurer. La forme que prend cette célébration est inédite, à moins que l'on ait perdu par un malheureux hasard tous les autres documents du même type que des magistrats en quête de légitimité auraient pu produire. De fait, d'ordinaire, les réalisations viaires des hommes politiques de la République comme de l'Empire sont commémorées sur des cippes ou des bornes milliaires placés le long des routes, qui ne conservent pas les détails des opérations, les sommes en jeu et les entrepreneurs employés[35].

Ces réflexions sur le magistrat *locator*, qui est sans doute également le commanditaire de l'inscription, permettent de revenir sur la nature de celle-ci : s'il s'agit bien de comptes, ce ne sont pas des comptes de chantier, mais le compte rendu chiffré de la mandature de Vibius Temudinus, sauvé de l'oubli par ce document qui reste un *unicum*.

Pauline DUCRET
Université de la Réunion
Université Paris 8 – Vincennes
– Saint-Denis

---

34 On ne connaît pas la suite de sa carrière, sauf à l'identifier avec un préteur ou promagistrat connu à Messène en 103 av. J.-C. (IG v, 1, 1432).

35 Voir par exemple, à la même époque (deuxième moitié du IIe siècle av. J.-C.), le cippe dit de Polla sur la *via Popilia* (CIL x, 6950 = CIL I, 638 = ILS 23) : « *Viam fecei ab Regio ad Capuam et / in ea via ponteis omneis miliarios / tabelariosque poseivei hince sunt. / Nouceriam meilia* LI *Capuam* XXCIIII / *Muranum* LXXIIII *Cosentiam* CXXIII / *Valentiam* CLXXX *ad fretum ad / statuam* CCXXXI *Regium* CCXXXVII / *sum(m)a af Capua Regium meilia* CCCXXI / *et eidem praetor in / Sicilia fugiteivos Italicorum / conquaeisivei redideique / homines* DCCCCXVII *eidemque / primus fecei ut de agro poplico / aratoribus cederent paastores / forum aedisque poplicas heic fecei.* » (« J'ai réalisé la voie de Rhegium à Capoue et j'ai établi, sur cette voie, tous les ponts, milliaires et relais postaux. D'ici à Nocera il y a 51 milles, à Capoue 84, à Muranum 74, à Consentia 123, à Valentia 180, vers la mer au niveau de la statue 231, à Rhegium 237. En tout, de Capoue à Rhegium, il y a 321 milles. Et moi-même, étant préteur en Sicile, j'ai traqué et rendu [à leurs maîtres] les [esclaves] fugitifs des Italiques : 937 hommes. Et moi-même, le premier, j'ai fait en sorte que sur les terres publiques les bergers laissent la place aux laboureurs. Ici, j'ai réalisé un forum et un temple publics. » Traduction de l'auteure).

LISTE DES ABRÉVIATIONS (CORPUS D'INSCRIPTIONS[36])

AE : *Année épigraphique*
CIL : *Corpus Inscriptionum Latinarum*
IG : *Inscriptiones Graecae*
ILLRP : *Inscriptiones Latinae liberae rei publicae*
ILS : *Inscriptiones Latinae selectae*

PISTES DE LECTURE

ANDERSON James C., *Roman Architecture and Society*, Baltimore, Johns Hopkins University Press, 1997.

AUBERT, Jean-Jacques, éd., *Tâches publiques et entreprise privée dans le monde romain : actes du diplôme d'études avancées, universités de Neuchâtel et de Lausanne, 2000-2002*, Genève, Droz, 2003.

POBJOY, Mark, « Building Inscriptions in Republican Italy. Euergetism, Responsibility, and Civic Virtue », *Bulletin of the Institute of Classical Studies. Suppl. 73. The epigraphic Landscape of Roman Italy*, 2000, p. 77-92.

---

36 Pour les références littéraires, les abréviations suivies sont celles des dictionnaires Gaffiot et Bailly.

COMMENTAIRES

MESURER, ESTIMER, CORRIGER

Commentaires de comptes en expertise au XVIIIe siècle

Dans le domaine de la construction, les pratiques comptables sont fréquentes. Les traces de celles-ci se trouvent dès le Moyen Âge – sans doute plus tôt – dans des livres comptables des maîtres d'œuvre, comme pour toute entreprise commerciale, voire dans des registres de comptabilité publics lorsque le commanditaire est une personne publique (seigneur du lieu ou de l'État, prévôt représentant la cité, etc.). Des matières premières (pierres, bois, sable, métal) sont achetées, stockées puis transformées dans l'atelier ou sur le chantier par une main-d'œuvre issue des différents métiers du bâtiment. L'acte de bâtir, dans ses modalités contractuelles entre maîtres d'ouvrages et maîtres d'œuvre, est juridiquement matérialisé dans un devis et marché ou prix fait (davantage dans le sud de la France). Ils sont conservés le plus souvent par les notaires du lieu où se déroule le chantier, mais peuvent ne pas recouvrer cette solennité et n'être rédigés qu'entre les parties et conservés entre eux, sous seing privé comme il est d'usage de nommer de tels actes. Lorsque le travail est réalisé, l'artisan rédige un mémoire récapitulant les travaux faits avec le détail des prix à lui régler, faisant office de facture[1]. Dans le cadre de marché public, la soumission réalisée à partir des devis constitue un acte essentiel de l'adjudication des marchés. Toutes ces transactions de travail sont utilisées comme garantie de l'exécution des obligations des parties les unes envers les autres. Elles se retrouvent sur le bureau du juge en cas de contestation et entre les mains des procureurs qui représentent les parties en cause. Parce qu'elles réclament de la clarté pour leur compréhension, lorsqu'elles sont relues et utilisées par des regards extérieurs (à des fins de contrôle, de vérification, de réception, de règlement ou de procès) les pièces justificatives/préparatoires à la réalisation d'une comptabilité concernant une construction se doivent

---

1   Il semble qu'il ait toujours existé une confusion entre devis et mémoire.

d'être classées, ordonnées et respecter des règles d'écritures simples, mais surtout admises de tous.

Ni les parties, ni les juges, sauf exception[2], ne sont *a priori* compétents pour apprécier une pièce comptable, d'où l'usage de l'expertise qui dévolue ce rôle aux experts. Qu'il s'agisse d'une saisie gracieuse (ou volontaire) de parties privées ou contentieuses dans le cadre d'un procès judiciaire, le recours à l'expert, ou à plusieurs experts le cas échéant, permet de demander à des personnes compétentes et reconnues comme telles parce que détentrices d'un office d'expert[3], de délivrer en mobilisant leurs sens, leurs gestes et leur raison[4] un avis, une aide à la décision pour indiquer la voie à suivre qui réponde aux interrogations que se posent les parties. Dans le cadre d'un projet collectif sur l'expertise constructive à Paris à l'époque moderne[5], nous avons dépouillé et analysé plus de 5 000 procès-verbaux[6] d'expertise conservés dans le fonds Z/1j des Greffiers des bâtiments aux Archives nationales. Le champ de compétence de telles expertises est défini largement, de manière assez imprécise, en ces termes : « pour y faire toutes les visites,

---

2   Dans les cas où soit les parties soit les juges sont membres des communautés de métiers du bâtiment ou architectes, dans le cadre, par exemple, de la Chambre royale des bâtiments. Cependant, même dans ces cas de figure, la procédure de l'expertise est sollicitée pour davantage d'équité.

3   Le titulaire d'un office d'expert, qu'il l'ait acquis ou dont il aurait hérité, ne valide sa compétence que préalablement à sa réception par le contrôle de son savoir par le biais d'un examen devant un jury composé de membres du corps dont le doyen, le syndic et quatre interrogateurs nommés d'office par le Châtelet et présidé par le Lieutenant civil. Les quatre épreuves semblent portées sur le toisé, la géométrie pratique, la coutume de Paris et le savoir constructif. *Cf.* Nicolas Lemas, « Les hommes de plâtre. Contribution à l'étude du corps des experts-jurés parisiens sur le fait des bâtiments au XVIIIᵉ siècle », *Paris et Île-de-France, Mémoires*, tome 54, Paris, 2003, p. 93-148, et précisément p. 103-106.

4   Robert Carvais, « L'intelligence des sens, des gestes et de la raison. Les outils de l'expert du bâtiment, 1690-1790 », in les actes du 4CFHC, Alger, e2id / Picard, à paraître.

5   Le projet EXPERTS est intitulé précisément « Pratiques des savoirs entre jugement et innovation. Experts, expertises du bâtiment, Paris, 1690-1790) ». Participent à cette recherche pluridisciplinaire soutenue par l'ANR sur la période 2018-2022 : Michela Barbot, Emmanuel Château-Dutier, Valérie Nègre et moi-même. Nous sommes aidés par les post-doctorants et ingénieurs de recherche suivants : Juliette Hernu, Léonore Losserand, Yvon Plouzennec et Josselin Morvan.

6   Ce chiffre représente les expertises réalisées sur une dizaine d'années entre 1690 et 1790 (toutes les années se terminant par le chiffre « 6 »). Les expertises sont conservées sur une période plus longue (depuis 1610, avec des lacunes jusqu'en 1636). Notre recherche commence au moment où la royauté modifie le statut des experts par le biais d'un édit de mai 1690 par lequel il est créé en titre d'office deux colonnes d'experts : la première composée des architectes-bourgeois experts et l'autre des experts-entrepreneurs.

rapports des ouvrages tant à l'amiable que par justice, en vertu des
sentences, jugemens & arrests de toutes nos cours & juges, en toute
matière pour raison de partages, licitations, servitudes, alignement,
périls imminents, visites de carrières, moulins tant à vent qu'à eau,
cour d'eau & chaussées desdits moulins, terrasses & jardinages, toisez,
prisées, estimations de tous ouvrages de maçonnerie, charpenterie,
couverture, menuiserie, sculpture, peinture, dorure, marbre, serrurerie,
vitrerie, plomb, payé et autres ouvrages, & réceptions d'iceux, & généralement de tout ce qui concerne & dépend de l'expérience des choses
cy-dessus exprimées[7]. » Cette liste à la Prévert des objets concernés
par la procédure d'expertise ne nous donne que peu d'informations
afin d'établir une typologie des procès-verbaux. Leur dépouillement
a permis de dégager cinq catégories d'expertise, sans *a priori* tenir
compte du caractère contentieux ou volontaire des affaires, et qui
correspondent à cinq types d'actions des experts :

- Estimer la valeur des biens
- Recevoir et évaluer le travail réalisé
- Décrire et évaluer les travaux à venir
- Enregistrer un état de fait
- Départager une situation conflictuelle

Dans cette typologie dont le volume et le domaine de définition
varient dans le temps en fonction de critères qui nous restent à découvrir,
nous remarquons que les trois premiers types ont une forte connotation
économique autour de la valeur des choses (objets et activités). Bien qu'au
stade actuel de notre recherche, il nous soit impossible de donner des
chiffres précis, nous pouvons dès à présent constater que ces trois activités
de l'expert se trouvent être largement majoritaires. Elles réclament la
manipulation mathématique de quantités, en termes de mesures et de
prix, et nécessitent l'usage de calculs arithmétiques simples, mais qui
doivent paraître transparents pour un contrôle potentiel des parties ou
du magistrat le cas échéant.

Les procès-verbaux d'expertise sont ordonnés et structurés selon le
plan suivant :

---

7   Édit de mai 1690 portant création de 50 jurez-experts et de 4 greffiers de l'écritoire à
     Paris.

1/- Ouverture,
2/- Rappel des missions et des actes juridiques qui ont amené à l'expertise,
3/- Dires des parties, le cas échéant,
4/- Visites des lieux (description souvent générale),
puis 4bis/- Examen des éléments par les experts avec constitution de leurs avis,
5/- Avis (dispositif de l'expertise).

Si les experts sont contraires, ils se prononcent l'un après l'autre avec leurs arguments respectifs. En cas de tiers expert, chacun des premiers experts s'exprime ou est rappelé pour énoncer son avis, le tiers donnant son avis en dernier. Les procès-verbaux renvoient souvent à des pièces annexes de toutes sortes, en partie jointes : plans et croquis, calcul du coût de l'expertise, mémoires de travaux, originaux de nomination du ou des expert(s), brouillons… Les éléments comptables sont partagés entre la partie 4bis, dans laquelle les experts développent leur raisonnement afin de répondre à leur mission, et les annexes quand il s'agit des mémoires de travaux qui ont servi de point de comparaison entre les travaux envisagés et ceux réalisés. Ils apparaissent souvent assez surchargés et raturés et demandent un décodage pour être compris des chercheurs. Sans doute les destinataires initiaux de ces pièces comptables avaient-ils l'habitude de manier leur structure et leur écriture complexe. Les listes de travaux, avec le calcul de la valeur de ces derniers, sont fréquemment utilisées. Elles sont amenées à contenir des descriptions d'opérations constructives (constructions de tous ordres, qu'il s'agisse de l'état de l'existant, des projets à venir concernant ses améliorations, ses réfections, ses réparations, voire sa démolition totale ou partielle), mais également à établir des comptabilités de coûts des travaux. Pour une meilleure concentration dans son activité comptable, il arrive que l'équipe d'expertise organise plusieurs vacations au bureau des experts ou des greffiers, rue de la Verrerie, avec ses notes de terrain, plutôt que sur le site même de la visite, afin d'effectuer ses opérations comptables. Les calculs nécessitent alors des bordereaux particuliers pour le relevé précis des mesures par types d'ouvrages, les additions et les multiplications pour la prisée et l'estimation.

Afin de réaliser ces calculs, les experts procèdent en trois étapes successives, mais qui ne s'appliquent pas sur le même document :

— La première se nomme « toisé[8] » : c'est-à-dire mesurer en toise les tâches des artisans maçons, charpentiers et autres gens des métiers de la construction. Chaque type d'ouvrage fait l'objet d'une décomposition en nomenclatures[9] (notées sous forme d'abréviations), selon la coutume de Paris[10]. Par exemple, la maçonnerie est évaluée en volume et répartie entre ouvrage léger, mur de 9 pouces, mur de 16 pouces, mur de fondation, mur de refend, mur de face, mur d'échiffre, mur de libages, mur mitoyen, mur de clôture, mur plus fer, tuyaux, pierre de taille d'Arcueil, de Liais (classées par leur épaisseur), moellon de 3 pouces, murs de plâtre, de plâtras, percement, voûte, ravalement, marche de pierre, etc. La charpenterie distingue le bois neuf et le bois vieux remployé, comme la couverture le type de tuiles vieilles, neuves, en recherche ou maniées à bout, comme le carrelage neuf ou récupéré, la plomberie et la serrurerie (souvent mesurées en unité de poids), la menuiserie, la vitrerie, la peinture,

---

8   La littérature technique relative au toisé est assez riche. Elle tourne autour des œuvres de l'architecte et ingénieur du roi Pierre Bullet, d'Antoine Desgodets, professeur à l'Académie d'architecture, et probablement des architectes Jean Rondelet et Joseph-Madeleine-Rose Morisot. Pour plus d'informations sur le sujet, lire le numéro d'*Histoire & Mesure* (XVI-3/4, 2001) consacré à « Mesurer les bâtiments anciens », sous la direction de Philippe Bernardi. Lire sur la période qui nous concerne ici : Claude Mignot, « Toisé et convenance. Une expertise à Paris, en 1661 », in Jacques Guillerme, dir., *Amphion. Études d'histoire des techniques*, Paris, Picard, vol. 1, 1987, p. 49-57. ; Juliette Hernu-Bélaud, « La science du toisé à l'œuvre : *l'Architecture pratique* de Pierre Bullet, 1691 », *Histoire de l'art*, n° 67, 2010, p. 39-45 (DOI : https://doi.org/10.3406/hista.2010.3332), Robert Carvais, « Mesurer le bâti parisien à l'époque moderne. Les enjeux juridiques et surtout économiques du toisé », *Histoire urbaine*, 2015/2, n° 43, p. 31-53. Michela Barbot, Robert Carvais. « Les livres sur le toisé et l'estimation en France et en Italie (XVIe-XIXe siècle) : circulations, continuités, ruptures », in Liliane Hilaire-Pérez et al., dir., *Le livre technique avant le XXe siècle : À l'échelle du monde*, Paris : CNRS Éditions, 2017. (p. 243-260) Web. http://books.openedition.org/editionscnrs/27736 (consulté le 3 juillet 2021). Michela Barbot, Robert Carvais, Dirk Van de Vijver, « Les livres des mesures du bâtiment (toisés). Projets d'enquête sur un medium (France, Italie, Belgique, XVe – XIXe siècles) », in Gilles Bienvenu, Martial Monteil, Hélène Rousteau-Chambon, dir., *Construire ! Entre Antiquité et Époque contemporaine*, Paris, Picard, 2019, p. 409-417.

9   Cette nomenclature se retrouve dans les ouvrages de toisés comme les différentes éditions de *l'Architecture pratique* de Bullet et dans les *Almanachs royaux* qui, de 1706 à 1720, donnent le « prix des ouvrages ordinaires qui se font actuellement dans Paris, tant de massonnerie, charpenterie, couverture, plomberie, gros fer, menuiserie, serrurerie, etc. » sur plusieurs pages, juste après la liste des experts et greffiers des bâtiments.

10   Nous avons déjà montré que le rapprochement du toisé à la coutume relève du symbolique davantage que de la réalité ; *cf.* Robert Carvais, « Mesurer le bâti parisien », *op. cit.*, p. 41-43.

le pavement, etc. Quand le travail effectué n'est pas mesurable tant en actions qu'en matériaux, l'évaluation s'effectue directement en monnaie (salaires, travail à la tâche...) ou argent, noté « arg ». Au bas de chaque page, un récapitulatif des mesures opérées dans la page est proposé pour aider au calcul final.

EXEMPLE DE TOISÉ :
APPLICATION D'UNE MÉTHODE DÉLICATE

Z/1j/480/28 : 5 mars 1706

[Toisé, prisée et estimation d'ouvrages de maçonnerie en une maison, rue St Germain, entre les sieur et dame de Rieucourt et le sieur Denis Gobin, me maçon à Paris ; Monsieur La Joue, expert / Déclaré au bureau ledit Joue a payé à la bource à me Villain 17 # 5 s. le 1 mars 1707, et à la bource des experts 6 # payé au sieur Guillin le 21 mars 1707]

Aujourd'hui vendredi, cinquième jour du mois de mars mil sept cens six, huit heures du matin, Nous, Jacques de La Joue, expert juré du roi entrepreneur des bastimens à Paris nommé [et] convenu par me Charles de Rieucourt et dame Marie Anne de Franciny son espouse séparée quant aux biens dud. sieur de Franciny et authorisée par justice à la poursuitte de ses droitz et par le sieur Denis Gobin, maître maçon à Paris par leur escrit sous seing privé deu vingt-deux ou vingt-quatre fébvrier mil sept cent six, lequel demeurera annexé à la minutte du présent pour nous servir de pouvoir et duquel la teneur en suit ; Nous soussignez, reconnaissons avoir donné à Monsieur de La Joue plein et entier pouvoir de régler le mémoire des ouvrages de maçonnerie que me Gobin prétend avoir fait en nostre maison scize rue St Germain et d'en faire l'estimation, à la charge néanmoins de distinguer entre ces ouvrages, ceux que mond. sieur Gobin prétend avoir fait et qu'il estoit obligé de faire au désir et en exécution du procès-verbal de rapport fait par mond. sieur de La Joue, au cas que mond. sieur Gobin prétend avoir fait d'une mutation, promettant à nous le tout pour agréable, [estant] à nostre / [fol. 1 vº] esgard à Paris ce vingt-deux fébvrier mil sept cens six, signé de Riaucourt Marie, veuve Francine et moy Gobin entrepreneur qui a fait lesd. ouvrages donne par ce pouvoir que dessus à mondit sieur de La Joue promettant en passer par son advis à Paris, ce vingt-quatre fébvrier mil sept cent six. Signé Gobin, en conséquence duquel pouvoir, nous expert susd. sommes transportez dans une maison scize en cette ville de Paris, rue et paroisse St Germain de Lauxerrois appartenant à lad. dame Franciny [mot illisible sans doute barré] assisté de maître Pierre Baudouin, greffier des bastimens à Paris, auquel lieu estant nous avons pris lecture du susdit pouvoir [et : mot barré] cy dessus ès noms ensemble du marché et dernier fait par lesd. sieur et dame de Riancourt par devant Projet et Angot, notaires au Châtelet de Paris, le six juillet mil sept cens cinq avec ledit sieur Gobin dont est resté minutte aud. Angot notaire après laquelle lecture nous expert susdit avons proceddé à la visitte, prisée et estimation [faits : mot barré] par ledit sieur Gobin en la susd. maison cy-devant déclarée [mot illisible barré] et de nous dressé notre présent procès-verbal qui a esté reçu par led. Baudouin / [fol. 2] greffier des bastimens, ainsy qu'il en suit :

[en marge L.] Premièrement la souche de cheminée à 3 tuyeaux du corps de logis sur la rue adossés contre le mur mitoyen vers mr. Gouppy cont. 22 p. ½ de hault, compris la fermeture et l'épesseur du plancher du grenier sur 13 p. ½ de pourtour, vault .... 8 t. 15 p. ¾

[en marge aucune indication] Les languettes servant de dossiers au derrière des tuyeaux cont. 13 p. ¾ de longueur, 5 p. de hault, compris la fermeture, vault ... 2 t. 6 p. ¾

[en marge L.] Le manteau de cheminée dud. grenier cont. 6 p. ¼ de hault sur 6 p. ¾ de pourtour, vault .... 1 t. 6 p. ¾

[en marge L.] Le tuyeau de cheminée au-dessus cont. 15 p. ½ de hault sur 5 p. ¾ de pourtour, vault .... 2 t. 16 p. ¾

[en marge L.] Les sallyes de lad. souche évaluées .... 1 t. ½ 5 p. ¼

[en marge L.] Le tuyeau de cheminée de la chambre de derrière, à costé de l'escallier cont. 17 p. ½ de hault, compris la fermeture et l'épesseur du plancher du grenier sur 5 p. ½ de pourtour, vault .... 2 t ½ 6 p. ¼

[en marge L.] La languette servant de dossier cont. 5 p. de hault, compris la fermeture, sur 4 p. de long, vault .... ½ t. 2 p.

Légers 17 t. ½ 16 p. ¾
1   6

/ [fol. 2 v°]

[en marge : L.] Les sallyes évaluées à .... ½ t. 6 p.

[en marge : M.] Le mur mitoyen et de dossier au-dessous cont. 35 p. ½ de long compris l'espesseur de celui en retour vers un de sailis sur 17 p. ½ de hault compris l'espesseur du plancher du grenier dont à déduire 11 p. ¾ de long sur 2 pouces ½ de hault pour ce qui n'est sy hault eslevé au-dessus de l'escalier, reste pour moytié [valeur raturée] 8 t. ½ 5 p. ½ .... 8 t. ½ 5 p. ½

[en marge M.] Le mur en retour vers rue du Sentier cont. 4 p. ¾ de hault pris par le milieu sur 11 p. de long, vault .... 1 t. 16 p. ¼

[en marge L.] Les joues de la noue du grenier vers la rue, évaluées à .... 13 p. 3/2

[en marge L.] Le soubassement d'apuy simple de la terrasse, évalué à .... 4 p. ½

Murs 10 t. 3 p. ¾
Légers 1 t. 6 p. ¼

[en marge arg.] Puis a esté demolly la maçonnerie de la travée de plancher du grenier joignant le mur mitoyen et les gravois portés en terre au champ avec la démolition de la cloison de refent séparant led. grenier vers un de saillis et le petit escallier et costé qui ont aussy esté démollies et les gravois enterrez et la démolition de plancher du grenier au-dessus de la chambre sur l'escallier et pallier dud. escallier, ensuitte la démolition du pan de bois de face vers la cour et cloison au pourtour de l'escallier et de l'échiffre, la place desquelles démolitions et enterrement des gravois est restée garnie / [fol. 3 r°] avons faits d'autres ouvrages à la place, pour raison de quoy j'ay prisée et estimé lesd. démolitions et gravois ensemble en la somme de 50#, cy... 50#

[en marge L.] Le manteau de cheminée de la chambre sur l'escallier cont. 6 p. ½ de hault sur 6 p. ½ de pourtour, vault.. 1 t. 6 p. ¼

[en marge M.] La portion de mur vers mur de sailies à coster de celuy mitoyen fait de neuf cont. 6 p. ½ de hault sur 2 p. ½ de long, vault...............................16 p. ¼

[en marge L.] Le plancher de lad. chambre au-dessus de l'escallier, ourdi plein scellement cont. 16 p. 1/3 de long sur 9 p. ¾ de large à déduire 5 p. ½ sur 4 p. ½, restel t. 8 p. ¾

[en marge L.] Le manteau de cheminée de la chambre en galletas vers la rue cont. 8 p. ½ de hault sur 6 p. ¾ de pourtour, vault .... 1 t. ½ 3 p. ¼

[en marge L.] Les sallyes de la plainte évaluées à .... 3 p. ¾

[en marge L.] Le tuyeau passant à costé dud. manteau vers la rue cont. 9 p. ¼ de hault comp. L'espesseur du plancher sur 5 p. ½ de pourtour, vault .... 1 t. 14 p. ¾

[en marge L.] Les tuyeaux passant à costé cont. 9 p. ¼ de hault compris l'espesseur du plancher sur 4 p. ½ de pourtour, vault... 1 t. 1 p. ½

[en marge L.] Les tuyeaux rampan évalués à..13 p. ¾

mur	16 p. ¼
légers	6 t. ½ 16 p.
argent	50#

[...]

FIG. 1 – Reproduction du fol. 3 r° du procès-verbal du 5 mars 1706
ci-dessus transcrit. Archives nationales de France Z/1j/480/28.

– La seconde étape consiste à affecter un prix à l'unité de mesure cal-
culée plus haut (c'est la prisée). Le calcul de multiplication entre le
prix et le nombre d'unités aboutit à des estimations regroupées à la
fin du procès-verbal (quand celui-ci est court et que les opérations ne
sont pas nombreuses, l'estimation peut se fait directement en marge).
D'où les experts connaissent-ils les prix du travail (matériaux et pose
comprise) ? Il est important de noter que la valeur du travail est
consignée dans nombre d'ouvrages, comme les versions successives de
l'Architecture pratique[11] et autres toisés qui devaient servir de référence
aux experts. Cependant, les prix des matériaux, à défaut de ceux de la
main d'œuvre, sont assez fluctuants selon les lieux et il est alors fort
probable que les prix soient fixés selon les usages de leur pratique.
L'opération comptable se complexifie lorsque les avis des experts
sont contraires. Les positions respectives des experts sont alors
notées en marge afin que la position du tiers expert se détache,
souvent sous la forme d'un jugement de Salomon. Les détails sont
intéressants à étudier de près pour évaluer les points de désaccord
ou d'accord entre les experts. Sur quels critères jouent les experts :
la manière de toiser ou le prix unitaire ?

EXEMPLE DE PRISÉE :
LA TRANSFORMATION DES MESURES EN VALEUR

Z/1j/480/28 : 5 mars 1706 – même affaire que précédemment

[fol. 6]

….

Ayant ensuite faits les calculs et supputations de tous lesd. ouvrages de maçonnerie
tant ceux faits suivant le marché [mot semble barré] de naultre marché cy-devant
datté que ceux d'augmentation qui ont esté nécessaires au sujet de la reconstruction
du mur mitoyen qui a esté reconstruit desquels ouvrages il y en a les murs de moillon
de différentes espesseurs et la quantité de seize toises, un pied un quart que j'estime
à raison de seize livres la toise et ce que de l'espesseur en un service pour parvenir à

---

11   Voir le volume 5 dédié à l'édition de l'*Architecture pratique* de la thèse de Juliette Hernu-
      Bélaud, *De la planche à la page. Pierre Bullet et l'architecture en France sous Louis XIV*, thèse
      d'histoire de l'art, Université Paris-Sorbonne, 2015.

la construction revenant lad. quantité aud. prix de en la somme de quatre cens seize livres dix sols cy..416 # 10 s.
De légers ouvrages de plastre la quantité de cinquante [trois : raturé] quatre [en marge] toises et demy [cinq : mot barré] onze pieds que j'estime en raison de / [fol. 6 v°] sept livres la toise eu esgard à la qualité desd. ouvrages revenant aud. prix à la somme de trois cent [quatre-vingt-deux livres dix-neuf sols six deniers, cy : en marge] [soixante-quatorze livres seize sols : barré..........................382 # 19 s. 6 d.
De saillyes de pierre cinq pieds un quart que j'estime valloir la somme de deux livres dix sols cy... 2 # 10 s.
Plus les articles estimés en argent et tirés en marge dud. rapport montant ensemble à cent cinquante-six livres cy..156 #
Plus pour la permission de messieurs les trésoriers de France à cause de la permission d'encorbellement aux saillyes sur la rue dont led. sieur Gobin prétend avoir payé et de borner la somme de quatorze livres cinq sols dont il doit reporter la quittance dud. payement cy. .... 14# 5 s.

Somme totalle et généralle à quoy montent tous les susd. ouvrages à la somme de neuf cens soixante [en marge : douze livres quatre sols six deniers] [quatre : barré] [livres un sou : devrait être barré] dans laquelle estimation sont compris les ouvrages d'augmentation aud. devis et marché lesquels montent en particulliers suivant la / [fol. 7] réduction par moy faite en la somme de deux cent livres tant sur plan et temps les ouvrages contenus aud. devis et marché et qui montent ensemble comme cy devant est dit à la somme de neuf cens [en marge : soixante-douze livres quatre sols six deniers] [soixante-quatre livres un sol : barré] .... 972 # 4 s. 6 d.
A ce que dessus a esté vacqué tant de matin que de relevée et que je certifie véritable et fait et arresté sur lesd. lieux led. jour mois an à ce que dessus.

Signés La Joue et Baudouin
[en marge : Receu mon préciput de six livres. Signé La Joue]

— Enfin, les experts, en cas d'accord, ou le tiers le cas échéant, opèrent une diminution ou augmentation finale, pour corriger les approximations de mesures, la non-réalisation de travaux, des matériaux remployés voire d'éventuelles erreurs (comme des réductions inexactes de bois neufs au préjudice de l'ouvrier) ou plus rarement des augmentations. Le toisé peut également faire l'objet de réduction ordinaire de simplification d'unité selon la coutume de Paris[12], selon laquelle les pieds et pouces ne sont comptés qu'en pieds accompagnés d'une équivalence des pouces en fraction de pied.

12 Thomas de Bléville, *Traité du toisé contenant la réduction des ouvrages de maçonnerie en toises carrées, cubes ou solides, les us et coutumes de Paris, Traité du bois carré réduit au grands cents,*

Les modifications, dans le cas où un devis ou un mémoire est révisé lors de l'expertise, ce dernier se trouvant annexé au procès-verbal, portent tant sur la mesure (*cf. supra*) que sur la valeur, lorsqu'une opération ou un bien n'est pas mesurable. Ces gestes comptables méritent des explications précises. Il semble que le devis est une pièce anticipatrice du chantier préparé et donné au maître d'ouvrages afin qu'il connaisse le coût des opérations qu'il commandite et qu'il se décide en fonction. Le mémoire en revanche est établi après travaux, mais peut comporter des valeurs non validées par toutes les parties. Au moment de l'expertise, la situation est différente, le chantier s'est déroulé avec ses phases d'hésitation, de repentir, de modification, d'adaptation du projet dans sa phase de réalisation. L'expert vise le travail réalisé et de fait opère un réajustement entre ce qui était prévu initialement *in abstracto* et ce qui a été effectivement réalisé *in concreto* ou régularise la valeur estimée par l'artisan pour sa réalisation par rapport à ce qu'il estime qu'elle devrait être. À ce stade, les modifications se justifient par l'objectivation de la réalisation des travaux et de leur valeur.

L'opération de réduction se déroule *in situ* le devis ou le mémoire à la main. Le document est raturé, annoté, apostillé, surchargé et corrigé. L'expert prend alors des notes sur des feuilles ou cahiers isolés[13] qui lui permettront de faire les calculs au calme au bureau

---

Paris, Chez Cl. Hérissant, 1748. Cet ouvrage donne également des méthodes pour toiser des éléments de constructions, offre des méthodes pour effectuer facilement des opérations mathématiques dans le cadre de toisé, partage des conseils de rédactions des devis et commente des articles de la coutume de Paris. Il est constitué de tables, mais aussi de nombreux exemples développés.

13 La démarche de la réduction est précisée par exemple dans l'affaire 663/54 du 9 juillet 1736 (Visite et estimation d'ouvrages de maçonnerie faits en une maison, size St Martin, faisant face et ayant issue sur la rue du Cimetière St Nicolas des Champs, par le sieur Nicolas Paumier, juré expert-entrepreneur, pour le sieur Cousin, me boulanger, propriétaire, maître d'ouvrage ; M. Le Sueur, expert ; M. Chevallier, greffier). Notons qu'une des parties est elle-même un expert. « Les calculs et réductions de chaque espèce d'ouvrages suivant nos apostilles et réformes tirées le montant de chaque article en marge à gauche sur led. mémoire, puis faits les rélevés de chaque espèce desd. ouvrages par différentes colonnes sur des papiers séparés, ensuite fait addiction du tout à quoi comme devant est dit, nous exprès avons employés nombre de vacation et de quoi nous ne faisons et plus emplémentier pour éviter à frais et satisfaire audit réquisition du 16 juillet, nous avons trouvé que lesdits ouvrages de maçonnerie, faits par le sieur Paumier pour ledit Cousin depuis led. marché fait jusqu'au mois de février 1735 à ce qu'il est dit au commencement dud. mémoire, montent suivant nos réformes aux quantités ci-après savoir : [etc.] » (fol. 8).

des experts, en contrariété avec la coutume de Paris qui oblige les experts à toujours opérer sur site[14]. Pour ne pas surcharger le procès-verbal enfin, il se contentera de ne citer dans le procès-verbal qu'un récapitulatif des calculs et des valeurs nouvelles visées dans son avis[15].

L'usage de brouillon est explicité dans l'affaire 1157-50 du 29 novembre 1786 (Estimation d'ouvrages de maçonnerie faits par le sieur Valladon en l'hôtel des Orphelins militaires, rue de Serret hors Barrière ; MM. Blève et Desjardins, experts ; M. Picquenon, greffier). Les experts se retrouvent au « Bureau des experts et greffiers, rue de la Verrerie pour procéder aux calculs du toisé, réductions et évaluations des ouvrages dont est question d'après les mesures par nous reconnues et fixées sur le mémoire lors / de la vérification. Nous avons aussi fait estimation en argent des articles non compris dans le toisé et avons porté en marge du mémoire le montant par nous calculé de chaque article fait en argent. Ayant achevés lesdits calculs, nous avons fait sur bordereaux particuliers le relevé des quantités restantes desd. calculs pour l'effet duquel lesdits ouvrages se sont trouvés revenir ainsi qu'il suit. » (fol. 2 r°-v°).

14 Cela est parfois explicitement exprimé, par exemple dans l'affaire 1156-40 : 17 octobre 1786 (Visite de construction et réparations à faire en une maison, rue Ste Geneviève à la requête du sieur Dejabin ; M. Taboureur, expert ; M. Liébault de la Neuville, greffier) en ces termes : « procéder au calculs, réductions et estimations des ouvrages de toutes natures en notre bureau, d'après la vérification que nous en avons faite et en l'absence des parties et vue l'inutilité de nostre présence sur les lieux et le peu de commodité qu'il y aurait pour nous de procéder à ce genre d'opérations dérogeant à cet égard à l'article de la coutume qui veut que les procès-verbaux soit clos sur les lieux qui les ont nécessité » (fol. 3).

15 *Cf.* par exemple l'affaire 1158/5 du 2 décembre 1786 (Visite et estimations d'ouvrages de maçonnerie, à la Haute Courtille, à la requête dud. Dambas, me maçon ; MM. Dumont et Jean Etienne Villetard fils, experts ; M. Liébault de la Neuville, greffier) : « Nous avons procédé à faire les calculs et réductions desdits ouvrages de maçonnerie ayant esgard aux notes et observations par nous faites par les 3 mémoires lors de la vérification desd. ouvrages et avons tiré sur la marge desdits mémoires le résultat de nos opérations dont nous ferons ensuite un relevé pour y mettre les prix convenables, lesquels mémoires pour éviter tant à frais qu'à prolixité, nous ne transcrirons pas, mais nous rapporterons le résultat de nos estimations par une récapitulation. »

EXEMPLE DE RÉDUCTION : LE JEU DES CORRECTIONS

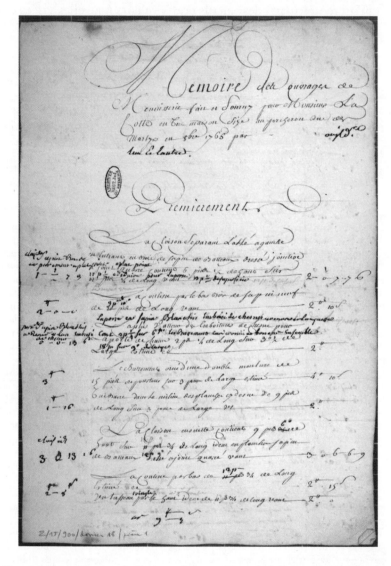

FIG. 2 – Reproduction de l'annexe 1 du procès-verbal d'expertise du 11 mars 1766, ci-dessous transcrite, 3 pages. Archives nationales de France Z/1j/900/18.

Z/1j/900/18 : 11 mars 1766 ; visite et estimation d'ouvrages de menuiserie en une maison, rue des Martyrs aux Porcherons, à la requeste du sieur Antoine Thouyré dit Blondin, me menuisier contre le sieur La Cotte ; Antoine Pérard expert architecte ; M. Jean-Charles Simon Gobert, greffier.

Pièce annexe 1[16] :

Cette pièce comporte trois types d'écriture. La première main anonyme a transcrit le mémoire du menuisier (Antoine Thouré dit Blondin) pour le travail réalisé pour le sieur La Cotte. La seconde main (que nous avons transcrite en gras pour une meilleure compréhension du document) est celle de l'expert Pérard qui précise et corrige le travail réalisé et en réduit les dimensions et les prix. Cette main s'exerce souvent au crayon noir (le plus souvent illisible) qui est repassée à l'encre, voire encore modifiée avant le passage à l'encre. La 3e main est celle du greffier qui valide avec Pérard le document pour être annexé au PV.

Mémoire des ouvrages de menuiserie fait et fourny pour Monsieur La Cotte en une maison size au Porcheron, rue des martyrs, en octobre 1765 par [blanc] **où il d[emeure]e l'un et l'autre**

	Premièrement
Cloison de sapin brute avec piètement à plat joint. 1 – 2/~ - 73	La cloison séparant l'allé à gauche en entrant en bois de sapin de batteaux dressé jointive, joint à **plat joint** quarré [contien-] 6 pieds ½ de haut sur 12 pieds ¼ de long vaut...............2 – 0 – 7 – 76 **11 p. ½ à déduire pour la porte, 13 p. ½ de superficie.**
2 # - 0 - 0	La coulisse par le bas bois de sapin neuf de **9 pieds** 10 10 pieds de long, vault.........................2 # 10 s.
Paroi de sapin blanchis a[ve] c rénur et l'un emboité de chesne. 0 – 0 – 13 6	La porte en sapin blanchis emboité de chesnes à tenons et languettes cont. 2 p. ¼ sur 6 p. les **battements carderonné et bouveté**[17] **ensemble 18 p. sur 3 ° de large.** La plus valleur des emboitures de chêne pour la porte de [chacun] 2 pd ¼ de long sur 3 ° ½ de large estimé à... 2 #
3 #	Les battements ornés d'une double moulure de 15 pieds de pourtour sur 3 pouces de large est imé..4 # 10 s.

---

16 Nous tenons à remercier Yvon Plouzennec et Frédéric Rieu, ébéniste à Saint-Sernin (Ardèche) de nous avoir aider à déchiffrer ce texte.

17 Pièces de bois assemblées avec rainures et languettes.

1 # 16	[Guidance] dans le milieu des planches cy-dessus de 9 pieds de long sur 3 pouces de large vaut....2 #
Cloison *idem* 3 – 0 – 13 – 16	La cloison ensuite contient 9 pieds [3 : barré] 6 **pouces** de haut sur 11 pieds ¾ de long idem en planches sapin de batteaux [rajout : **12 p. 9 °**] dressé à joint quarré vaut.........................3 – 0 – 6 – 6 – 9
2 # 8 s.	La coulisse par bas de [11 pds : barré] 12 p. ¾ de long estimé à.................................. 2 # 15 s.
	Un tasseau [tringle] par le haut idem de 11 pds ¾ de long vaut................................. 2 # 0 s.
Ar 9 # 4 s. / [fol. 1 v°]	
1 # 16 s.	Du côté de l'allé rue Basse dans le milieu de [11 barré] 12 pds ¾ sur 3 ° ½ de large estimé à....2 # 6 s.
Clois. *Idem* 2 – ½ - 1- 10 - 6	Le plancher au-dessus de l'allé *idem* en bois de sapin de batteaux dressé à joint quarré contient 18 pds ¼ de long sur 3 pds ½ de large les deux parties au-devant des portes de chennes de 3 pds ½ sur [chams] 4 pds [1/2 barré] vaut...............2 – ½ - 4 - 6
4 # 16 s. 0	Deux cours de tasseaux portant lesd. planches de chacun 24 pieds de long estimé à.......................6#
Clois. *Idem* 0 – 0 – 10 - 6	Plus une partie de plancher au-dessus dud. plancher de 3 pieds de haut sur 3 pds ½ de large vt............. .... 0 – 0 – 10 - 6
Clois. *Idem* 2 – ½ - 8 – 3	La partie de plancher à droite formant la cloison de l'allé de 11 pds ¾ de long sur [9 p. 8 °] 10 par de haut vaut.............................. 3 – 0 – 9 – 6 **A déduire pour la porte 6 p. sur 2 p. ½ *idem* que dessus.**
Porte *idem*. 0 – 0 – 15 3 # 10 s.	La plus valleur des emboitures de chesne pour la porte et le battement formant chambranle idem au précédent vaut.......................6 # 10 s.
Clois. *Idem* 2 – 0 – 2 - 9	La cloison en planches *idem* ensuitte d'icelle contient 11 pds ½ sur 6 pds ½ vaut.......................2 – 0 – 2 - 9

4 # 6 s.	La coulisse par bas de [23 pds ¼ : barré] **20 p. 9°** estimé à.. 6 #
Clois. *Idem* 12 – 0 – 4 - 9	Au premier étage les cloisons de distributions en sapin de batteaux dressé à joint quarré contiennent [71 pds : barré] **51 p.** de pourtour sur 9 pieds ¾ [rajouté : 8 °] de haut réduit vt...........13 – ½ - 11 – 3 **A déduire pour 4 portes ensemble 9 pi 4° ½ sur 6 p. de haut** *idem* **que dessus.**
16 # 16 s.	Plus de 42 pieds de coulisse par le bas et 42 pds par le haut de 1 ° ½ sur 2° [thoise] neuf estimé à........21#
9 # 10 s.	Plus [barré : 51] **48** pieds de traverses dans le milieu desd. planches estimé à...............................12 # 15 s.
8 # **Porte** *idem*	La plus valleur d'une porte vitré en sapin neuf orné de son chambranle portant 3 ° de profil vaut...12 # 10 s.
1 – 0 – 4 – 6°	**Les trois portes en sapin emboité de chesnes blanchis à [revers] et languettes ensemble 6 p. 9 ° sur 6 p. de haut valle...**
8 #	**La porte vitrée avec panneaux par le bas en sapin cont. 2 p. 3° de large sur 6 p. de haut**
48 – 16 / [fol. 2]	
4 #	**Les chambranles cont. 15 p. 6° de pourtour aud. 3° de profils vaut.**
9 #	Plus pour les trois autres portes les battements formant chambranle orné d'une double monture sur les arrêtes **de 9 lignes** d'ensemble 45 pds de pourtour sur 3 pou. de large vaut 13 # 10 s.
Compris dans les portes	[article barré] Plus pour la plus valleur de six emboitures de chesne de [chamst] 2 pds ¼ de long sur 3 ° ½ de large vt 8 #
1 #	Plus une planche contre la cheminée de 4 pds sur 13 pouc. vaut 1# 10 s.
3 #	Plus un bandeau à la cloison de l'antichambre par le haut entaillé suivant les sollins de 14 pds de long orné d'un bonment estimé à........................4 # 4 s.

4 #	Par changement et ordre de mondit sieur la cloison de face en entrant et celle formant tour d'equere après quelles ont été posé en place les avoir déposé pour faire l'antichambre plus grande et les avoir reposé en place telles quelles sont présentement estimés pour le tems a ce employé et porte de clous ce...12 #
1 #	Plus avoir monté une armoire [barré : et] en bois de lit fourny une vice et un écrou pour ce.........................1 # 10 s.
22 #	
	Les ouvrages au présent mémoire monte de planche de bois de batteaux dressé à joint quarré et jointive 27 toises ½ à 12 #. La toise fait.........................330 #
80 #	Les articles en argent montent à.........................121 #
	Total..451 # 10 s

Revient de cloison en planches de sapin, de bois de batteau brute en parement les joints dressé à plan joints 24 tois. ½ 12 pi. 6 ° au prix de 9 # la livre la toise vaut 223 # 12 s. 6 d.

Des portes en bois de sapin avec tenons et languettes emboisé de chesne 1 t. ½ 15 pieds à 15 # la règle vaut 28 # 15 s.

Articles en argent cy 80 #

_____

Total 332 # 42 s. 6 d.

Signé et paraphé par nous expert et greffier pour être annexé à la minute.
Perrard – Gobert

Que conclure sur ces trois opérations complémentaires qui relèvent de la procédure comptable spécifiquement dans le domaine de la construction ?

La science du toisé est un des fondements de l'art de bâtir. La maîtriser permet d'éviter non seulement des erreurs de conception, mais aussi un fiasco financier. Basée sur une compétence géométrique, toute sa complexité réside dans le fait de combiner à la fois une mesure objective d'un objet élaboré dans sa matérialité et celle de sa réalisation par la main de l'artisan, au point que lorsque le travail est difficilement mesurable, il est directement évalué « en argent ». De plus, sont manipulés des longueurs, des surfaces et parfois des volumes, ce qui modifie sans que l'on s'en aperçoive les unités. Le toisé oblige à beaucoup de clarté dans son exposition afin de permettre un comptage facile et exact. Dans les procès-verbaux, il est ainsi facilité par les récapitulatifs opérés au bas de chaque page, qui laissent apparaître les modalités de calculs : par exemple dans celui du folio 2 r° ci-dessus (*supra* p. 277) dans la colonne des pieds carrés qui contient 15 + 6 + 6 + 16 + 5 + 6 + 2 + 2 de retenus de la colonne précédente, dès que 15 + 6 + 6 + 5 + 2 + 2 donnent 36, le greffier (ou l'expert) note 1 toise carrée sous le total de la colonne des toises carrées. Il reste 16 + 6 qu'il note l'un au-dessus de l'autre dans la colonne des pieds carrés. On imagine que l'auteur de l'opération aura par-devers lui une feuille de brouillon qui servira à l'addition de toutes sommes obtenues par page. Il est clair de plus que la rupture avec la société médiévale dans laquelle l'on comptait en nombres entiers est consommée. Nous n'en sommes pas encore à l'usage des précisions apportées par la pratique de la virgule, mais l'utilisation des fractions régulières pour marquer la précision des mesures constitue déjà une avancée certaine.

L'application de l'opération de multiplication est essentielle durant l'étape de la prisée. Cependant, il faut arrêter les sommes en question, d'un côté les mesures des travaux réalisés qui peuvent, à ce stade, faire l'objet d'une réduction (globalisée d'où les ratures à cet endroit) et de l'autre le prix unitaire estimé par l'expert. Il serait pertinent de se demander quelle est la base des prix à laquelle se réfèrent le ou les experts et si celle-ci peut différer si les experts sont contraires. Convenons que s'il existe quelques listes éparses de prix sous l'Ancien

Régime[18], il n'y a rien d'officiel ni de régulier et surtout rien de mis à jour fréquemment, comme il existera au XIXe siècle avec les séries de prix éditées par Morel « conformes à ceux adoptées » par le Conseil des bâtiments civils[19]. Par ailleurs, plusieurs critères entrent en ligne de compte dans le type de travail correspondant à un prix. Ce dernier dépend avant tout de la typologie usitée par la première étape de toisé (légers ouvrages, murs, tuiles neuves, vieux bois, etc.), mais il est établi en fonction de l'épaisseur de l'objet construit (distinction à propos de l'épaisseur des murs, des talus), du matériau utilisé (moellons, pierre de taille, plâtras, etc.) et de la qualité[20] du travail réalisé (assemblage en menuiserie, modalités de constructions, etc.). Ces trois critères jouent alors un rôle de régulateur entre le prix et le travail, mais complexifient l'opération de la prisée.

L'action de réduction est polysémique, qu'il s'agisse de « ramener quelque chose à un certain état » (comme remettre en place une fracture), ou « la ramener par une transformation à un état plus simple, plus élémentaire » (cuisine, chimie), ou encore dans le même sens, mais dans le but d'en faciliter le traitement ou l'interprétation (informatique, logique, mathématique, métrologie, musique, physique, sémantique), de ramener quelque chose à une dimension physique moindre ou encore de baisser la valeur d'une chose. Le processus de la « réduction en art » procède dans sa première étape de ce rassemblement simplificateur des

---

18   *Cf.* les prix contenus dans les *Almanachs royaux* de 1706 à 1720 sus visés. Les détails et prix des ouvrages de maçonnerie, couverture, charpente, menuiserie, ferrure, etc., et les prix des différents matériaux se trouvent dans les éditions de *l'Architecture pratique* de Bullet à partir de son édition de 1788. L'introduction de ces éléments économiques serait justifiée, selon le préfacier et auteur de cette édition l'entrepreneur Séguin, par l'augmentation des prix des matériaux par rapport à ceux de la main d'œuvre. Ledit auteur a conscience de la fragilité des prix indiqués susceptibles de variations rapides et importantes, comme l'augmentation considérable en 1788 des prix de la tuile et de la brique de Bourgogne. Pierre Bullet dans la première édition de son *Architecture pratique* (1691) s'était bien gardé de fournir des prix « parce qu'ils sont différens selon les endroits où l'on fait travailler, et mesme que les ouvriers sont plus ou moins habiles, et par conséquent plus chers les uns que les autres » (Avant-propos).

19   Emmanuel Château-Dutier, « L'édition du métré et des séries de prix du Conseil des bâtiments civils, 1795-1848 » in Jean-Philippe Garric ; Valérie Nègre ; Alice Thomine-Berrada, éd., *La construction savante, Les avatars de la littérature technique*, Paris, Picard, 2007, p. 103-112.

20   Sous l'Ancien régime, Le terme de « qualité » est souvent utilisé pour le terrain sur lequel on construit ou pour la nature particulière des matériaux, mais rarement pour le savoir-faire.

modalités d'une technique. Dans le cadre des expertises du bâtiment, nous serions à même de rencontrer plusieurs types de réductions : la transformation d'une figure géométrique complexe en une ou plusieurs figures simples afin d'en calculer la surface ou le volume plus facilement ; une opération pour calculer le prix d'un ouvrage ; la diminution (approximation facilitatrice) dans le cadre du résultat d'une opération ; la comparaison des anciennes mesures avec les nouvelles (usages des ¼, 1/3, ½ plutôt qu'une augmentation d'unités secondaires), etc. Mais l'usage le plus fréquent et complexe réside dans la diminution pure et simple des valeurs inscrites dans le devis ou le mémoire, qu'elles soient mesures ou prix, au regard de la vérification *in situ* exercée par le ou les experts sur la réalité du travail réalisé. Cet exercice subtil et délicat est accompagné de justifications correctrices. Le document original est alors raturé à l'excès et devrait susciter un grand intérêt chez les historiens tant dans le détail des observations émises par le ou les experts qu'à l'échelle macro dont il serait intéressant de mesurer l'écart à la baisse du prix des propositions initiales des travaux par rapport à celui de leurs réalisations effectives ou du prix évalué dans la facture par rapport à celui fixé d'autorité par l'expert.

Comme il se doit, les expertises tentent de réduire la part d'incertitude qui existe dans la question initiale qu'ils ont pour mission de résoudre. Cependant avec les outils comptables dont ils disposent et l'état de la science à l'époque moderne, estimer, grâce au toisé, à la prisée et à la réduction, demeure une opération subjective bien inexacte. L'introduction du système métrique, de la précision arithmétique et de la normalisation administrative du Conseil des bâtiments civils eurent en partie raison de cette subjectivité.

Robert CARVAIS
CNRS – Centre de théorie et
analyse du droit
Université Paris Nanterre

COMPTES RENDUS

Isabelle CHAVE, Étienne FAISANT, Dany SANDRON (éd.), *Le chantier cathédral en Europe. Diffusion et sauvegarde des savoirs, savoir-faire et matériaux du Moyen Âge à nos jours*, Paris, Le Passage, 2020, 428 p.

Ce volume multilingue de 428 pages – dont 18 pages de bibliographie en partie finale – richement illustré constitue les *Actes* d'un colloque européen « Le chantier cathédral en Europe » dirigés par Isabelle Chave, Étienne Faisant et Dany Sandron. L'idée de ce colloque fait suite à la candidature commune à cinq pays européens d'inscription au registre des bonnes pratiques de sauvegarde du patrimoine culturel immatériel : des « techniques artisanales et des pratiques coutumières des ateliers de cathédrales, ou *Bauhütten*, en Europe : savoir-faire, transmission, développement des savoirs, innovation ». Leur sélection est effective depuis 2020[1]. Trente-trois contributions organisées thématiquement constituent le corps du volume. On pourrait regretter un certain déséquilibre dans les contributeurs, les architectes, archivistes et historiens de l'art étant bien mieux représentés que les hommes de métiers, archéologues et anthropologues. Ce déséquilibre s'explique en grande partie par le cloisonnement entre les différents domaines de recherche sur le bâti ainsi qu'entre chercheurs et praticiens, encore très prégnant aujourd'hui. Dans leur avant-propos, Isabelle Chave et Dany Sandron reviennent sur l'impact que l'étude des cathédrales a eu sur l'archéologie ou l'analyse du bâti. Cet avant-propos est également l'occasion d'expliciter la démarche des organisateurs de ce colloque qui souhaitaient aborder les chantiers cathédraux dans une optique holistique et anthropologique. Considérés ici comme patrimoine, ils sont le résultat de phénomènes sociaux et culturels. Leur environnement technique, administratif voire juridique est étudié sur le temps long (de l'époque médiévale à nos jours) dans une démarche analogique.

En introduction Isabelle Chave s'intéresse aux ateliers de cathédrales comme patrimoine culturel immatériel (PCI) et revient sur la genèse

---

1 https://ich.unesco.org/fr/BSP/les-techniques-artisanales-et-les-pratiques-coutumieres-des-ateliers-de-cathedrales-ou-bauhutten-en-europe-savoir-faire-transmission-developpement-des-savoirs-innovation-01558 (consulté le 8 mai 2021).

du projet de classement initié par l'œuvre Notre-Dame de Strasbourg et la *Münsterbauhütte* d'Ulm. L'auteure souligne la variété des structures gérant actuellement ces ateliers, des métiers qui les constituent et de leur histoire. Les réseaux transfrontaliers qui existent aujourd'hui entre ces différentes organisations s'observent dès le Moyen Âge. Ce réseau sur lequel s'est appuyé le projet d'inscription a pour vocation de renouveler les pratiques de restauration, de transmettre les techniques traditionnelles et l'esprit qui fonde l'atelier artisanal tout en étant un conservatoire de leur documentation. Il a également pour objectif de valoriser ces savoirs et savoir-faire auprès d'un public varié en impliquant les différents acteurs du patrimoine.

Le premier chapitre thématique « L'Administration des chantiers dans l'histoire » compte dix contributions dont trois en allemand. Il s'ouvre par une proposition de Dany Sandron qui s'intéresse au rôle des cathédrales dans la transmission des savoirs au sein de leur diocèse. Revenant sur les hypothèses des XIXe et XXe siècles, l'auteur questionne l'impact des politiques éditilaires (civiles, militaires et religieuses) au sein des diocèses sur les églises paroissiales. À l'aide d'exemples européens variés (français, espagnols, italiens), cette riche communication croise des données géographiques, artistiques et historiques pour révéler les dynamiques de circulation des savoirs et aborder différemment les chantiers de cathédrales. Mathieu Lours nous plonge ensuite dans les archives d'une instance étatique : la Commission des Secours qui apparaît en France au XVIIIe siècle pour une durée d'environ 50 ans (1727-1788). Ce nouvel acteur permet progressivement au pouvoir royal d'investir les chantiers de construction et de réparation des cathédrales françaises. Les archives donnent à voir l'état de certaines églises, percevoir les modalités de financements et les enjeux politiques qu'ils impliquent au niveau du chantier. E.-M. Seng et M. Silvestri abordent ensuite la réintroduction des *Bauhütten* ou ateliers de cathédrale en Europe aux XIXe et XXe siècles. S'appuyant sur des exemples allemands et espagnols, les auteurs développent les raisons qui ont conduit à reformer certains de ces ateliers. Souvent impulsée par une volonté municipale ou nationale, cette réintroduction des *Bauhütten* avait un caractère identitaire fort et servait à promouvoir l'artisanat à travers la restauration de monuments « nationaux ». Rafaël-Florian Helfenstein décrit la dernière tentative d'achèvement de la cathédrale de Metz par le nouvel Empire allemand, après l'annexion de l'Alsace-Lorraine en 1871. C'est à travers la personnalité de l'architecte en chef, Paul Tornow, que l'auteur nous présente ce grand projet. Pourtant initié par un Empire allemand souhaitant marquer sa présence sur le territoire fraichement annexé, l'architecte messin s'appuie principalement sur les modèles français et les théories de Viollet-le-Duc. Son projet, bien que mal reçu au sein des architectes allemands, a influencé considérablement les Pères des politiques patrimoniales allemandes. Nicolas Lefort aborde ensuite l'histoire de deux ateliers de cathédrales, ceux de Strasbourg et Metz après la réintégration des territoires de l'Alsace-Lorraine par la France. Ces deux institutions connurent deux destins bien différents qui révèlent, en arrière-plan, le fonctionnement très centralisé des Monuments Historiques français et des théories appliquées par ce service lors de projets de restauration. Se concentrant sur l'œuvre Notre-Dame, Sabine Bengel nous plonge dans ces ateliers uniques en France tant par leur fonctionnement administratif que par leur histoire. Mais l'auteur rappelle que le rôle de cette institution ne se limite pas à la conservation et la restauration de la cathédrale de Strasbourg, il s'agit également d'un conservatoire des savoirs, possédant un riche patrimoine historique dont elle est la garante et la promotrice. Franz Zehetner relate l'histoire du chantier de la cathédrale Saint-Étienne de Vienne qui n'a quasiment pas connu d'interruption avant le XVIᵉ siècle. L'auteur illustre l'impact de la *Bauhütte* de la cathédrale sur les idées de conservation et de restauration du patrimoine viennois dès l'époque moderne. Matthias Deml propose l'histoire morcelée de l'atelier de la cathédrale de Cologne. Bien documentée pour l'époque médiévale, les données se font plus rares pour la période allant du XVIᵉ au XVIIIᵉ siècle, époque à laquelle la cathédrale est en ruine. La recréation de la *Bauhütte* à Köln au XIXᵉ siècle et sa riche documentation illustrent les changements que connut l'institution dans son savoir-faire, sa constitution ou son mode de financement. Klára Benešovska nous transporte à Tchéquie pour relater l'histoire d'un inachevé le chantier de la cathédrale de Prague qui dura près de six siècles, marqué par des arrêts et reprises successifs liés à l'histoire de la région. Christophe Amsler clôture ce premier groupe thématique en portant son attention sur l'histoire de la fabrique publique de Lausanne (Suisse) encore active aujourd'hui et actuellement remise en question. L'étude de son histoire instruit sur l'évolution des mentalités autour de la question patrimoniale en Suisse entre le XIXᵉ et le XXᵉ siècle.

Le deuxième thème « Réseaux et circulation des savoirs » est construit autour de six contributions en allemand, italien et français. Stefan Bürger aborde l'institutionnalisation des premiers ateliers de cathédrales dans le monde germanophone d'un point de vue théorique. En deux temps, cette proposition revient sur la définition même du terme « *Bauhütte* » pour ensuite analyser des exemples de groupements d'artisans de la pierre dont l'organisation varie localement selon trois principes interdépendants : les relations avec le pouvoir de ces organisations, leur constitution légale et la gestion de leurs revenus. À travers le dépouillement de sources relatives au projet de reconstruction de monuments religieux dans les principales villes du Piémont, Silvia Beltramo met en exergue le poids grandissant des commanditaires civils dans les choix esthétiques et techniques de ces chantiers à la fin du XVᵉ siècle. Par ce nouveau mode de financement, elle explique également la disparition des complexes épiscopaux supplantés par de nouveaux modèles de bâtiment : les cathédrales. Ces deux premières contributions plus généralistes sont suivies de cas d'étude spécifiques. À défaut de sources, Arianna Carannante s'appuie sur une analyse comparatiste entre les solutions stylistiques mises en œuvre durant le chantier de la cathédrale de Lucera dans les Pouilles (Italie) et des édifices de Naples construits à la même époque. Cette recherche permet de confirmer l'origine géographique diverse (italienne et française) des maçons qui y sont employés. Ce brassage a joué un rôle dans la création d'un nouveau langage stylistique mis en œuvre dans le sud de l'Italie. En s'appuyant sur les grandes figures d'architectes de l'Europe gothique, Yves Gallet mène l'enquête sur les réseaux d'échanges de savoirs. La recherche des raisons de la circulation des architectes permet à l'auteur de pointer le rôle des réseaux de relations des commanditaires entre eux et des relations individuelles et familiales entre les architectes eux-mêmes qui aboutissent à la mise en place de véritables réseaux professionnels dont les traces remontent au XVᵉ siècle. Jean-Michel Mathonière aborde ensuite l'origine des savoirs des compagnons du Devoir. Il met en doute l'idée que le compagnonnage avait pour vocation la transmission des savoir-faire dès son origine. Une vision plus nuancée de cette hypothèse est proposée par l'anthropologue Nicolas Adell[2]. S'appuyant sur l'exemple du Tour de France N. Adell souligne : « Ainsi, au sein des

---

2   Nicolas Adell, *Des hommes de devoir : les compagnons du Tour de France*, XVIIIᵉ-XXᵉ *siècle*, Paris, Éditions de la Maison des sciences de l'homme, 2008.

différents groupements ouvriers, le voyage a pu être très tôt un outil de distinction avant de devenir ce par quoi on le légitime habituellement, à savoir une modalité de la formation technique[3]. » Introduisant le travail de l'association des charpentiers sans frontière et de son implication dans le chantier de la cathédrale Notre-Dame, François Calame décrit le processus de transformation du bois de chêne en ferme de charpente. S'appuyant sur les travaux du compagnon Marcel Le Port entre autres, l'auteur met en exergue les particularités du savoir-faire français dans la réalisation d'une charpente à partir du XIIIe siècle. Engagé, il plaide de manière sous-jacente pour la reconstruction d'une charpente en bois à Notre-Dame. Le chapitre thématique se clôture sur les associations européennes des maîtres bâtisseurs de cathédrales et des ferronniers d'art. Wolfgang Zehetner aborde à grands traits l'organisation de ces associations d'artisans à l'époque médiévale et aujourd'hui, l'importance de la coopération de ces groupements dans les chantiers de cathédrales européens dès le Moyen Âge et réaffirme les avantages de l'existence de telles structures aujourd'hui, qui jouent un rôle fondamental dans la transmission et la conservation des savoirs théoriques et pratiques.

Le troisième chapitre thématique « Pensée et savoir-faire technique » regroupe sept communications rédigées en français, allemand et italien. Il s'ouvre sur une proposition de Stephan Albrecht sur la cathédrale Notre-Dame de Paris. L'auteur fait un bilan des études conduites de 2012 à 2016 par l'université de Bamberg sur les portails du transept. Grâce à la cartographie 3D, il a pu être démontré que les deux portails analysés ont été réalisés en parallèle par deux équipes différentes qui travaillaient en étroite collaboration. L'article suivant écrit à huit mains (David Wendland, Frédéric Degenève, Nicolas Eberhardt et María José Ventas Sierra) porte sur un élément d'architecture qui reste encore mystérieux dans sa conception : les voûtes complexes du gothique tardif (XVe-XVIe siècles). Le projet inter-disciplinaire porté par l'université de Dresde mené en collaboration avec la fondation de l'œuvre Notre-Dame de Strasbourg a permis de recons-truire les grandes phases du processus de mise en œuvre de ces voûtes. Partant d'une « micro-histoire technique » du dispositif de montage des voussures de portails historiés français, Jean-Marie Guillouët aborde plus largement l'évolution des mentalités des artisans employés dans les chantiers de grande ampleur au tournant du XVe siècle et le phénomène

---

3 *Ibidem*, p. 46.

« d'individuation » de ces artisans par le biais de leur savoir-faire. En se penchant sur l'histoire des collections des dessins d'architecture produits avant l'époque moderne, Étienne Hamon offre à voir une autre facette des chantiers de cathédrales de l'époque gothique où le dessin devait jouer un rôle important mais dont peu de traces directes subsistent aujourd'hui. Jessica Gritti et Francesco Repishti présentent ensuite le riche corpus de dessins d'architecture de la cathédrale de Milan, encore mal connu. En cours de classement et d'étude, ces dessins doivent être valorisés sous la forme d'un catalogue électronique. Une autre source, les archives de l'administration des Cultes, permettent de saisir l'histoire des chantiers de restauration des cathédrales au XIXe siècle. À l'occasion de cet article, Maïwenn Bourdic présente le projet « Restaurer les cathédrales au XIXe siècle » et rappelle la diversité des informations procurées par ces sources. Elles jettent, en effet, un éclairage sur les rapports entre l'État et l'Église catholique, les réseaux économiques et d'échanges des savoirs à travers les entreprises engagées dans les restaurations des cathédrales. Le troisième chapitre se clôt avec la contribution de Mathilde Lavenu sur les carnets de chantiers de l'architecte Louis Jarrier (1862-1932). L'analyse de ces archives originales met en lumière différentes facettes du chantier de la cathédral de Notre-Dame de l'Assomption de Clermont-Ferrand et permet d'entrevoir comment l'architecte se représentait son chantier et identifier les hommes qui travaillaient à ses côtés.

Le quatrième chapitre « Chantiers de restauration aujourd'hui » s'ouvre sur une contribution de Lydwine Saulnier-Pernuit et Michaël Vottero dont le sujet porte sur le lapidaire de la cathédrale de Sens. Ce dépôt, alimenté jusqu'à la fin du XXe siècle, joue un rôle majeur dans la conservation de fragments de l'église Saint-Étienne. Retraçant la genèse de sa constitution, les auteurs soulignent la nécessité de continuer l'inventaire exhaustif des pièces qui y sont conservées, initié dans les années 1960 par Léon Pressouyre. Ces réserves recèlent une riche collection qui éclaire l'histoire du chantier de la cathédrale de Sens à toutes les époques. Plus technique et illustré d'exemples variés, le papier de Pierre-Yves Caillault fait le point sur l'évolution des protocoles et techniques mis en œuvre par les ateliers engagés dans la restauration et la conservation de la cathédrale de Notre-Dame de Strasbourg. L'auteur rappelle de manière utile la participation d'entreprises privées en parallèle de la Fondation de l'œuvre Notre-Dame. Frédéric Didier, architecte en chef des Monuments Historiques, nous livre un témoignage du sauvetage de la cathédrale Saint-Lazare d'Autun qui débuta dans les années 1990. L'article est l'occasion de faire partager aux lecteurs ses réflexions et ses choix qui ont jalonné ce chantier de longue haleine, toujours actif aujourd'hui. On ne pouvait aborder les chantiers de restauration et de conservation des cathédrales aujourd'hui sans mentionner l'apport des nouvelles technologies. C'est l'objet de la communication d'Albert Distelrath qui prend l'exemple de l'atelier de la cathédrale de Cologne. À toutes les étapes du processus de restauration, l'atelier fait appel à ces nouveaux outils pour faciliter son travail. La *Bauhütte* multiséculaire n'en oublie pas pour autant les techniques traditionnelles qui constituent le cœur de son identité. Petr Chotěbor décrit une solution originale, impliquant la chancellerie du Président de la République tchèque, la ville de Prague et les maîtres d'œuvre engagés dans la restauration de la cathédrale Saint-Guy. Cette synergie, née de la disparition de la *Bauhütte* moderne de la cathédrale en 1933, a permis de mener de concert des recherches sur l'édifice dont l'histoire constructive est mal connue et de retrouver des informations sur l'activité des ateliers de la cathédrale dès l'époque médiévale. Les deux dernières contributions de ce quatrième chapitre sont consacrées à la cathédrale Notre-Dame de Paris. Aline Magnien met en lumière les deux pans d'un chantier cathédral à la fois romantique et scientifique, qu'il est difficile de dissocier encore maintenant. Elle évoque les acteurs engagés pour sa sauvegarde et rappelle que l'urgence de la situation n'a pas encore laissé place à la recherche scientifique. C'est de bien de cette recherche dont il question dans l'article de Pascal Liévaux et Philippe Dillmann au titre évocateur : « Quelle recherche autour de l'édifice et du chantier de restauration de Notre-Dame ? ». La communication est l'occasion de présenter les différents groupes de recherche appartenant à différentes institutions. Une collaboration étroite entre le CNRS et le Ministère de la Culture mais également entre l'ensemble des acteurs actifs du chantier de restauration a permis de mettre en place un programme de recherche hors-norme. La volonté première des scientifiques et institutions impliqués est de collecter et analyser les données générées autour du drame et de la restauration de la cathédrale Notre-Dame de Paris.

En conclusion, Bruno Klein revient sur les termes de « cathédrale gothique ». Il rappelle à dessein que les cathédrales néo-gothiques sont dispersées à travers le monde et n'ont pas encore assez attiré l'attention des chercheurs. L'auteur plaide pour leur étude ; il souhaite que ce corpus de monuments reprenant le vocabulaire architectural gothique soit intégré dans les réflexions sur l'architecture gothique et moderne. Au-delà, il milite pour que les protagonistes des chantiers de cathédrales modernes soient considérés au même titre que les artisans travaillant de manière traditionnelle et qu'ainsi des échanges fructueux, « gagnant-gagnant » – pour reprendre ses propres termes – puissent voir le jour.

Par une approche diachronique, ce volume très riche permet de mieux cerner le rôle des fabriques européennes. En arrière-plan, il éclaire aussi les enjeux politiques et économiques locaux, régionaux et nationaux de ces chantiers cathédraux. Grâce aux nombreux cas d'étude, il offre aux lecteurs un inventaire des sources avec lesquels historiens, historiens d'art et architectes sont amenés à travailler. Enfin, il ouvre sur des thèmes de recherche qui mériteraient d'être davantage étudiés pour ce qu'ils sont : les restaurations et les réseaux de savoir dans le domaine de la construction aux époques moderne et contemporaine.

Anaïs LAMESA
Pensionnaire scientifique
de l'Institut français d'études
anatoliennes (UMIFRE / USR 3131)

*
* *

Loïc COUTON, *Renzo Piano Building Workshop, Entre la science et l'art*, Paris, éditions Arléa, 2021, 380 p.

Qu'est-ce qui définit le *métier* d'architecte ? En quoi consiste le processus de création ? Loïc Couton, architecte DPLG, a intégré l'agence parisienne de Renzo Piano en 1987, et a passé dix-huit ans auprès de lui, avant de s'orienter vers l'enseignement et la recherche. Il est actuellement professeur à l'École d'architecture Paris-Malaquais, et co-auteur notamment de *L'histoire d'un projet*, sur la métropole de Rouen[1].

C'est à une découverte du Renzo Piano Building Workshop, l'agence internationale de Renzo Piano, que nous invite son nouveau livre, fruit de deux années d'écriture et de nombreuses autres années de maturation, qui intéressera bien sûr tous les étudiants en architecture, mais au-delà tous ceux qui s'intéressent à l'art de construire, et qui se demandent parfois la raison de la « désespérante stagnation de l'architecture moderne (contemporaine) », pour reprendre le titre d'une conférence déjà ancienne de Tadao Andô[2].

Comme Renzo Piano, Loïc Couton pense qu'« on ne peut pas faire d'architecture sans maîtriser les techniques de construction ». L'architecture est une science, elle en a la rigueur, dit-il. Mais elle est aussi un art. Elle a recours à une technique pour engendrer une émotion. Architecture et technique doivent donc dialoguer en permanence.

Sans doute l'architecte-constructeur qu'est Renzo Piano n'est-il pas représentatif de l'ensemble de la corporation des architectes. L'ouvrage rappelle que celui-ci est né dans une famille d'entrepreneurs en bâtiment. Piano « voit dans la construction une *teknê* au service d'une *poiésis* ». En architecture, il faut concevoir ses propres instruments de travail, affirme le concepteur du Centre culturel Tjibaou en Nouvelle-Calédonie, pour qui « le résultat final est tellement fonction du procédé de construction que si ce préalable n'est pas maîtrisé, le projet initial restera à la merci des méthodes en vigueur, et l'originalité qu'il présentera par ailleurs restera tributaire d'une ingénierie extérieure à la première inspiration. »

D'où l'intérêt de l'auteur pour ces « moments » où la conceptualisation et la matérialisation agissent de concert, pour évoluer vers une « conformité identitaire » (Loïc Couton prend soin ici de ne pas employer le mot « forme »), ces épiphanies en quelque sorte, lorsque l'intention coïncide avec la réalisation dans « l'évidence d'une écriture architecturale », et qui font l'objet dans le livre d'une réflexion théorique captivante (tout

---

1   Loïc Couton et Jean-Jacques Terrin, *Histoire d'un projet. De la demande à l'usage*, Gollion, In Folio, 2019.

2   Tadao Andô, *Pensées sur l'architecture et le paysage. Textes et entretien* avec Yann Nussaume, Paris, Arléa, 2014.

en restant accessible) parce qu'elles sont la manifestation de l'acte créatif/ constructif lui-même.

Pour y voir clair, et c'est un des grands intérêts de cet essai, l'auteur a interrogé non seulement Renzo Piano, mais aussi les collaborateurs de son Building Workshop. Parmi les témoignages passionnants, anciens ou récents, citons ceux de Bernard Plattner, associé historique de l'agence, qui a dirigé en particulier le projet du tribunal de Paris ; Jean-François Blassel, spécialiste des grands projets d'infrastructures, qui a travaillé avec l'ingénieur Peter Rice, ami et collaborateur de Piano disparu en 1992, et dont l'auteur cite et commente de nombreux extraits de l'ouvrage *Mémoires d'un ingénieur*[3] ; ou encore l'architecte génois Giorgio Bianchi, qui collabore aujourd'hui à l'antenne parisienne de RPBW.

Loïc Couton nous livre ainsi les secrets de la méthode « pluridiscipli-naire » de Piano. Assumer la technologie, sans en être esclave. Dialoguer. Le dialogue est « un principe actif de la méthode »… Créer des synergies, notamment avec l'industrie. Piano n'a jamais hésité à « entrouvrir les portes des industriels ». Partager les responsabilités. Expérimenter, y compris « avec de la colle et des ciseaux ». Savoir « gérer le temps »…

Piano et son équipe partent souvent d'un simple détail, montre Loïc Couton, qui n'hésite pas à parler d'une « vision panoramique dès le départ », allant du détail constructif aux schémas organisationnels. Dans le cas de Beaubourg, le soin porté à la fabrication de chaque pièce a permis « d'éviter la froideur et la monotonie des grandes structures en acier standardisées de l'époque […] La perception du Centre Pompidou se faisant graduellement, par l'addition progressive de différentes pièces qui le composent. » La gerberette, un des éléments de l'expressivité architecturale du bâtiment, est le résultat d'un travail de plusieurs mois entre architectes-constructeurs et industriels de la fonderie.

Concernant la Maison Hermès (à Tokyo en 2006), inspirée de la maison du docteur Dalsace de Pierre Chareau, le Renzo Piano Building Workshop a travaillé avec des industriels italiens pour inventer un nouveau pavé de verre. Pour les pièces en terre cuite utilisées sur la Potsdamer Platz à Berlin, comme pour la tour de l'IRCAM, ou l'ensemble de logements sociaux rue de Meaux à Paris, les collaborateurs de l'agence ont développé avec des briquetiers des éléments préfabriqués permettant

---

3   Peter Rice, *Mémoires d'un ingénieur*, Paris, Éd. du Moniteur, 1998.

de décliner différents types de panneaux de façades, en fonction des différents projets.

Les aller-retour entre les projets et les histoires qui les ont fait naître, le *making-off* en quelque sorte des principaux ouvrages de Piano, rendent le livre particulièrement intéressant et, c'est un exploit, agréable à lire, le choix du noir et blanc pour les illustrations conservant au texte sa primauté. Parmi les belles pages, on retiendra le plaidoyer sensible pour le dessin d'architecture. Chez Piano, le croquis a toujours représenté le premier moyen de « donner corps » aux idées architecturales, ces « hologrammes » que le croquis mieux que nul autre moyen permet d'exprimer.

On l'aura compris, le livre de Loïc Couton n'est pas seulement un témoignage de gratitude. Il est, plus qu'un livre d'architecture, un éclairage tout à fait inédit sur une aventure humaine et artistique hors du commun, parmi les plus stimulantes de ces quarante dernières années.

Philippe ARNAUD[4]

4   Philippe Arnaud est professeur agrégé de philosophie à l'Ensaama-Olivier-de-Serres à Paris, et écrivain. Il a écrit en particulier *Le Rire des philosophes* (Arléa, 2017).

COMPENDIA

Introduction

Taking accounts into account: this is the aim of this special issue. The term "accounts" is used in a very broad sense here: instead of limiting ourselves to accounting entries in the strict sense of the term – registers, balance sheets, journal books –, we are instead interested in any document likely to be used for the purposes of managing, certificating, or forecasting the financial flows generated by construction activities. These documents are very useful sources, which have given rise to research on finance and prices, craftsmen and clients, materials and their supply, and the organisation of construction sites. When compared with buildings or their remains, they add another layer to our understanding of construction practices; sometimes, they are even the only trace we have of them. This is not the approach adopted in this issue: construction accounting is considered as an object of study in itself. In other words, we do not consider these documents as reservoirs of information. Rather, we analyse the logics and criteria underlying their production, conservation, and use. The case studies presented in this special issue are as geographically diverse as they are chronologically, and invite the reader to make comparisons. An analysis of the material aspects of the production and reception of the accounts considered in this study first of all invites us to not separate form and content: concerned with measuring and recording elements which make it possible to document the activities which took place on the building sites, the writers of these accounts inscribe their reasoning within logics and temporalities which can change appreciably according to the scale, purposes, and nature of the operations concerned. Several of the contributions also highlight the political significance of keeping such documents. The existence of well-kept accounts is a sign of good government, but it is not only imposed from above: it is also a way for those who write or copy the accounts to assert their knowledge and know-how, and thus their social importance and status. The case studies gathered here confirm the richness and multiplicity of the documentary devices that can be concretely mobilised to achieve these objectives. Lists, inventories, tables, receipts, tax rolls, and drawings bear witness to the aspiration on the part of those concerned to provide the best possible account of the singularity of each construction site.

Michela BARBOT
Laboratoire IDHE.S, CNRS – École normale supérieure Paris-Saclay

Virginie MATHÉ
Université Paris-Est Créteil, Centre de recherche en histoire européenne comparée

*
*   *

The Construction Accounts of the Hôtel Ducal of Dijon

The 'Ducal Palace' of Dijon, which is today partially preserved in the town hall and the Musée des Beaux-Arts of the city, benefits from very important archives, which document its construction, development, and maintenance from 1350 to 1477. Under the Dukes of Burgundy Valois (Philip the Bold, John the Fearless, Philip the Good, and Charles the Bold), a very elaborate administration was set up, inspired by those of the King of France and of the Counts of Flanders. This documentation was then extended, in a less precise and systematic way, under the royal governors, until the 18th century. The archives are based on the operating mode of the construction sites. The most important sites, such as that of the 'logis neuf' (built by Philip the Good between 1450 and 1455), were subject to independent management, and have their own accounts and archives. Many of these stand-alone accounts have disappeared, however. Most of the maintenance and renovation work for the buildings, on the other hand, was the responsibility of the receiver of the bailiwick of Dijon, who needed to account for all his expenses with supporting documents copied out on a parchment register, a duplicate copy of which was returned to the Chambre des Comptes of Dijon. Normally, these supporting documents (receipts, certifications, and money orders) were destroyed after the accounts had been audited. A few pieces, kept by chance, nonetheless provide a better understanding of the system used for recording such expenses. These registers followed a careful, standardised layout, meeting the need for standardisation imposed by the Masters of Account. The few illuminations, drawn in monochrome ink, may testify to a certain whim on the part of the clerks, but they were also a way for the latter to enhance their profession by bringing these texts closer to religious or literary books. The many monetary values are written in Latin numbers and in letters; the operations are made out at the end of the registers and are often quite exact. There was no great advantage to the long-term conservation of these accounts: they were kept out of habit, perhaps to create a positive image of the prince's administration. The establishment of these archives was also a conscious choice on the part of the Chambre des Comptes of Dijon, which thereby defended its prerogatives against those of Lille, and against the archives of the Treasury of charters, which it ended up absorbing.

Hervé MOUILLEBOUCHE
Université de Bourgogne

*
*   *

The Accounting of the Edilitary Constructions of Arras under the Dukes
    of Valois-Burgundy (1402–1442)

Located at the crossroads of Flanders, the Empire and the kingdoms
of France and England, Arras represented a strategic place, the control
of which presented economic and geopolitical advantages recognised by
all. Such considerations did not escape the Duke of Valois-Bourgogne
Philip the Bold, who made the capital of the county of Arras his principal
residence when he found himself in its northern lands. In the fifteenth
century, Philip the Bold and his successors recognised the importance
of the city, which on several occasions became the theatre for expressing
the power and splendour of the Court of Burgundy. Of these, two cases
are of particularly interest. The first took place in 1402 and concerns
the marriage of Antoine of Rethel, the son of Duke Philip the Bold. In
order to express the splendour of Burgundy and to be able to welcome
guests, Cour-le-Comte, the residence of the Counts of Artois in Arras,
underwent a temporary extension carried out in wood, stone, and brick.
The second case of interest relates to the order placed by the grandson
of Philip the Bold, Duke Philip the Good, for the reconstruction of
the county courthouse located in the small market of Arras. With the
construction of the building carried out between 1430 and 1435 and the
development of its layout between 1441 and 1442, the works are in line
with those of the house of Beauregard in Lille, which Duke Philippe
had rebuilt with pomp in 1424. Valuable accounting documents have
been preserved in relation to these operations, which are now kept in the
departmental archives of the North. Thus far, this documentation has
only been examined for two purposes: firstly, to highlight the pomp-
ous character of the decorum of the princely marriage, and, secondly,
to understand the layout of the county justice equipment through a
comparative study of archaeological, textual, and iconographic data.
In fact, the analysis of the form of this documentation is still unpublished and presents an opportunity to study an unknown aspect of the

edilitary administration of the time. By studying and putting into perspective the elements that make up the corpus of documents, we gain a comparative overview of two major projects, carried out under separate principals. This study concerns both the issues justifying the production and retention of such documentation, and the administrative actors of these yards or the internal structuring of the documents. Together, these elements help identify and understand the complex and generally unknown workings of such events.

Mathieu Béghin
Université de Lille

*
*   *

Building a Centerpiece. The *Contatoio* of the Salviati of London, Merchant Bankers, as Seen Through their Accounts (1445–1465)

The Salviati, an important family from Florence, gradually established a manufacturing, commercial, and financial enterprise on a European scale. After investing in wool workshops and opening commercial and financial agencies in Florence and Pisa, the Salviati company expanded its activity towards North-Western Europe by establishing agencies in the 1440s, first in London and then in Bruges. The accounts of the London company contain many entries concerning the building. In addition to the rent, which was very high, all the expenses incurred in relation to the house have been recorded, from its decoration to repairs and improvements made to it. One important improvement consisted of the construction of a room dedicated to accounting, a place where everything was counted and written down: the *contatoio*, as it is called in the account books. The aim here is not to study a specific construction account, but rather to gather together the works and minor repairs entailed by the occupation of this large house in London over a period of around twenty years, a masterpiece necessary for housing the activity of major merchants, as well as for receiving customers and interlocutors The aim was to analyse the changes in the structure of the house in order to manage the business and keep the accounts.

Like all their colleagues on the Italian peninsula, bank merchants' accounts were kept in double-entry format, which affected the content of the information. The summary of the expenditures was entered into the various ledgers (there are four available for the period under consideration) and intermediate books such as the cash books (three were kept for the period in question), which contain the most detailed information about the house. The multiplicity of entries concerning the house of these merchants-bankers offers an original point of view on the sector relating to the construction and repair of the houses of private individuals.

The issue of how documentation is produced is central to addressing ways of organising business effectively. An internal review of the documentation allows us to achieve an initial understanding of the system built by these leading merchants. The sums involved are trifling compared to the commercial and financial transactions transcribed in the same books; however, the importance of the piece is highlighted by the numerous references to the *contatoio*, including in the accounts or correspondence of the great merchant families of the Italian peninsula.

The room used to carry out the accounts, and where many people – business partners and customers – would gather was a strategic space in the house. Everyone wishes to work in comfortable conditions in a pleasant setting. A part of the house where merchants spent a lot of time in a foreign territory thus served to create a non-astronomical and pleasant workplace for both customers and merchants, especially the young people who had to spend a substantial part of their time there, acquiring the knowledge necessary to complete their duties.

Matthieu SCHERMAN
Université Gustave Eiffel

*

* *

"Il Forte e la Cattedrale". Accounting and Building Practices in the Architectures of the Early Sixteenth Century – Ascoli Piceno, 1529–1549

With respect to sources, the reconstruction of the architectural history of Ascoli Piceno relies on two compelling account books from the early modern period: the second volume of the *fondo* of the *Libri Entrate ed Esito della Cattedrale*, held at the city's Archivio Diocesano, and the register of the *Spese fatte per la Rocca d'Ascoli*, now held at the Archivio di Stato of Rome.

The first source, written between 1529 and 1549 by the treasurers of the Chapter of Canons of the Cathedral, records the cash flows pertaining to the everyday and one-off expenses of the main church of Ascoli, including the payments for the erection of the new façade, designed by the architect Cola dell'Amatrice and built from 1529 onwards. The second source, compiled between 1540 and 1541, preserves the details of the expenses covered by the Commissary Apostolic Pietro Antonio Angelini from Cesena in order to build the papal fortress of Porta Maggiore, constructed by Antonio da Sangallo the Younger for Pope Paul III between 1540 and 1543.

In terms of their chronology, geographical origin, and content, these two sources are fairly homogeneous. However, when examined more closely, they present fascinating differences in terms of both the organisation and the details of the information included, and of the purposes and methods of their creation.

This paper critically reconsiders and assesses these differences, not only in order to provide a better understanding of the respective documents, but also to make some suggestions on how building sites were accounted for in the sixteenth century and on the mutual relationship between accounting and building processes.

Indeed, by studying the content of the two manuscripts, we will concretely verify how, in a shared historical and geographical context, changes in the financial and political constraints behind a building project impacted the structure of its account books, shaping their material existence in certain cases.

Furthermore, the study of the two ledgers will allow us to examine the different systems used for funding building sites and the different typologies of actors involved in their bookkeeping. It will also enable us to evaluate, on a case-by-case basis, the influence such components had on the structure of accounting records.

Supported by a comparison with further archival sources, the critical analyses of both the *Spese* of the Rocca d'Ascoli and the *Libro Entrata ed Esito* of the cathedral will ultimately offer an unprecedented overview of the management of building sites, tenders, and cash flows of architectures in early sixteenth-century Italy.

Francesca ROGNONI
Università IUAV di Venezia

*

* *

The Accounting of Military Engineers in Algeria from 1830 to 1848

As soon as the French took Algiers, the military engineers ordered that accounts be drawn up of the fortifications and military building construction works. This article attempts to understand the funding mechanisms of these works and the allocation of budgets implemented by the colonial administration during the July Monarchy. Indeed, the nomination of metropolitan civil servants such as the Director of Fortifications or the Chief of Engineering, in replacement of the old Ottoman structure, lay the foundations for a new fiscal and accounting system.

Trained in Metropolitan France, the military engineering corps exported the accounting system developed since the end of the 17th century to Algeria. Initially ordered based on the importance of the works to be carried out, the drafting of these documents evolved during the 18th century. All documents drafted in the metropolis or in the new colony were henceforth divided into two parts (fortifications and military buildings).

After the French colonisation of Algeria, several cities were transformed into barracks. As newcomers were settling in, the change in urban and spatial morphology was detrimental to the original use of these buildings. In a context of colonial expansion and war, the construction and restoration of fortifications were essential; old buildings that belonged to the Ottoman administration were also frequently developed. Entrusted with all types of construction and restoration work, military engineers proved themselves highly capable of achieving the objectives set by the hierarchy with very limited means.

The analysis of records of military engineering projects in Algiers, Oran, Constantine, Médéa, Mascara, and more particularly Tlemcen, allows us to shed light on the distribution of the budget between the strongholds. In a turbulent political and military context, the accounting of these construction sites was closely scrutinised by the parliamentary authorities who wanted to transform military strongholds into more permanent installations. Thus, the appointment of Bugeaud as Governor General in 1840 and of Viala Charon as Director of Fortifications marked an increase in the budget devoted to military engineering works and showed France's desire to strengthen its presence in Algeria.

Mohammed HADJIAT
Université de Strasbourg

*
*   *

Informing Restoration Planning at St Paul's Anglican Pro-Cathedral
   in Malta. From Foundation to Intervention through Historical
   Building Accounts

The instigation of a major restoration project for the Anglican pro-Cathedral of St Paul in Valletta (Malta) in early 2017 was directly followed
by archival research undertaken to assist with determining possible
causes of building pathologies and to inform and guide the planning
of the architectural operations. This research has, in turn, revealed new
documentary sources, which have shed new light on significant facets
of the construction industry in British Malta.

The Anglican church of St Paul was constructed following months
of discussions and negotiations between the local authorities and the
British Colonial Office. In the end, it was the resolve and personal
financing of Queen Dowager Adelaide that led to the start of works
and the laying of the foundation stone in March 1839. The church,
located on the edge of Valletta's peninsula, towering above the
fortifications erected by the Knights of Malta and overlooking the
harbour of Marsamxett, was consecrated by the Bishop of Gibraltar
in November 1844, and the tower and spire were completed by
March 1846.

Although the history of the church and of the various problems
encountered during its construction is well documented, it is based
almost exclusively on local newspaper accounts, correspondence between
the authorities and the Colonial Office, and a set of reports drawn up
by William Scamp, architect of the British Admiralty, in November
1842 and March 1844, and presently held at the Wignacourt Collegiate
Museum, Rabat, Malta (WCM). The (re-)discovery in 2017 of a
bound volume at the London Metropolitan Archives (LMA), enti-
tled Accounts & Vouchers for the Expense of building the English
Collegiate Church of St Paul in Valletta from March 1839 to March
1846 (CLC/408/MS30774), has provided substantial and new data on

the weekly progress of the construction of the church, covering the entire period of the works until the final Account of Disbursements made in May 1846.

This paper presents the results of the study and the analysis of this coherent volume, containing over 800 individual weekly vouchers and accounts listing individuals, wages, trades, materials, and quantities. The analysis highlights the various reporting methods used throughout the volume and the project, with a view to refining our understanding of the construction sequence and on-site events. The data are interpreted in the context of previously known documentary and archival sources, offering the possibility to review the reading made so far. Finally, the paper discusses the relevance of the research in the context of an ongoing restoration project, with the example of building pathology diagnosis facilitated through the multidisciplinary study of historical sources.

Guillaume DREYFUSS
AP Valletta

*

*   *

Inventories of Timber in Pylos in the Mycenaean Period. Remarks on the PY Vn 46 and 879 Tablets

Among the written documents dating back from the end of the second millennium BC that were found in the archaeological excavations of the Mycenaean palace of Pylos, in continental Greece, two inventory tablets – PY Vn 46 and 879 – share a common vocabulary and clearly refer to a list of timbers. Researchers have hesitated in identifying these documents: some scholars argue that they are elements of a ship, while others suggest they are associated with a building. This article shows that these are not, strictly speaking, inventories of building materials for a future construction: the two lists enumerate pieces of timber of different shapes, natures, and destinations (roof, jamb, etc.) in order to replace damaged pieces of wood in Pylian buildings, and very probably of the central unit of the palace, if *ka-pi-ni-ja* does indeed designate the chimney. The first term of Vn 46, *pi-ra³-[*, if it is indeed an anthroponym, would refer to an individual who was heavily involved in the wood industry, meaning he would have been able to recognise the function and form of the different categories of beams. Wood, and especially timber worked to particular needs (jambs, framework, pegs, etc.), was a precious commodity for the Mycenaean palace administration.

Sylvie ROUGIER-BLANC
CRHEC, Université Paris Créteil

*
*   *

The Construction Accounts of Dūr-Šarru-kīn

Dūr-Šarru-kīn, built on the order of the Assyrian Emperor Sargon II (721–705), is the best documented new city of ancient Mesopotamia. In addition to data from excavations at Khorsabad, 16 km north of Nineveh, there are numerous written sources: royal annals, correspondence from high officials involved in the project, and some administrative documents. Above all, the letters reveal the logistics that were implemented to supply the workers and collect and transport the materials from all the provinces of the empire. This allowed for a very fast construction, between 717 and 706 BC. Fewer administrative documents provide additional information on the organisation of the building sites. Among them, eight cuneiform tablets in poor condition constitute "construction accounts". They were kept by chance, as documents of this kind were not intended to be conserved for a long period of time. Their historical interest is nevertheless considerable, since they reveal that the walls and large buildings of the city had been divided into sectors, each falling under the responsibility of a provincial governor in charge of providing personnel and materials. In addition, these texts clarify the meaning of several Akkadian architectural terms.

Pierre VILLARD
Université Clermont Auvergne
UMR 5133
(Archéorient, Maison de l'Orient et
de la Méditerranée, Lyon)

*

* *

A Building Account in Delos (Greece) in 207 BC

Construction accounts from ancient Greece are known thanks to inscriptions. This paper analyses an account from 207 BC written by the administrators of the fortune of Apollo on the small island of Delos (Cyclades). The lines devoted to the building works mainly concern the construction of "the stoa near the sanctuary of Poseidon", a large hall probably built for commercial purposes that archaeologists call the Hypostyle Hall. The account is inscribed on a marble stele in capital letters 5 mm high, without any separation between the words. The editors of the account distinguish three headings relating to construction: one for the adjudication of works, a second for the purchase of wood and reed racks, and a third for the evaluation of the stock of wood and for the transfer of a portion of the wood, reed racks, and tiles to the craftsmen and to the following year's administrators. These accounts offer a glimpse of the administrative organisation of this construction site, which was decided by the assembly of the Delian City and directed by an architectural commission assisted by an architect. They also mention documents produced during the construction, but which have not been preserved, such as the construction decrees and the specification contracts concluded with the craftsmen. The works were contracted out by the administrators of Apollo's fortune, assisted by the architectural commission and the architect. They were divided into lots according to the skills and parts of the building, which reflects the smallness of the craft structures, the difficulties with supplies, and some administrative constraints. It is to be assumed that accounting documentation allowed the members of the architectural commission and the administrators of the sanctuary to accurately follow the different financial aspects of the construction site. These different registers were not intended to be made public or kept forever, but they were fundamental for the preparation of the account stele. This process required time, intellectual effort, and money, but Delians considered the final sheet inscribed on stone to be a true obligation for the administrators of the god's fortune. This sort of engraved synthesis served above all as a written justification within a historical context in which controlling the accounts was a democratic duty.

Virginie MATHÉ
Univ Paris Est Créteil, CRHEC

*
* *

The *Via Caecilia* Inscription (Italy, Late 2nd – Early 1st Century BC)

The fragmentary inscription of the *Via Caecilia* records restoration works carried out during the late second century or early first century BC on an unknown road leading north from Rome. The inscription enumerates the sums spent on each specific task (such as the restoration of some sections of the road, of bridges or arches) and the names of the entrepreneurs who assumed responsibility for performing them. A unique magistrate, named the *quaestor* and *curator* for roads, was in charge of all these works. By inscribing every single task on the stone, he may have intended to highlight his own integrity throughout the process. There are no other documents like this one for the entire Roman history.

Pauline DUCRET
Université de la Réunion
Université Paris 8 – Vincennes
– Saint-Denis

*
* *

Measuring, Estimating, and Correcting. Commentary on 18th-Century Expert Accounts

In the course of research carried out on expert appraisals concerning Parisian buildings during the 18th century, we have noted that entries relating to accounting operations were frequently used in experts' minutes, whether these are estimates of the work completed or to be carried out as part of the expert appraisal itself, or estimates and memorandums of work in the annexes to the minutes. We have published three examples corresponding to three stages of the experts' calculations: the "toisé" (measure); the price; and the reduction.

The first – the "toisé" – relates to the measurement, in toise, of the tasks of masons, carpenters, and other people in the building trades. Each type of work is broken down into nomenclatures, according to Parisian custom. For example, masonry is evaluated in terms of volume and divided into light work, nine-inch walls, sixteen-inch walls, foundation walls, etc. For carpentry, a distinction is drawn between new and reused old wood. This is also the case with roofing, where a distinction is drawn between old, new, search or butt tiles, new or reclaimed tiles, as well as with plumbing and locksmithing (which is often measured in units of weight), carpentry, glazing, painting, and paving, etc. When the work carried out cannot be measured in terms of either actions or materials, the assessment is made directly in monetary terms. At the bottom of each page, a summary of the measurements made on that page is provided to help with the final calculation.

The second step is to assign a price to the unit of measurement calculated above: this is the price tag. The multiplication figure – calculated using the price and the number of units – results in estimates, which are grouped together at the end of the minutes. How did the experts know the prices of the work? It is important to note that the value of the work is recorded in a number of works, such as the successive versions of *L'Architecture pratique* and other books on toisés, which came to serve as a reference for experts. The prices of materials, if not of labour, fluctuated according to location, however, and it is therefore highly likely that prices were set according to the customs of their practice. The accounting operation becomes more complex when the experts' opinions are contrary.

Finally, where an agreement is reached, the experts, or the third party if necessary, would make a final reduction or increase to correct any approximations in measurements, work not implemented, materials replaced, possible errors or, more rarely, increases in the materials required or work carried. Apart from the ordinary reductions based on unit simplifications according to Parisian custom, reductions to both the measurements of the work and the price are made in the estimates and memoranda annexed to the expert reports. If the operation is carried out based on an estimate, the expert evaluates the work actually carried out and makes a readjustment between what was initially planned *in abstracto* and what was actually carried out *in concreto*. At this stage, any modifications are justified by an objective assessment of the work and its value. If the reduction is made on a memorandum, the expert adjusts the value estimated by the craftsman for its realisation against what he considers the value should be. Does he thereby lose the subjectivity inherent in his authority?

Robert CARVAIS
CNRS – Centre de théorie et
analyse du droit
Université Paris Nanterre

PRÉSENTATION DES AUTEURS
ET RÉSUMÉS

André GUILLERME, « Éditorial. Pour un dictionnaire d'histoire de la construction »

André Guillerme est professeur émérite d'histoire des techniques au Conservatoire national des arts et métiers. Ingénieur et historien, il est spécialiste de l'histoire de l'environnement urbain et de la construction. Il est auteur de nombreux ouvrages, dont *Les temps de l'eau* (1983), *Bâtir la ville* (1995), *Dangereux, insalubres et incommodes* (2004) et *La naissance de l'industrie à Paris* (2007).

Depuis Viollet-le-Duc, aucun dictionnaire n'a été tenté pour l'histoire de la construction alors que de nouveaux rapports s'installent entre le citadin politisé et ses milieux. Les Académies ont conservé les arts et métiers. Les Encyclopédistes exposèrent « l'ordre et l'enchaînement des connaissances humaines ». La fin du XIXe s. a mémorisé les constructions. À l'orée du XXe s., les savoirs dépassent l'entendement. Un dictionnaire collectif mettrait en relief les termes et les sens inédits.

Mots-clés : dictionnaire raisonné, Encyclopédie, Académies, outil péda-gogique, conservation, protection, innovation.

André GUILLERME, *"Editorial. For a Dictionary of the History of Construction"*

André Guillerme is professor emeritus of the history of technology at France's National Conservatory of Arts and Trades. An engineer and historian, he specializes in the history of the urban environment and construction. He is the author of many works, including Les temps de l'eau *(1983),* Bâtir la ville *(1995),* Dangereux, insalubres et incommodes *(2004), and* La naissance de l'industrie à Paris *(2007).*

Since Viollet-le-Duc, no one has tried to create a dictionary about the history of construction; meanwhile new relationships have developed between the politicized city dweller and the surrounding environment. The Academies preserved the arts and crafts. The Encyclopédistes *elucidated "the order and sequence of human knowledge." The end of the nineteenth century enshrined construction in memory. At the dawn of the twentieth century, the scope of knowledge was beyond any reckoning. A collaborative dictionary would spotlight new terms and meanings.*

Keywords: analytical dictionary, Encyclopédie, *Academies, pedagogical tool, conservation, protection, innovation.*

Michela Barbot et Virginie Mathé, « Introduction »

Michela Barbot est chargée de recherche au CNRS et professeure attachée au Département de sciences sociales de l'ENS Paris-Saclay, où elle enseigne l'histoire des institutions économiques. Situés au croisement de l'histoire économique et de l'histoire du droit, ses travaux portent sur l'histoire de la propriété urbaine, des marchés immobiliers et de la fiscalité locale du XVIIe au XIXe siècle.

Virginie Mathé, maîtresse de conférences en histoire ancienne à l'Université Paris-Est Créteil et membre du CRHEC, étudie les aspects économiques et politiques de la construction en Grèce antique en confrontant sources littéraires, comptes et vestiges. Elle travaille aussi sur l'histoire culturelle de la ville à partir des mots et des discours pour comprendre les conceptions grecques du fait urbain.

Prendre en compte les comptes de la construction : tel est le souhait à l'origine de ce dossier. Il ne s'agit pas de considérer ces documents comme des réservoirs d'informations, mais d'interroger les enjeux et les critères sous-jacents à leur fabrication, à leur conservation et à leur usage. Les cas ici présentés confirment la richesse et la multiplicité des dispositifs matériels qui peuvent être concrètement mobilisés afin de rendre compte au mieux de la singularité de chaque chantier.

Mots-clés : comptabilités, supports comptables, matérialité, chantiers, gouvernance.

Michela Barbot and Virginie Mathé, *"Introduction"*

Michela Barbot is a research fellow at France's National Center for Scientific Research (CNRS) and a professor in the Department of Social Sciences at the Ecole normale supérieure Paris-Saclay (ENS Paris-Saclay), where she teaches the history of economic institutions. Her work sits at the crossroads of economic and legal history and focuses on the history of urban property, real estate markets, and local taxation from the seventeenth to the nineteenth century.

Virginie Mathé is a senior lecturer in ancient history at the University of Paris-Est Créteil and a member of the Research Center for Comparative European History (CRHEC). She studies the economic and political dimensions of construction in ancient Greece by comparing accounts, literary sources, and archeological remains. She also works on the cultural history of the city, using a textual and discursive approach to understand Greek conceptions of the urban phenomenon.

This report intends to give consideration to construction accounts. The task is not to see these documents as reservoirs of information, but to question the issues and criteria underlying their production, conservation, and use. The cases presented here confirm the abundance and diversity of the material apparatuses that can be physically used to give the best account of the singularity of each site.

Keywords: accounting, accounting media, materiality, construction sites, governance.

Hervé MOUILLEBOUCHE, « Les comptes de construction de l'hôtel ducal de Dijon »

Hervé Mouillebouche est maître de conférences en histoire médiévale à l'Université de Bourgogne, membre de l'UMR ARTEHIS, vice-président du centre de castellologie de Bourgogne. Spécialiste de l'habitat fortifié en Bourgogne, il a soutenu une thèse sur les maisons fortes (2000); il a récemment rédigé un mémoire HDR sur l'hôtel des ducs de Bourgogne à Dijon, d'Eudes IV à Charles le Téméraire.

Le palais ducal de Dijon bénéficie d'importantes archives documentant sa construction et son entretien, de 1350 à 1477. Les principaux chantiers, comme celui du logis neuf, ont fait l'objet d'une comptabilité séparée. L'entretien général était à la charge du receveur du bailliage, qui devait rendre compte de toutes ses dépenses, dans un registre rendu à la chambre des comptes. Quelques quittances originales conservées permettent de comprendre le processus de rédaction de ces comptes.

Mots-clés : hôtel ducal, chambre des comptes, Bourgogne, archives, Dijon.

Hervé MOUILLEBOUCHE, *"The Construction Accounts of the Hôtel Ducal of Dijon"*

Hervé Mouillebouche is a senior lecturer in medieval history at the University of Burgundy, a member of its Archeology, Earth, History, and Societies mixed research unit (UMR ARTEHIS), and vice president of the Burgundy Castellology Center. An expert on fortified housing in Burgundy, he defended a dissertation on fortified houses (2000); he also recently wrote a thesis for his "Accreditation to Supervise Research" (HDR) on the Hôtel des Ducs de Bourgogne in Dijon, from Eudes IV to Charles the Bold.

The ducal palace of Dijon benefits from important archives documenting its construction and maintenance from 1350 to 1477. The main construction sites, such as the new dwelling, were the object of separate accounting. General maintenance was the responsibility of the receiver of the bailiwick, who had to account for all expenses in a register submitted to the chambers of accounts. A few original receipts that have been preserved help us understand the process of drawing up these accounts.

Keywords: ducal residence, chambers of accounts, Burgundy, archives, Dijon.

Mathieu BÉGHIN, « Les comptes particuliers des constructions édilitaires arrageoises sous les ducs de Valois-Bourgogne (1402-1442) »

Mathieu Béghin est docteur en histoire médiévale, responsable adjoint du service archéologique municipal d'Arras et membre du laboratoire IRHiS (UMR 8529). Ses recherches ont pour cadre les villes du Nord de la France aux époques médiévale et moderne, et portent principalement sur les faubourgs, l'urbanisme et les chantiers de construction, tant militaires, religieux, civils qu'élitaires.

En tant que ville capitale du comté d'Artois, Arras fut à plusieurs reprises le théâtre de l'expression de la puissance et de la splendeur de la cour princière des Valois-Bourgogne. Les travaux entrepris en 1402 pour le mariage d'Antoine de Rethel ou en 1430 pour la reconstruction de la maison de justice comtale en témoignent. De ces chantiers subsiste une précieuse documentation dont l'étude éclaire les rouages de la production comptable bourguignonne et la gestion des chantiers édilitaires.

Mots-clés : Arras, administration bourguignonne, comptes particuliers, festivités, justice.

Mathieu BÉGHIN, *"The Accounting of the Edilitary Constructions of Arras under the Dukes of Valois-Burgundy (1402–1442)"*

Mathieu Béghin holds a doctorate in medieval history, is deputy head of a municipal archeological departement of Arras, and is a member of the IRHiS research unit (UMR 8529). His research focuses on the cities of northern France during the medieval and modern periods, and mainly on suburbs, urban planning, and construction sites, whether military, religious, civil, or administrative.

As the seat of the county of Artois, Arras was on several occasions the setting where the power and splendor of the princely court of the Valois-Burgundys was expressed. The work undertaken in 1402 for the marriage of Antoine de Rethel or in 1430 to reconstruct the count's courthouse testify to this. Invaluable documentation remains for these worksites; studying them sheds light on the workings of Burgundian accounting and the management of administrative worksites.

Keywords: Arras, Burgundian administration, private accounts, festivities, justice.

Matthieu SCHERMAN, « La construction d'une pièce maîtresse. Le *contatoio* des Salviati de Londres, vu à travers leur comptabilité (1445-1465) »

Matthieu Scherman est maître de conférences en histoire médiévale à l'université Gustave Eiffel. Spécialiste d'histoire économique et sociale de la fin du Moyen Âge, il a d'abord centré ses recherches sur l'organisation du travail lors de sa thèse avant de s'intéresser aux grandes familles de grands marchands du Nord de l'Italie et à leur installation dans le Nord-Ouest de l'Europe.

Famille importante de Florence, les Salviati ont mis en place une entreprise manufacturière, commerciale et financière à l'échelle européenne. La compagnie développa son activité vers le Nord-Ouest de l'Europe en ouvrant des agences à Londres puis Bruges au cours des années 1440. Dans la comptabilité de la compagnie londonienne, de nombreuses entrées concernent la maison. Une des améliorations importantes consiste en la construction d'une pièce dédiée à la comptabilité, le *contatoio*.

Mots-clés : marchands-banquiers, Salviati, comptabilité en partie double, Londres, gestion de la maison.

Matthieu SCHERMAN, *"Building a Centerpiece. The* Contatoio *of the Salviati of London, Merchant Bankers, as Seen Through their Accounts (1445–1465)"*

Matthieu Scherman is a senior lecturer in medieval history at the Université Gustave Eiffel. Specializing in the economic and social history of the late Middle Ages, he initially focused his research on the organization of work during his dissertation before turning his attention to the great merchant families of northern Italy and their settlement in northwestern Europe.

An important Florentine family, the Salviati set up a manufacturing, commercial and financial conglomerate extending across Europe. The company expanded into northwestern Europe, opening branches in London and then Bruges in the 1440s. In the accounts of the London company there are many entries concerning the house. One of the most important improvements is the construction of a room dedicated to accounting, the contatoio.

Keywords: merchant-bankers, Salviati, double-entry bookkeeping, London, house management.

Francesca ROGNONI, « Il Forte e la Cattedrale. Contabilità e politiche edilizie a confronto, in due cantieri di primo Cinquecento – Ascoli Piceno, 1529-1549 »

Francesca Rognoni est diplômée en archéologie et en histoire de l'art (2013) et titulaire d'un doctorat en histoire de l'architecture (2019). Elle s'intéresse principalement à l'architecture lombarde et italienne centrale de l'époque moderne (xvᵉ-xvɪɪᵉ siècle) et est l'auteur de publications consacrées à l'architecture de la Renaissance d'Ascoli et de la province lombarde.

L'analyse critique des manuscrits où sont consignées les dépenses relatives à la construction du fort de la porte Maggiore (1540-1543) et de la façade de la cathédrale d'Ascoli Piceno (1529-ca 1540), offre l'opportunité de raisonner sur la comptabilité des chantiers italiens de la première moitié du xvɪᵉ siècle et sur les relations dialectiques existant entre les registres de comptes et leurs contextes historique, politique et économique spécifiques.

Mots-clés : fort, cathédrale, comptabilité des chantiers, architecture xvɪᵉ siècle, Renaissance.

Francesca ROGNONI, *"Il Forte e la Cattedrale". Accounting and Building Practices in the Architectures of the Early Sixteenth Century – Ascoli Piceno, 1529–1549"*

Francesca Rognoni holds degrees in archaeology and art history (2013) and a PhD in architectural history (2019). She is mainly interested in Lombard and central Italian architecture of the modern period (fifteenth–seventeenth century) and is the author of publications dedicated to the Renaissance architecture of Ascoli and Lombardy.

A critical analysis of the manuscripts in which the expenses related to the construction of the fort of the Porta Maggiore (1540–1543) and the façade of Ascoli Piceno's cathedral (1529–circa 1540) are recorded, offers the opportunity to consider the accounting of the Italian building sites of the first half of the sixteenth century and the dialectical relations between account books and their specific historical, political, and economic contexts.

Key words: fort, cathedral, building site accounting, sixteenth-century architecture, Renaissance.

Mohammed HADJIAT, « La comptabilité du génie militaire en Algérie de 1830 à 1848 »

Mohammed Hadjiat est doctorant en histoire de l'architecture à l'Université de Strasbourg, sous la direction de Mme Anne-Marie Châtelet (UR 3400 Arche) et de Mme Mercedes Volait (USR 3103 InVisu INHA/CNRS). Sa thèse porte sur l'histoire des chantiers de restauration des monuments « arabes » durant la période coloniale à Tlemcen de 1836 à 1905.

Durant la Monarchie de Juillet, un ensemble de textes, images et relevés est constitué par le génie militaire. Pour cette contribution, une attention particulière sera portée aux devis et aux mémoires de travaux rédigés par les chefs du génie militaire, ainsi qu'aux apostilles du directeur des fortifications en Algérie portant des recommandations. Cet ensemble donne des descriptions concrètes des travaux à mettre en œuvre et des affectations du budget militaire consacré à cette mission.

Mots-clés : Génie militaire, période coloniale, Algérie, dépenses, mémoires de projet.

Mohammed HADJIAT, *"The Accounting of Military Engineers in Algeria from 1830 to 1848"*

Mohammed Hadjiat is a doctoral student in the history of architecture at the University of Strasbourg, under the supervision of Ms. Anne-Marie Châtelet (UR 3400 Arche) and Ms. Mercedes Volait in the Visual and Textual Information Unit of France's National Institute of Art History and the National Center for Scientific Research (USR 3103 InVisu INHA/ CNRS). His dissertation deals with the history of the restoration of "Arab" monuments during the colonial period in Tlemcen from 1836 to 1905.

During the July Monarchy, a collection of texts, images, and surveys was created by military engineers. For this contribution, particular attention will be paid to the estimates and memoranda of work written by the chief military engineers, as well as to the apostilles of the director of fortifications in Algeria providing recommendations. This collection provides concrete descriptions of the work to be carried out and the allocation of the military budget devoted to this mission.

Keywords: military engineering, colonial period, Algeria, expenses, project memoirs.

Guillaume DREYFUSS, "Informing Restoration Planning at St Paul's Anglican pro-Cathedral in Malta. From Foundation to Intervention through Historical Building Accounts"

Guillaume Dreyfuss is director of research at AP Valletta. His research interests include photography as a critical research method, construction history, and archival research of building pathologies. He is involved in the St. Paul's Anglican Pro-Cathedral and Manoel Theatre projects in Valletta and is co-editor of *The Founding Myths of Architecture* (2020).

This article presents the results of a study of the *Accounts & Vouchers for the Expense of Building the English Collegiate Church of St. Paul in Valletta from March 1839 to March 1846.* Analysis highlights the use of accounting methods to refine our understanding of the phases of construction. The article also highlights the place of archival research in the context of an ongoing restoration project, particularly in the identification of construction pathologies.

Keywords: masonry, reinforcement, pathology, restoration, multidisciplinarity.

Guillaume DREYFUSS, « *Informer le processus de restauration de la cathédrale anglicane St Paul de Malte. Des fondations à l'intervention à travers l'examen des comptes de chantier* »

Guillaume Dreyfuss est directeur de recherche à l'AP Valletta. Ses recherches portent sur la photographie comme méthode de recherche critique, l'histoire de la construction et la recherche archivistique des pathologies des bâtiments. Il est impliqué dans les projets de la pro-cathédrale anglicane St. Paul et du théâtre Manoel à La Valette et est coéditeur de The Founding Myths of Architecture (2020).

Cet article présente les résultats de l'étude du volume Accounts & Vouchers for the Expense of building the English Collegiate Church of St Paul in Valletta from March 1839 to March 1846. L'analyse met en avant l'utilisation des méthodes comptables pour affiner la compréhension des phases de construction. L'article souligne aussi la place de la recherche en archive dans le contexte d'un projet de restauration en cours, notamment dans le cadre de l'identification des pathologies de la construction.

Mots-clés : maçonnerie, renforcement, pathologie, restauration, multidisciplinarité.

Sylvie ROUGIER-BLANC, « Des inventaires de bois de construction à Pylos à l'époque mycénienne ? Remarques autour des tablettes PY Vn 46 et 879 »

Sylvie Rougier-Blanc, professeur d'histoire grecque (université de Paris Est-Créteil, UPEC), membre du CRHEC (Centre de Recherche en Histoire Européenne Comparée), est spécialiste de terminologie architecturale domestique grecque et se consacre plus particulièrement à la place du bois comme matériau architectural aux époques mycéniennes, au Premier Âge du Fer et à l'époque archaïque en Grèce.

Parmi les tablettes en linéaire B découvertes dans le palais mycénien de Pylos, PY Vn, 46 et 879 se distinguent par le vocabulaire et la référence à des pièces de bois travaillées. Cet article reprend le dossier et montre qu'il ne s'agit pas d'inventaires de matériaux de construction pour un futur chantier, mais de deux listes de pièces de bois de formes, de natures et de destinations différentes pour procéder si besoin à l'entretien et au remplacement d'éléments dans les édifices pyliens.

Mots-clés : linéaire B, inventaire de construction, architecture mycénienne, Pylos, travail du bois.

Sylvie ROUGIER-BLANC, *"Inventories of Timber in Pylos in the Mycenaean Period. Remarks on the PY Vn 46 and 879 Tablets"*

Sylvie Rougier-Blanc, professor of Greek history (University of Paris Est-Créteil, *UPEC), member of the Research Center for Comparative European History CRHEC (Centre de Recherche en Histoire Européenne Comparée), is a specialist in Greek domestic architectural terminology and is particularly interested in the place of wood as an architectural material in the Mycenaean period, Early Iron Age, and the Greek Archaic Period.*

Among the Linear B tablets discovered in the Mycenaean palace of Pylos, PY Vn, 46 and 879 stand out for their vocabulary and reference to worked wood pieces. This article revisits this issue and shows that they are not inventories of building materials for a future construction site, but two lists of pieces of wood of different shapes, natures, and destinations to be consulted, if necessary, in order to maintain and replace parts of the buildings in Pylos.
Keywords: Linear B, construction inventory, Mycenaean architecture, Pylos, woodworking.

Pierre VILLARD, « Les comptes de construction de Dūr-Šarru-kīn »

Pierre Villard est professeur d'histoire ancienne à l'Université Clermont Auvergne et membre de l'UMR 5133 (Archéorient). Après avoir travaillé sur les archives cunéiformes de Mari (XVIIIe s. av. n.è.), il se consacre actuellement à l'étude de l'empire néo-assyrien (VIIIe-VIIe s. av n.è.) tout particulièrement dans les domaines de l'histoire intellectuelle et de l'histoire du droit.

Dūr-Šarru-kīn est la ville nouvelle la mieux documentée de la Mésopotamie ancienne, à la fois par des sources archéologiques et écrites. Sont étudiées ici 8 tablettes cunéiformes, qui constituent des « comptes de construction ». Elles révèlent que les chantiers avaient été divisés en secteurs, chacun sous la responsabilité d'un gouverneur de province chargé de fournir personnel et matériaux. Elles permettent aussi de préciser le sens de plusieurs termes architecturaux akkadiens.
Mots-clés : néo-assyrien, cunéiforme, architecture, construction, ville nouvelle.

Pierre VILLARD, *"The Construction Accounts of Dūr-Šarru-kīn"*

Pierre Villard is a professor of ancient history at the University of Clermont Auvergne and a member of the mixed research unit Archéorient (UMR 5133). After working on the cuneiform archives of Mari (eighteenth century BCE), he is currently focused on the Neo-Assyrian Empire (eighth to seventh century BCE), particularly the fields of intellectual history and the history of law.

Dūr-Šarru-kīn is the best documented new city in ancient Mesopotamia, based on both archaeological and written sources. Eight cuneiform tablets detailing "construction accounts" are studied here. They reveal that building sites were divided into sectors, each under the responsibility of a provincial governor tasked with supplying person-nel and materials. They also allow us to clarify the meaning of several Akkadian architectural terms.

Keywords: Neo-Assyrian, cuneiform, architecture, construction, new city.

Virginie MATHÉ, « Un compte de construction à Délos (Grèce) en 207 av. J.-C. »

Virginie Mathé, maîtresse de conférences en histoire ancienne à l'Université Paris-Est Créteil et membre du CRHEC, étudie les aspects économiques et politiques de la construction en Grèce antique en confrontant sources littéraires, comptes et vestiges. Elle travaille aussi sur l'histoire culturelle de la ville à partir des mots et des discours pour comprendre les conceptions grecques du fait urbain.

En partant d'un compte délien de 207 av. J.-C. gravé sur une stèle, cet article donne un aperçu des comptabilités de la construction en Grèce ancienne. Il présente les aspects matériels et le contenu de ce document. Il expose ensuite l'organisation administrative et financière du chantier. Il s'interroge enfin sur les enjeux de l'inscription sur la pierre de tels textes : le compte, ou plutôt la synthèse qui en est faite sur la pierre, relève surtout ici d'un discours de justification.

Mots-clés : Grèce antique, inscriptions, économie de la construction, contrôle politique et administratif.

Virginie MATHÉ, *"A Building Account in Delos (Greece) in 207 BC"*

Virginie Mathé, a senior lecturer in ancient history at the University of Paris-Est Créteil and a member of the Research Center for Comparative European History (CRHEC), studies the economic and political dimensions of construction in ancient Greece by comparing accounts, literary sources, and archeological remains. She also works on the cultural history of the city, using words and discourses to understand Greek conceptions of the urban phenomenon.

Using as its point of departure a Delian account from 207 BC engraved on a stele, this article gives an overview of construction accounting in ancient Greece. It presents the material aspects and the content of this document. It then explains the administrative and financial organization of the construction site. Finally, it scrutinizes the stakes surrounding the inscription of such texts on stone: the account, or rather the overview of it inscribed on the stone, is above all a discourse of justification.

Keywords: ancient Greece, inscriptions, construction economy, political and administrative control.

Pauline DUCRET, « L'inscription de la *via Caecilia* (Italie, fin IIe-début Ier siècle av. J.-C.) »

Pauline Ducret, professeur agrégée à l'Université de la Réunion, prépare un doctorat à l'Université Paris 8 sur « La dynamique des chantiers. Construire à Rome et dans le Latium, du IVe siècle av. J.-C. au Ier siècle apr. J.-C. » sous la direction de Catherine Saliou. Ses recherches s'inscrivent au croisement de l'histoire économique, de l'histoire de la construction et de l'archéologie du bâti.

L'inscription fragmentaire de la via Caecilia enregistre les travaux de réfection d'une route au nord de Rome à la fin du IIe ou au début du Ier siècle av. J.-C. Elle dresse la liste des sommes dépensées pour des chantiers ponctuels (revêtement d'une portion, ponts et arches) et le nom des entrepreneurs. Le magistrat en charge de l'opération, questeur et curateur des voies, a pu vouloir rappeler l'intégrité dont il a alors fait preuve. Ce document est un *unicum* à l'échelle de l'histoire romaine.

Mots-clés : Italie centrale, République romaine, inscription architecturale, travaux publics, magistratures romaines.

Pauline DUCRET, *"The* Via Caecilia *Inscription (Italy, Late 2nd – Early 1st Century BC)"*

Pauline Ducret, associate professor at the University of Reunion Island, is working on a doctorate at the University of Paris 8 on "Construction site dynamics. Building in Rome and Latium from the fourth century BC to the first century AD" under the direction of Catherine Saliou. Her research is at the crossroads of economic history, construction history, and building archaeology.

The fragmentary inscription from the Via Caecilia records the repair work on a road north of Rome at the end of the second or beginning of the first century BCE. It lists the sums spent for specific work (paving of a section, bridges, and arches) and the names of the contractors. The magistrate in charge of the operation, quaestor and curator of the roads, may have wanted to remind us of the integrity he showed at the time. This document is a unicum *with regard to Roman history.*

Keywords: Central Italy, Roman Republic, architectural inscription, public works, Roman magistracy.

Robert CARVAIS, « Mesurer, estimer, corriger. Commentaires de comptes en expertise au XVIIIᵉ siècle »

Robert Carvais est directeur émérite de recherche au CNRS, Centre de théorie et analyse du droit. Il oriente ses recherches autour de la confrontation de l'histoire du droit avec l'histoire des sciences et des techniques et vise à retracer la constitution des savoirs juridiques théoriques et pratiques dans le champ constructif. Il dirige un projet ANR sur l'expertise parisienne du bâtiment à l'époque moderne.

Au cours d'une recherche sur l'expertise du bâtiment parisien au cours du XVIIIᵉ siècle, nous avons constaté dans les procès-verbaux des experts l'usage fréquent d'écritures relevant d'opérations comptables, qu'il s'agisse des estimations de travaux faits ou à faire dans le corps même de l'expertise ou bien des mémoires de travaux en pièces annexes desdits procès-verbaux. Nous éditons trois exemples correspondants à trois étapes du calcul des experts : le toisé, la prisée et la réduction.

Mots-clés : expertise, estimation, mémoire, toisé, prisée, réduction.

Robert CARVAIS, *"Measuring, Estimating, and Correcting. Commentary on 18th-Century Expert Accounts"*

Robert Carvais is emeritus senior researcher at France's National Center for Scientific Research's Center for the Theory and Analysis of the Law) (CNRS, Centre de théorie et analyse du droit). His research focuses on the confrontation of the history of law with the history of science and technology and aims to trace the constitution of theoretical and practical legal knowledge in the field of construction. He is directing a French National Research Agency (ANR) project on Parisian building expertise in the modern era.

In the course of researching Parisian building appraising during the eighteenth century, we have noted in the appraisers' minutes the frequency of entries pertaining to accounting operations, whether they be estimates of work done or to be done noted in the body of the appraiser's assessment itself, or memoranda of work as appendices to said reports. In this article we present three examples corresponding to three stages of the appraisers' calculations: toisé *(measurement),* prisée *(estimation), and discount.*

Keywords: appraising, estimation, memorandum, toisé, prisée, *discount.*

Achevé d'imprimer par Corlet,
Condé-en-Normandie (Calvados), en mars 2022
N° d'impression : 22030016 - dépôt légal : mars 2022
Imprimé en France

Bulletin d'abonnement revue 2022
Ædificare
Revue internationale d'histoire de la construction
2 numéros par an

M., Mme :

Adresse :

Code postal :   Ville :

Pays :

Téléphone :   Fax :

Courriel :

Prix TTC abonnement France, frais de port inclus		Prix HT abonnement étranger, frais de port inclus	
Particulier	Institution	Particulier	Institution
49 €	80 €	56 €	87 €

Cet abonnement concerne les parutions papier du 1er janvier 2022 au 31 décembre 2022.

Les numéros parus avant le 1er janvier 2022 sont disponibles à l'unité (hors abonnement) sur notre site web.

Modalités de règlement (en euros) :

   Par carte bancaire sur notre site web : www.classiques-garnier.com
   Par virement bancaire sur le compte :
   Banque : Société Générale – BIC : SOGEFRPP
   IBAN : FR 76 3000 3018 7700 0208 3910 870
   RIB : 30003 01877 00020839108 70
   Par chèque à l'ordre de Classiques Garnier

Classiques Garnier
6, rue de la Sorbonne – 75005 Paris – France
Fax : + 33 1 43 54 00 44
Courriel : revues@classiques-garnier.com

mis à jour le 26/08/2021

Abonnez-vous sur notre site web :
www.classiques-garnier.com